高等学校教材

无机化学实验

WUJI HUAXUE SHIYAN

安保礼 刘洪江 段智明 邢菲菲 主编

·北京·

内容简介

《无机化学实验》是近年来上海大学化学系无机化学教研室教学改革的成果。本书包含三部分内容：第一部分介绍无机化学实验的目的、基本要求、学习方法、基本知识、基本操作技能、实验报告的写法、仪器的使用方法等；第二部分为实验项目，包括基本操作训练、化学反应特征常数的测定、无机化合物的制备和提纯、元素及其化合物的性质实验、综合实验和设计实验、趣味实验等；第三部分为附录，包括化学实验中的常用数据。

本书内容全面、新颖，可用作高等学校化学、化工、材料、环境、生物、食品、印染、纺织等专业的无机化学实验教材，也可供实验技术人员参考使用。

图书在版编目（CIP）数据

无机化学实验/安保礼等主编．--北京：化学工业出版社，2024.8．--（高等学校教材）．-- ISBN 978-7-122-45960-2

Ⅰ．O61-33

中国国家版本馆 CIP 数据核字第 2024Y08K93 号

责任编辑：汪　靓　刘俊之　　　装帧设计：史利平
责任校对：王鹏飞

出版发行：化学工业出版社
　　　　　（北京市东城区青年湖南街 13 号　邮政编码 100011）
印　　装：大厂聚鑫印刷有限责任公司
787mm×1092mm　1/16　印张 14　字数 344 千字
2024 年 10 月北京第 1 版第 1 次印刷

购书咨询：010-64518888　　　售后服务：010-64518899
网　　址：http://www.cip.com.cn
凡购买本书，如有缺损质量问题，本社销售中心负责调换。

定　价：35.00元　　　　　　　　　版权所有　违者必究

前言

教育方法创新已成为21世纪高等教育改革的主要方向，创新能力的培养是全面贯彻国家教育方针的迫切需要。实践教学对创新能力的培养非常重要，而实验教学是实践教学的重要环节，因此对创新能力和创造性思维的培养至关重要。

本书具有以下特点：

1. 在每部分实验前有相关的理论知识概述，以加强无机化学基础理论与实验间的关联，同时保证实验的相对独立性和完整性。通过实验帮助学生掌握和理解基础理论课上所学的知识，掌握基本的实验操作技能，养成良好的实验习惯，培养尊重科学、实事求是的科学精神。

2. 主体内容从基本操作开始，依次是基本操作实验、定量测定实验数据和常数、制备实验、元素性质实验，最后是综合实验和设计实验。内容和结构安排合理，由易到难，与相关化学理论课程及其他专业课程前后衔接，增加了综合实验部分，满足化学与近化学专业化学实验中提高学生实验综合能力的培养要求。

3. 在无机化合物的制备、提纯与表征实验中，注重实验内容的新颖性、前沿性、实验表征方法的多样性，提高学生综合应用无机化学实验技能的能力，强化培养学生的工程能力和创新能力。

4. 本教材增加了半导体荧光材料的光谱实验、连续紫外吸收光谱测定配合物的分裂能、旋光异构体等实验内容，以提高学生对实验课的兴趣，激发学生从事科学研究的热情。

本教材由安保礼、刘洪江、段智明、邢菲菲等老师编写，全书由安保礼统稿。感谢上海大学基础化学实验中心的大力支持和配合。感谢包新华、李明星、朱守荣、徐甲强、赵永梅、何翔、章建民、王晓红、柏跃玲、林昆华、程知萱、钱群、吴鹏程、刘小瑜、王辉、宣瑞飞、唐亚等老师对本书前期工作的贡献和支持。感谢无机化学教研室同事的大力支持和帮助。

由于编者的水平所限，难免有疏漏或不妥之处，恳请使用本教材的老师和同学们批评指正。

编者
2024年5月

目录

1　绪论
 第一节　无机化学实验的目的 —— 1
 第二节　无机化学实验的基本要求和学习方法 —— 2
 第三节　无机化学实验成绩的评定 —— 3
 第四节　无机化学实验室规则和安全知识 —— 3
 第五节　实验预习报告与实验报告的写法和示例 —— 5

10　第一章　无机化学实验基本知识
 第一节　常用仪器 —— 10
 第二节　实验室用水 —— 11
 第三节　实验结果的表示 —— 12

16　第二章　实验基本操作和技术
 第一节　玻璃仪器的洗涤及干燥 —— 16
 第二节　试剂的规格、存放及取用 —— 17
 第三节　试纸 —— 18
 第四节　加热与冷却 —— 19
 第五节　气体的制备、净化及气体钢瓶的使用 —— 22
 第六节　量器及其使用 —— 23
 第七节　温度计及其使用 —— 27
 第八节　称量仪器的使用 —— 27
 第九节　固、液分离与结晶 —— 30
 第十节　常用仪器的使用 —— 33

38　第三章　基本操作训练
 实验一▶玻璃工操作和仪器洗涤 —— 41
 实验二▶二氧化碳摩尔质量的测定 —— 45
 实验三▶摩尔气体常数的测定 —— 48

	实验四 ▶ 氯化铵生成焓的测定	50
	实验五 ▶ 化学反应热效应的测定	53
	实验六 ▶ 氢氧化钠溶液的配制与使用	56
	扩展实验 ▶ 混合碱的组成及各组分含量的测定	58
	实验七 ▶ 水的硬度的测定	61
	扩展实验 ▶ 蛋壳中钙、镁含量的测定	64
	实验八 ▶ 粗食盐提纯	66
	实验九 ▶ 氧化还原反应与电化学	68

72　第四章　化学反应特征常数的测定

实验十 ▶ 醋酸电离常数的测定（pH 法） ———— 74

实验十一 ▶ 四氨合铜(Ⅱ)配离子的 $\Delta G^{\ominus}$ 和 $K_{稳}^{\ominus}$ 的
测定（pH 电位法） ———— 76

实验十二 ▶ $Fe^{3+} \sim SCN^-$ 平衡常数的测定（分光光度法） ———— 78

实验十三 ▶ Fe^{3+} 与磺基水杨酸配合物的组成和标准稳定常数的
测定（分光光度法） ———— 81

实验十四 ▶ 化学反应速率、速率常数和反应级数的测定 ———— 84

实验十五 ▶ 硫酸钙溶度积的测定（离子交换法） ———— 88

实验十六 ▶ 电导率法测定 $BaSO_4$ 的溶度积常数 ———— 90

93　第五章　无机化合物的制备和提纯

实验十七 ▶ 五水硫酸铜的制备和提纯 ———— 98

实验十八 ▶ 8-羟基喹啉锌荧光材料的制备 ———— 100

实验十九 ▶ 离子交换法从海带中提取碘（微型实验） ———— 102

实验二十 ▶ 草酸合铜酸钾的制备 ———— 104

实验二十一 ▶ 微波水解法合成纳米二氧化锡 ———— 107

实验二十二 ▶ 无水氯化亚锡的制备 ———— 110

实验二十三 ▶ 无水三氯化铬的制备 ———— 112

Experiment 24 ▶ Preparation of Potassium Nitrate ———— 114

Experiment 25 ▶ Purification and Solubility of Potassium
Nitrate ———— 116

119　第六章　元素及其化合物的性质实验

实验二十六 ▶ p 区重要非金属元素及其化合物 ———— 123

实验二十七 ▶ p 区重要金属化合物 ———— 127

实验二十八 ▶ d 区重要金属化合物（一） ———— 130

实验二十九 ▶ d 区重要金属化合物（二） —— 133
Experiment 30 ▶ Important Metal Compounds of ds Block Elements —— 136
实验三十一 ▶ 常见阴离子的分离和鉴定 —— 140
实验三十二 ▶ 常见阳离子的分离和鉴定 —— 145

151　第七章　综合实验和设计实验

实验三十三 ▶ 三草酸合铁(Ⅲ)酸钾的制备及其组成的测定 —— 151
实验三十四 ▶ 硫酸亚铁铵的制备和纯度分析 —— 158
实验三十五 ▶ 钴(Ⅲ)氨氯化合物的制备和性质分析 —— 161
实验三十六 ▶ 过氧化钙的制备和含量分析 —— 166
实验三十七 ▶ ZnS 半导体纳米材料的制备 —— 168
实验三十八 ▶ 聚合硫酸铁的制备及其性能测试 —— 170
实验三十九 ▶ 分子筛的制备及其性质测定 —— 172
实验四十 ▶ 二茂铁的合成和表征 —— 174
实验四十一 ▶ Mn(Salen)配合物的合成和结构 —— 176
实验四十二 ▶ 葡萄糖酸锌的制备和纯度检验 —— 178
实验四十三 ▶ 碘化三(乙二胺)合钴(Ⅲ)旋光异构体的制备和拆分 —— 181
实验四十四 ▶ 无机离子的纸色谱分离和鉴定 —— 185
实验四十五 ▶ 含铬废水的处理 —— 188
实验四十六 ▶ 由易拉罐制备明矾 —— 191
实验四十七 ▶ 硫代硫酸钠的制备和产品检验 —— 193
实验四十八 ▶ 铬(Ⅲ)配合物的制备和其分裂能的测定 —— 194
实验四十九 ▶ 十二钨钴酸钾的制备 —— 196
Experiment 50 ▶ Anion Analysis of Unknown Solution —— 198
Experiment 51 ▶ Cation Analysis of Unknown Solution —— 199

200　第八章　趣味实验

实验五十二 ▶ 周期性变色溶液 —— 200
实验五十三 ▶ 化学花园的形成 —— 200
实验五十四 ▶ 着火的铁 —— 201
实验五十五 ▶ 时钟反应 —— 201
实验五十六 ▶ 暖手袋反应 —— 202

附录

- 附录一 ▶ 一些常见弱酸、弱碱的标准解离常数（298.15 K）—— 203
- 附录二 ▶ 水溶液中的标准电极电势（298.15 K）—— 203
- 附录三 ▶ 一些物质的溶度积常数（298.15 K）—— 205
- 附录四 ▶ 一些常见配离子的稳定常数 $K_{稳}^{\ominus}$ —— 206
- 附录五 ▶ 一些物质的热力学函数值（298.15 K）—— 206
- 附录六 ▶ 不同温度下水的饱和蒸气压 —— 208
- 附录七 ▶ 不同温度下一些常见无机化合物的溶解度 —— 209
- 附录八 ▶ 常用酸、碱的浓度 —— 212
- 附录九 ▶ 酸碱指示剂 —— 212
- 附录十 ▶ 强酸、强碱、氨溶液的质量浓度与密度、物质的量浓度的关系 —— 213

参考文献

绪论

第一节　无机化学实验的目的

化学是一门实验科学，化学上的重大发现、发明几乎都离不开实验。化学理论知识都来源于实验并且不断地经受实验的检验。通过实验人们才发现了化学元素、化学键，了解了物质结构的组成，通过对物质结构和组成的研究，不断地合成新的物质。通过实验课程的学习与实践，培养学生的实验操作技能，帮助学生深刻理解化学反应的规律和本质，培养学生实事求是、严谨认真的科学态度，初步掌握化学研究的实验方法，提高学生的科学素养。

开设无机化学实验的主要目的有以下几点。

1. 培养学生的动手能力

无机化学实验中有各种各样的实验操作，都要求学生能准确掌握化学实验的操作方法，熟练掌握常用仪器的操作技能，如溶液的配制、试剂的取用、化合物的合成与分离等，为今后的学习、工作打下扎实的基础。

2. 培养学生观察实验现象的能力

无机化学实验中要求学生仔细观察化学实验现象与细微的化学变化。科学家具有敏锐的洞察力，前辈科学家正是通过对空气中分离氮气所测出的分子量与氨分解出氮气的分子量之间的细微差别的分析，才发现了稀有气体。

3. 帮助学生深刻理解化学理论知识

学习化学理论基础知识有助于解决实际问题、提出创新思想。化学实验可帮助学生深刻理解化学理论知识，是培养化学专业技术人才的必需过程。

4. 培养学生独立思考和解决问题的能力

对学生来说化学实验中有许多新问题需要解决，要求学生独立思考，找出解决问题的方法，并且通过实践去验证自己的方法正确与否。

5. 培养学生的创新能力

本书引入了一些设计性的实验，让学生提出自己的实验方案，老师适当引导，鼓励学生去做自己想要做的实验，可以培养学生的创新能力。

6. 培养实事求是的工作态度

在实验中不允许学生弄虚作假，要求学生用自己的实验结果和实验现象撰写实验报告，从而培养学生实事求是的科学品质。

第二节　无机化学实验的基本要求和学习方法

学习无机化学实验，不仅需要端正的学习态度，还需要正确的学习方法。现将学习方法归纳如下。

1. 预习

预习是做好实验的前提，预习工作首先要阅读实验教材的相关内容，实验前了解实验目的，理解实验原理，熟悉实验内容、操作步骤和实验数据的处理方法，明确实验的关键步骤和注意事项，合理安排实验时间，事先了解仪器的基本操作。认真写好预习实验报告，留出记录实验数据和实验现象的位置。预习要达到看自己的预习报告即会做化学实验。

2. 认真听老师讲解

实验前，老师会讲解实验原理、操作要点和注意事项。上课时，老师示范实验仪器的使用方法，规范学生的基本实验操作。实验的注意事项和操作要点，对实验成功与否、实验的顺利进行至关重要。

3. 实验

按老师拟定的实验步骤独立认真操作，既要大胆，又要细心，仔细观察实验现象，并在预习报告上详细记录实验现象，认真测定实验数据，并将实验数据记录在预习报告上，做到边操作、边思考、边记录。

注意：

① 用黑色中性笔记录实验数据和实验现象，不用铅笔记录，不记在草稿纸、小纸片上。

② 不能凭主观意愿删去自己认为不合理的实验数据，不能杜撰原始实验数据。原始实验数据不得涂改或用橡皮擦拭，如有记错可在原始实验数据上做记号，再在预习报告纸上相应位置的旁边记录新的实验数据。

③ 实验中要勤于思考，仔细分析实验现象和实验数据。碰到疑难问题，力争自己解决问题，也可与老师讨论。

④ 若怀疑实验现象或实验数据，做对照试验、空白试验，或自行设计实验进行核对，必要时应做多次实验，从中得到准确可靠的结论。

⑤ 如实验失败，仔细分析失败原因，经老师同意可重做实验。

4. 撰写实验报告

完成实验后，分析实验现象，整理实验数据，认真撰写实验报告。按一定格式书写实验报告，字迹端正，叙述要简明扼要，尽量使用化学语言。处理实验数据使用表格形式，作图准确清楚，用图纸绘图或计算机作图。书写报告要求整洁、规范。实验报告通常包括四部分：

① 实验目的、简明扼要的实验原理、主要使用的仪器和试剂、简明的实验步骤。

② 根据预习报告上的原始记录，认真、独立完成实验报告。在实验报告上写出实验现象、实验数据，包括作图等内容。

③ 得出结论，解释实验现象，写出反应方程式。处理实验数据，包括计算、作图、误

差分析。对制备产品的产量和质量进行分析,并得出结论。

④ 对实验进行讨论。实验做得好,原因是什么,实验做得不好,原因是什么。分析产生误差的原因,对实验现象以及出现的一些问题进行讨论,要敢于提出自己的见解,对实验提出改进的意见或建议。

第三节　无机化学实验成绩的评定

学生实验成绩的评定主要依据如下几点。
① 对实验原理和基本知识的理解程度。
② 对基本操作、基本技术和实验方法的掌握程度。
③ 实验结果,包括合理的产量、纯度,以及实验数据的准确度、精密度等。
④ 原始实验数据的记录情况(是否及时、正确,以及表格的设计是否合理),实验数据处理的正确性,有效数字、作图技术的掌握程度,实验报告书写的完整性。
⑤ 实验过程中的综合能力、科学品德和科学精神。根据不同化学实验的特点,成绩评定的重点会有所不同,实验结果不是唯一的决定因素。

第四节　无机化学实验室规则和安全知识

一、无机化学实验室规则

① 第一次进入无机化学实验室,首先清点实验所需的仪器。如发现有破损或缺少,应立即报告老师,按规定手续补领。实验时如有损坏,按学校仪器赔偿制度进行处理。未经老师同意,不得动用实验规定外的药品和仪器。

② 实验前应认真预习,明确目的要求,了解基本原理、操作步骤和安全注意事项。写出预习实验报告,做到心中有数。

③ 遵守实验纪律,保持安静,认真操作,仔细观察实验现象,如实记录实验结果,积极思考问题。

④ 保持实验室和桌面的整洁。废纸、火柴梗等固体废物以及各种强腐蚀性废液等应放入垃圾桶或其他规定的回收容器内,严禁倒入水槽,防止水槽和下水管道堵塞或腐蚀。有毒废液、有毒固体应集中回收处理。

⑤ 爱护国家财产,小心使用仪器设备,节约药品、水、电和天然气。

⑥ 使用药品应注意下列五点:
a. 药品应按规定取用。如果书中未规定用量,询问指导老师,注意节约。
b. 取用固体药品时,不要撒落在天平和实验桌上。
c. 药品取出后,不应倒回原药瓶中,以免带入杂质而引起瓶中药品变质。
d. 使用试剂瓶后,应立即盖上塞子,并放回原处,以免塞子搞错,混入杂质。
e. 各种公用的试剂和药品都放在试剂架的指定位置,使用后放回原处。

⑦ 使用精密仪器时,要细心谨慎。发现仪器有故障,停止使用,及时报告指导老师,

由老师来处理，以避免仪器损坏。

⑧ 实验结束后，洗干净玻璃仪器，放回原处，整理好药品及实验桌面。

⑨ 值日生打扫整个实验室，最后检查自来水开关和天然气开关是否关紧，电源是否切断，门窗是否关好。经老师同意后才能离开实验室。

⑩ 根据原始记录，认真地书写实验报告，及时交给指导老师。

二、无机化学实验室中的安全操作和事故处理

化学药品中，有很多是易燃、易爆、有腐蚀性和有毒的。在化学实验室中工作，首先必须在思想上十分重视安全问题，绝不能麻痹大意。其次，在实验前应充分了解本实验中的安全注意事项，在实验过程中应集中注意力，并严格遵守操作规程，避免事故的发生。若发生事故，应立即处理。

1. 安全守则

① 一切易燃、易爆物质的操作都要在离火较远的地方进行，并严格按照操作规程操作。

② 有毒、有刺激性气体的操作都要在通风橱中进行。需要判别少量气体的气味时，绝不能将鼻子直接对着瓶口或管口，而应当用手将少量气体轻轻扇向自己的鼻孔。

③ 浓酸、浓碱具有强腐蚀性，使用时不要溅在皮肤或衣服上，注意保护眼睛。稀释时，在不断搅拌下将浓酸、浓碱慢慢倒入水中（特别是浓硫酸），不能进行相反顺序操作，以避免迸溅。

④ 不了解化学药品性质时，不可将药品任意混合，以免发生意外事故。

⑤ 绝对禁止在实验室内饮食、抽烟。严格防止有毒的药品（如铬盐、钡盐、铅盐、砷的化合物、汞及汞的化合物、氰化物等）进入口内或接触伤口。剩余的固体、强腐蚀废液及有毒物质禁止倒入下水道，可回收后集中处理。

⑥ 加热、浓缩液体的操作要十分小心，不能俯视加热的液体，加热的试管口更不能对着人。浓缩溶液时，特别是有晶体出现后，要不停地搅拌，不能离开实验台面。尽可能戴上防护眼镜。

⑦ 使用的玻璃管或玻璃棒切割后应马上将断口烧熔保持圆滑。玻璃碎片要放在玻璃回收容器内，不能丢在地面、桌面或垃圾桶内。

⑧ 水、电、天然气使用完毕应立即关闭。

⑨ 实验结束，将手洗净后才可离开实验室。

2. 意外事故的紧急处理

实验过程中，发生意外事故，采取如下救护措施。

① 玻璃割伤：伤口内若有玻璃碎片，必须先挑出，然后涂上红药水并用消毒纱布进行包扎。

② 烫伤：在烫伤处抹上烫伤膏或万花油。

③ 酸（或碱）溅入眼内：立刻先用大量水冲洗，然后用饱和碳酸氢钠溶液（或硼酸溶液）冲洗，最后再用水冲洗。

④ 吸入刺激性或有毒气体：应立即到室外呼吸新鲜空气。

⑤ 触电：立即切断电源，必要时进行人工呼吸。

⑥ 火灾：如果不慎起火，要立即灭火，采取措施防止火势蔓延（如切断电源、移走易

燃药品等）。灭火要根据起火原因选用合适的方法。一般的小火可用湿布、石棉布或沙子覆盖燃烧物；火势大时可使用泡沫灭火器；电器设备所引起的火灾，只能使用四氯化碳灭火器灭火，不能使用泡沫灭火器，以免触电；实验人员衣服着火时，切勿惊慌乱跑，应赶快脱下衣服，或用石棉布覆盖着火处（就地卧倒打滚，也可起到灭火作用）。

3. 实验室的"三废"处理

① 废气：对少量的有毒气体可通过通风设备（通风橱或通风管道）经稀释后排至室外，通风管道应有一定高度，使排出的气体易被空气稀释。对于氮、硫、磷等酸性氧化物气体，应用导管通入碱液中，使其被吸收后再处理。

② 废液：可根据废液的化学特性选择合适的容器和存放地点，密闭存放，防止挥发性气体逸出而污染环境。储存时间不宜太长，储存数量也不宜太多，存放地应通风良好。沉淀物按废渣处理。废酸、废碱液通过酸碱中和后再进一步处理。

③ 废渣：固体废弃物经回收、提取有害物质后，其残渣可以进行土地填埋。要求被填埋的废弃物应是惰性物质或能被微生物分解的物质。填埋场应远离水源，场地底土不透水，不能渗入地下水层。

第五节 实验预习报告与实验报告的写法和示例

一、实验预习报告

做实验前，预习实验很重要，预习的目的是了解实验的目的、基本实验原理和实验操作步骤，并简明扼要地书写实验预习报告。实验预习报告能帮助学生学习实验的内容，实验指导老师在上实验课时要检查实验预习报告。下面是以"Fe^{3+}～SCN^-配合物平衡常数的测定"实验为例写的实验预习报告。

实验预习报告

课程：无机化学实验　　　　姓名：XXX　　　　班级：XXXX
上课时间：XX年XX月XX日　　座号：01　　　　指导老师：XXX

$$Fe^{3+}～SCN^- 配合物平衡常数的测定$$

一、实验目的
1. 测定 Fe^{3+}～SCN^- 的平衡常数，加深对平衡常数的理解。
2. 学会分光光度计的使用。

二、实验原理

$$Fe^{3+} + SCN^- \rightleftharpoons FeSCN^{2+}$$

平衡常数为：

$$K_c = \frac{[FeSCN^{2+}]}{[Fe^{3+}][HSCN]}$$

由于 $FeSCN^{2+}$ 可吸收可见光，可用分光光度法测定其浓度

$$A = \varepsilon bc$$

式中，A 为吸光度；b 为吸收池长度，cm；c 为 $FeSCN^{2+}$ 的浓度。

三、实验步骤

1. 参比溶液和标准溶液

烧杯编号	0.200 mol·L^{-1} Fe^{3+}	0.002 mol·L^{-1} KSCN	水	A
0-1(参比溶液)	5.00 mL	0.00 mL	5.00 mL	
1(标准溶液)	10.00 mL	1.00 mL	9.00 mL	

2. 待测溶液的配制

烧杯编号	0.002 mol·L^{-1} Fe^{3+}	0.002 mol·L^{-1} KSCN	水	A
0-2(参比溶液)	5.00 mL	0.00 mL	5.00 mL	
2	5.00 mL	5.00 mL	0.00 mL	
3	5.00 mL	4.00 mL	1.00 mL	
4	5.00 mL	3.00 mL	2.00 mL	
5	5.00 mL	2.00 mL	3.00 mL	

3. 吸光度的测定

在 447 nm 处测定 1~5 号溶液的吸光度。

说明：在表格中留下记录实验数据的位置，做实验时直接把测量的实验数据写到预习报告纸上，经指导老师签字后方可离开实验室。

实验预习报告主要包括实验的目的、实验原理和实验步骤，用最简明扼要的语言、化学反应方程式、符号、表格和流程图写出，不要抄书。

二、实验报告

实验结束后，每个学生必须对实验过程、实验现象和实验数据进行整理、分析、归纳和总结，解释实验现象，给出实验结果，认真完成实验报告，交给指导老师批阅。一份完整的实验报告应包含以下内容：

① 实验名称。

② 实验目的。

③ 实验原理。简明扼要地介绍实验的基本原理和主要的反应方程式。

④ 仪器和药品。实验所用的主要仪器的名称和型号，主要试剂的名称、纯度等。

⑤ 实验步骤。简明扼要地写出实验步骤和实验内容，最好用表格、曲线图、流程图、符号表示，不要抄书。

⑥ 实验现象分析和实验数据分析、处理。如果是化学性质实验，要用化学反应方程式和文字解释观察到的实验现象；对于定量分析测定实验，要给出测定的实验结果和误差分析；对于制备实验，给出产物的质量并计算产率。

⑦ 问题与讨论。对实验遇到的问题，提出自己的解决办法，实验产生的误差分析，对实验内容、实验方法等提出改进建议和意见。

1. 定量分析测定实验报告格式示例

实验报告

课程：无机化学实验　　姓名：XXX　　　　班级：XXXX

座号：01　　　　上课时间：XX年XX月XX日　　指导老师：XXX

水的硬度的测定

一、实验目的

1. 了解 EDTA 配位滴定法测定水的硬度的原理。
2. 掌握配位滴定法的操作方法和注意事项。

二、实验原理

水的硬度：含有 Ca^{2+}、Mg^{2+} 等金属离子的水叫硬水，1 L 水中含有 Ca^{2+}、Mg^{2+} 等盐的总量相当于 10 mg CaO 时称为 1 度。

加入铬黑 T（HIn^{2-}）指示剂时，指示剂与金属离子 M^{2+}（M=Ca、Mg）作用：

$$M^{2+} + HIn^{2-} \longrightarrow MIn^- + H^+$$
无色　　蓝色　　　酒红色

滴定过程中，EDTA（H_2Y^{2-}）与 M^{2+} 作用：

$$M^{2+} + H_2Y^{2-} \longrightarrow MY^{2-} + 2H^+$$
无色　　无色　　　无色

滴定至终点时，H_2Y^{2-} 与 MIn^- 作用：

$$MIn^- + H_2Y^{2-} \longrightarrow MY^{2-} + HIn^{2-} + H^+$$
酒红色　无色　　　无色　　蓝色

$$水的硬度 = \frac{V(\mathrm{EDTA})c(\mathrm{EDTA})M(\mathrm{CaO})}{V(水样)} \times 100$$

三、实验步骤

50 mL 水样 + 5 mL 三乙醇胺溶液 + 5 mL $NH_3 \cdot H_2O\text{-}NH_4Cl$ 缓冲溶液 + 1 mL Na_2S 溶液 + 3～5 滴铬黑 T ⟶ EDTA 标准溶液滴定 ⟶ 由酒红色到淡蓝色即为终点。

四、数据处理

实验序号	1	2	3
V(水样)/mL	50.00	50.00	50.00
c(EDTA)/(mol·L^{-1})	0.02088	0.02088	0.02088
V(EDTA)/mL	12.01	11.98	11.96
水的硬度/度	28.09	28.02	27.97
平均值/度	28.03		
标准偏差	0.06		
相对标准偏差	0.2%		

五、问题与讨论（略）

2. 制备实验报告格式示例

实验报告

课程：<u>无机化学实验</u>　姓名：<u>XXX</u>　　　班级：<u>XXXX</u>
座号：<u>01</u>　　　　上课时间：<u>XX 年 XX 月 XX 日</u>　指导老师：<u>XXX</u>

8-羟基喹啉铝发光材料的制备

一、实验目的

1. 制备 8-羟基喹啉铝，了解制备实验的方法，掌握荧光材料的检验方法。
2. 熟练掌握水浴加热、溶解、过滤、洗涤和结晶等基本操作。

二、实验原理

$$Zn^{2+} + 2\; \text{(8-羟基喹啉)} \xrightarrow{pH=6\sim7} \text{Zn(8-羟基喹啉)}_2$$

三、实验步骤

1. 8-羟基喹啉乙醇溶液的制备

0.87g 8-羟基喹啉 + 约 20 mL 95％的乙醇 $\xrightarrow{60\ ℃水浴加热}$ 至完全溶解，备用。

2. 8-羟基喹啉铝的制备

0.86g $ZnSO_4·7H_2O$ ⟶ 放入 100 mL 烧杯中 ⟶ 加入约 3 mL 去离子水 $\xrightarrow[电磁搅拌]{60\ ℃水浴加热}$ 至完全溶解 ⟶ 慢慢加入制备好的 8-羟基喹啉乙醇溶液 ⟶ 调节溶液的 pH 值为 6～7 ⟶ 继续搅拌 30 min ⟶ 自然冷却至室温 ⟶ 绿色沉淀 ⟶ 抽滤 ⟶ 用少量去离子水和 95％乙醇洗涤数次 ⟶ 抽干 ⟶ 称量 ⟶ 计算产率。

四、数据处理

实验得 8-羟基喹啉铝 0.64 g，理论值 0.92 g。

$$产率 = \frac{0.64}{0.92} \times 100\% = 70\%$$

五、问题与讨论（略）

3. 性质实验报告格式示例

实验报告

课程：<u>无机化学实验</u>　姓名：<u>XXX</u>　　　班级：<u>XXXX</u>
座号：<u>01</u>　　　　上课时间：<u>XX 年 XX 月 XX 日</u>　指导老师：<u>XXX</u>

氧化还原反应与电化学

一、实验目的（略）

二、实验原理（略）

三、实验步骤、实验现象及解释

实验序号	实验方法	实验现象	现象解释
1	3滴 0.5mol·L^{-1} KBr+3滴 0.1mol·L^{-1} $FeCl_3$+5滴 CCl_4	CCl_4 不变色	Fe^{3+} 不能氧化 Br^-
2	3滴 0.5mol·L^{-1} KI+3滴 0.1mol·L^{-1} $FeCl_3$+5滴 CCl_4	CCl_4 层变红色	$2I^- + 2Fe^{3+} = I_2 + 2Fe^{2+}$
3	1滴溴水+3滴 0.1mol·L^{-1} $FeSO_4$+5滴 CCl_4	CCl_4 层由橙色到无色	$Br_2 + 2Fe^{2+} = 2Br^- + 2Fe^{3+}$
4	1滴碘水+3滴 0.5mol·L^{-1} $FeSO_4$+5滴 CCl_4	CCl_4 为红色	I_2 不能氧化 Fe^{2+}
略	……	……	……

说明：对于性质实验，最好用表格的方式给出实验方法、实验现象，并用化学反应方程式或文字给出解释。

四、问题与讨论（略）

第一章

无机化学实验基本知识

第一节　常用仪器▶▶

实验室常用仪器种类很多，图1-1列出了无机化学实验室常用的仪器。

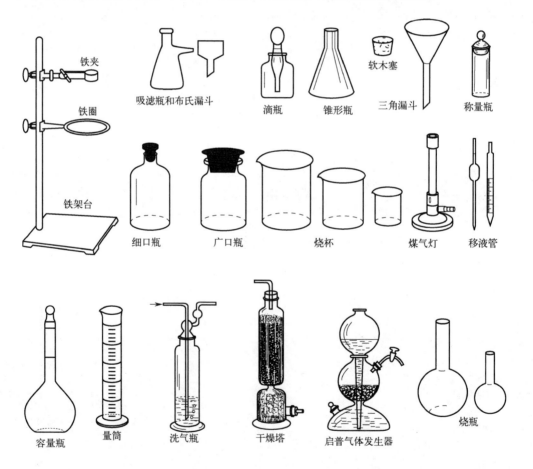

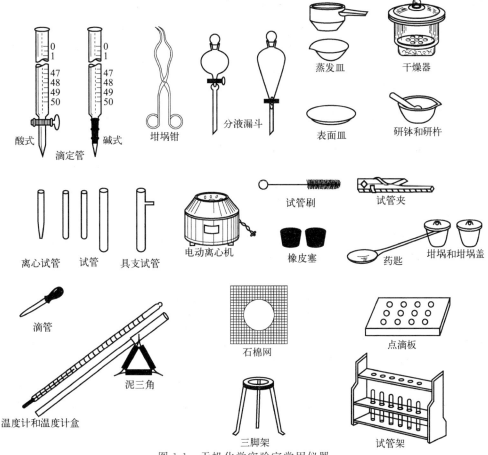

图 1-1　无机化学实验室常用仪器

第二节　实验室用水

我国已建立了分析实验室用水规格和实验方法的国家标准（GB/T 6682—2008），规定了分析实验室用水的规格（表 1-1）、制备方法及检验方法。

表 1-1　分析实验室用水的规格

名称	一级	二级	三级
pH 值范围(25℃)	—	—	5.0～7.5
电导率(25℃)/(mS·m^{-1})	≤0.01	≤0.10	≤0.50
可氧化物含量(以 O 计)/(mg·L^{-1})	—	≤0.08	≤0.4
吸光度(254 nm,1 cm 光程)	≤0.001	≤0.01	—
蒸发残渣(105℃±2℃)含量/(mg·L^{-1})	—	≤1.0	≤2.0
可溶性硅(以 SiO$_2$ 计)/(mg·L^{-1})	≤0.01	≤0.02	—

实验室常用的蒸馏水、去离子水和电导水，它们在 298.15 K 时的电导率分别为 1 mS·m^{-1}、0.1 mS·m^{-1}、0.1 mS·m^{-1}，与三级水的指标相近。

实验室用水的制备。

（1）自来水

自来水是指通过水处理厂净化、消毒后生产出来的符合国家饮用水标准的供人们生活、生产使用的水。它主要通过水厂的取水泵站汲取江河湖泊及地下水，经过沉淀、消毒、过滤等工艺流程，最后用配水泵站输送到各个用户。一般来说，在实验室里有自来水的总开关，开关把手与管道平行为开的状态，垂直为关的状态。进水管为灰色，下水管为白色。由于自来水中含有钙离子、钠离子、硫酸根、硝酸根等离子，因此，在实验室里，自来水主要用于洗涤玻璃仪器，而不能用于化学反应、分析测试及鉴定试验中。

（2）蒸馏水

将自来水加热气化，再将水蒸气冷却，得到蒸馏水。蒸馏水去除了水中的非挥发性杂质，不能完全去除水中溶解的可气化的杂质，比较纯净。此外，一般蒸馏装置所用材料是不锈钢、纯铝或玻璃，可能会带入金属离子。

（3）去离子水

将自来水依次通过阳离子树脂交换柱、阴离子树脂交换柱、阴阳离子混合树脂交换柱后制备的水。去离子水的纯度一般比蒸馏水的纯度高，不能除去非离子型杂质，常含有微量的有机物。

（4）电导水

在第一套蒸馏器（最好是石英制的玻璃）中装入蒸馏水，加入少量高锰酸钾固体，经蒸馏得一次重蒸蒸馏水。再将一次重蒸蒸馏水注入第二套蒸馏器中（最好也是石英制的），加入少许硫酸钡和硫酸氢钾固体，进行二次蒸馏。弃去前馏分、后馏分各 10 mL，收取中间馏分。电导水保存在带有碱石灰吸收管的硬质玻璃瓶内，时间不能太长，一般在两周以内。

三级水是采用蒸馏或离子交换来制备的。二级水是将三级水再次蒸馏后制得，含有微量的无机、有机或胶态杂质。一级水是将二级水用石英蒸馏器再次蒸馏，基本上不含有离子和有机物杂质。

第三节 实验结果的表示

一、误差和数据处理

1. 准确度和误差

（1）准确度

准确度是指测定值与真实值之间的偏离程度。

（2）误差

误差有绝对误差和相对误差。

$$绝对误差 = 测定值 - 真实值$$

$$相对误差 = 绝对误差/真实值$$

例如：真实值为 0.1000 g 的样品，称出的测定值为 0.1020 g。

$$绝对误差 = 0.1020 \text{ g} - 0.1000 \text{ g} = 0.0020 \text{ g}$$

$$相对误差 = 0.0020 \text{ g}/0.1000 \text{ g} = 2.0\%$$

绝对误差与被测量的大小无关，而相对误差却与被测量的大小有关。被测量越大相对误差越小。用相对误差来反映测定值与真实值之间的偏离程度更为合理。

2. 精密度和偏差

（1）精密度

精密度是测量结果的重现性。

（2）偏差

在不知道被测量的真实值时，用多次重复测量结果的平均值代替真实值。单次测定的结果与平均值之间的偏离程度称为偏差。偏差也有绝对偏差和相对偏差。

$$绝对偏差＝单次测定值－平均值$$

$$相对偏差＝绝对偏差/平均值$$

相对偏差可以反映出测量结果的重现性，即测量的精密度。相对偏差小，则重现性好，精密度高。

测量数据 3 个以上时，一般用标准偏差 s 说明测量的精密度。

$$s=\sqrt{\frac{\sum_{i=1}^{n}(x_i-\overline{x})^2}{n-1}}$$

式中，n 为测定的次数。

$$相对标准偏差＝\frac{s}{\overline{x}}\times 100\%$$

实验的测定结果常用下列方式表示：

$$测定值＝\overline{x}\pm s$$

3. 产生误差的原因

系统误差指产生误差的原因很多。分为系统误差、偶然误差和过失误差。

（1）系统误差

系统误差指由于某种固定因素的影响，实验测定值总是偏高或偏低。这些固定因素通常有：实验方法不够完善、仪器准确度不好、药品不纯等。可以通过改进实验方法、校正仪器、提纯药品等措施来减小系统误差。在找出系统误差的原因后，可算出系统误差的值来修正实验结果。

（2）偶然误差

操作者技能再高，工作再细致，每次测定的数据也不完全一致，有时稍偏高，有时稍偏低。这种误差是由偶然因素引起的，误差的数值有时偏大，有时偏小，产生误差的原因常难以确定。例如在滴定管读数时，最后一位数字要估计到 0.01 mL，则难免会估计得不准确。可采用"多次测定，取平均值"的方法来减小偶然误差。

（3）过失误差

过失误差指由工作粗枝大叶，不遵守操作规程等原因造成测量的数据有很大的误差。如果确知由于过失差错而引起了误差，在计算平均值时应剔除该次测量的实验数据。工作认真细致，完全可以避免过失误差。

二、化学计算中的有效数字

1. 什么叫有效数字

例如：用 50 mL 滴定管测量液体体积时，可以准确到每小格刻度 0.1 mL，再在两个小刻度之间进行估计。若观测的液面位于 22.1 mL 和 22.2 mL 之间的正中间，可记录为 22.15 mL，有 4 位有效数字。可以估计到 0.01 mL，实际上往往只估计到 0.02 mL。这 4 位有效数字中除最后一位数字有一定误差外，其余的数字都是准确的，"22.1"是可靠的，在小数点后第二位上的"5"是估计的，有一定的误差。

关于"0"的作用，因其位置不同而异。在 0.226、0.0226 或 0.00226 中，"0"只起到表示小数点位置的作用，不算作有效数字。这三个数值都有三位有效数字。在 22.10、24.10 等数据中，最后一位的"0"则是有效数字，它们都是四位有效数字。但是在 2200 和 2000 中，"0"的意义就不确切了。这时只能按照实际测量的精密程度来确定。如果它们都有两位有效数字，这两个数值应该写成 2.2×10^3 和 2.0×10^3；如果是三位有效数字，则写成 2.20×10^3 和 2.00×10^3。

2. 有效数字的运算法则

如将 11.25、0.0180 和 1.225 加起来，结果应取几位有效数字呢？它们的末位数字是估计的，含有一定的误差，在末位数字之后则还有一些估计不出来的未知数（用"?"表示）。通过下面运算便知，在所得到的结果中，未知数字"?"已包含一定的误差，其以后的数字有更大的误差，这三个数值加起来的和只能取 12.49。减法运算与加法相似。在加、减运算中，计算结果所保留的小数点后的位数与小数点后位数最少者相同。例如 Cl 的原子量为 35.453，H 的原子量为 1.00797，两者之和便是 HCl 的分子量。两者加起来为 36.46097，但根据有效数字运算法则，HCl 的分子量应该取 36.461。有效数字的位数确定后，其余数字应采取四舍五入的法则弃去。

$$
\begin{array}{r}
11.25? \\
0.0180? \\
+)\ 1.225? \\
\hline
12.49???
\end{array}
$$

在乘、除运算中，计算结果的有效数字位数应与各项中有效位数最少者相同，例如：

$$20.03 \times 0.30 = 6.0$$

运算的结果在小数点后第一位已含有误差，以后就更不用说了。所以经过四舍五入法则处理，结果取了 6.0，而不是 6.009。

在对数运算中，对数的首数（整数部分）不算有效数字，其尾数（小数部分）的有效数字与相应的真数相同。例如：有三份溶液，其氢离子的浓度 $c(H^+)$ 分别为 0.02000 mol·L^{-1}、0.020 mol·L^{-1} 和 0.02 mol·L^{-1}，它们的 pH 值 $[-\lg c(H^+)]$ 应分别取 1.6990、1.70 和 1.7。这些 pH 值的有效数字分别为四位、二位和一位，整数"1"不算有效数字。

在进行较复杂的运算时，中间各步可以暂时多保留一位数字，以免多次四舍五入，造成误差的积累。但最后结果仍只保留其应有位数。

三、数据处理

1. 数据计算

整理数据，计算每次实验测量的结果，计算平均值 $\bar{x}$。

计算绝对偏差 s。

计算相对标准偏差：$\dfrac{s}{\bar{x}} \times 100\%$。

实验结果可以近似地表示为：$x = \bar{x} \pm s$。

2. 列表处理

实验数据用表格表达出来，一目了然，便于数据的整理、计算。如"HAc 的平衡常数和电离度的测定"的实验数据可以用如下的列表方法处理。

序号	HAc 原始体积/mL	HAc 浓度/(mol·L^{-1})	pH	[H$^+$]/(mol·L^{-1})	K_a	α
1	5.00	0.01060	3.36	4.37×10^{-4}	1.89×10^{-5}	0.041
2	10.00	0.0212	3.23	5.89×10^{-4}	1.64×10^{-5}	0.028
3	25.00	0.0530	3.02	9.41×10^{-4}	1.67×10^{-5}	0.018
4	原溶液	0.1060	2.85	1.41×10^{-3}	1.87×10^{-5}	0.013

测定温度：18.8℃。

$$K_a = (1.76 \pm 0.18) \times 10^{-5} \quad (K_a = K_{平均} \pm \sigma)$$

$$相对误差 = \frac{1.76 - 1.75}{1.75} \times 100\% = 0.57\%$$

3. 作图方法

用图形表达实验结果，能直观地显示数据变化的特点和规律，由图形可找出变量间的关系，得出图形的变化规律。方法如下：

一般用直角坐标纸，横坐标为自变量，纵坐标为因变量。根据实验数据的有效数字确定坐标刻度的大小。然后根据测得的实验数据在坐标纸上画出相应的数据点，根据大多数点描绘出曲线的形状，曲线必须平滑，使曲线两边的点的数目大致相等。

曲线画好后，标明坐标代表的物理量及其单位，图的下面给出图名，并注明测量的条件，如温度、压力、浓度等。

也可以用计算机软件作图，如用 Origin 软件制作的醋酸的 pH 值与电离度之间的关系曲线如图 1-2 所示。

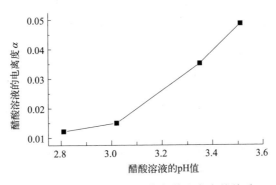

图 1-2　醋酸溶液的 pH 值与其电离度的关系

第二章
实验基本操作和技术

第一节　玻璃仪器的洗涤及干燥▶▶

1. 仪器的洗涤

化学实验室使用各种玻璃仪器，这些仪器是否干净，常常影响到实验结果的准确性。"干净"是指"不含妨碍实验准确性的杂质"的意思。

玻璃仪器的洗涤方法很多，应根据实验的要求、污物的性质来选用。一般说来，在仪器上附着的污物既有可溶性物质，也有尘土等不溶性物质，可能还有油污和有机物质。可以采用下列洗涤方法：

（1）用自来水刷洗

这种方法可以去除可溶性物质，使附着在仪器上的尘土和不溶物质脱落下来，但往往不能洗去油污和有机物质。

（2）用去污粉洗涤

去污粉是由碳酸钠、硅藻土等混合而成。碳酸钠是碱性物质，具有很强的去油污能力，硅藻土的摩擦作用和吸附作用增强了仪器的清洗效果。首先用少量水润湿要洗的仪器，用毛刷蘸取少许去污粉，然后用毛刷用力擦洗仪器。在仪器的内外器壁都经过仔细擦洗后，用自来水冲去仪器内外壁的去污粉，冲洗到没有白色颗粒状粉末为止。最后，用去离子水润洗仪器内壁三次，把自来水中的钙、镁、铁、氯等离子洗去，每次去离子水的用量要少一些，注意节约。这样洗出来的仪器的内壁就干净了，把仪器倒置时，没有水珠附着在仪器内壁上。

（3）用铬酸洗液洗涤

铬酸洗液的配制方法有多种，例如：将 5 g 重铬酸钾固体溶于 100 mL 工业浓硫酸中就可得到这种洗液。它具有很强的氧化性，对有机物和油污的去污能力特别强。一些口小、管细的仪器，如移液管、容量瓶等，需要用铬酸洗液来洗涤。

往仪器内加入少量铬酸洗液。使仪器倾斜并慢慢转动，让仪器内部全部被铬酸洗液润湿。再转动仪器，使洗液在仪器内部流动，洗液流动几圈后，把洗液倒回原瓶内。然后用自来水把仪器内壁残留的洗液洗去，再用去离子水润洗三次。

如果用铬酸洗液把仪器浸泡一段时间，洗涤效果会更好。

注意：不要让铬酸洗液溅出，以免灼伤皮肤。能用别的洗涤方法洗干净的仪器，就不要用铬酸洗液洗，因为它有毒，流入下水道后严重污染环境。铬酸洗液的吸水性很强，应随时盖上铬酸洗液瓶子的瓶盖，以防其吸水，降低去污能力。铬酸洗液变成绿色后就失去了去污能力，不能继续使用。

（4）特殊物质的去除

通过试剂相互反应将附着在器壁上的物质转化为水溶性物质。例如铁盐引起的黄色污染物可加入稀盐酸或稀硝酸溶解，即可除去；使用高锰酸钾后的沾污可用草酸溶液洗去；器壁上的二氧化锰用浓盐酸处理使之溶解；碘可用硫代硫酸钠溶液洗涤。

凡是洗净的仪器，不能再用布或滤纸去擦拭。应任其自然晾干或烘干。

2. 仪器的干燥

（1）加热烘干

洗净的仪器可以放在烘箱（常在 105 ℃左右）内烘干。应先尽量把水沥干，然后放进烘箱烘干。试管可以直接用火烤干，必须先使试管口向下倾斜，以免水珠倒流炸裂试管（图 2-1）。火焰也不要集中在一个部位，应从底部开始，缓慢向下移至管口，如此反复烘烤到不见水珠后，再将管口朝上，把水汽烘干净。

（2）晾干和吹干

图 2-1　烤干试管

不着急用的仪器在洗净后放置于干燥处，任其自然晾干。带有刻度的计量仪器，不能用加热的方法进行干燥，因为会影响仪器的精密度。可以加一些易挥发的有机溶剂（最常用的是酒精或酒精与丙酮体积比为 1∶1 的混合液）倒入已洗净的仪器中，倾斜并转动仪器，使器壁上的水与有机溶剂互相溶解，然后倒出。少量残留在仪器中的混合液，很快挥发。可用吹风机把仪器吹干。

第二节　试剂的规格、存放及取用

一、化学试剂的规格

常用化学试剂根据纯度的不同一般分四个级别，表 2-1 列出了试剂的规格与适用范围。

表 2-1　试剂的规格和适用范围

级别	名称	代号	瓶标颜色	适用范围
一级	优级纯	GR	绿色	痕量分析和科学研究
二级	分析纯	AR	红色	一般定性、定量分析实验
三级	化学纯	CP	蓝色	适用于一般的化学制备和教学实验
四级	实验试剂	LR	棕色或其他颜色	一般的化学实验辅助试剂

除上述一般试剂外，还有一些特殊要求的试剂，如指示剂、生化试剂和超纯试剂（如电子纯、光谱纯、色谱纯）等，这些都会在瓶标签上注明。

不同规格的试剂，其价格相差很大。若能达到应有的实验效果，尽量采用级别较低的试剂。

二、试剂的存放

有的化学试剂具有易燃、易爆、腐蚀性或毒性等特性，需要按操作规程操作。注意安全，要防火、防水、防挥发、防曝光和防变质。应根据试剂的毒性、腐蚀性和潮解性等不同的特点，采用不同的存放方法。

① 一般单质和无机盐类的固体，应放在试剂柜内，无机试剂要与有机试剂分开存放。危险性试剂应严格管理，必须分类隔开放置，不能混放在一起。

② 易燃液体。主要是有机溶剂，极易挥发成气体，遇明火即燃烧。实验中常用的有苯、乙醇、乙醚和丙酮等，应单独存放，要注意阴凉通风，特别要注意远离火源。

③ 易燃固体。无机物中如硫黄、红磷、镁粉和铝粉等，着火点都很低，应注意单独存放。存放处应通风、干燥。白磷在空气中可自燃，应保存在水里，放于避光阴凉处。

④ 遇水燃烧的物品。金属锂、钠、电石和锌粉等，可与水剧烈反应，放出可燃性气体。锂要用石蜡密封，钠和钾应保存在煤油中，电石和锌粉等应存放在干燥处。

⑤ 强氧化剂。氯酸钾、硝酸盐、过氧化物、高锰酸盐和重铬酸盐等都具有强氧化性，当受热、撞击或混入还原性物质时，可能引起爆炸。这类物质一定不能与还原性物质或可燃物放在一起，应存放在阴凉通风处。

⑥ 见光分解的试剂。如硝酸银、高锰酸钾等；与空气接触易氧化的试剂，如氯化亚锡、硫酸亚铁等，都应存于棕色瓶中，并放在阴暗避光处。

⑦ 容易侵蚀玻璃的试剂。如氢氟酸、含氟盐、氢氧化钠等应保存在塑料瓶中。

⑧ 剧毒试剂。如氰化钾、三氧化二砷、升汞等，应特别注意由专人妥善保管，取用时应严格做好记录，以免发生事故。

三、试剂的取用

1. 液体试剂

取出的瓶盖要倒放在桌上，右手握住瓶子，试剂标签面握在手心里，以瓶口靠住容器壁，缓缓倒出所需要的液体，让液体沿着器壁往下流。必要时可用玻璃棒引入容器中，用完后把瓶盖盖上。

加入反应容器中的所有液体的总量不能超过总容量的 2/3，如果容器是试管则不能超过总容量的 1/2。

取用滴瓶中的试剂时，要用滴瓶中的滴管，不能用别的滴管。滴管必须保持垂直，避免倾斜，尤忌倒立，否则试剂流入乳胶滴头内而被弄脏。滴管的尖端不可接触承接容器的内壁，更不能插到其他溶液里，也不能把滴管放在原滴瓶以外的任何地方，以免污染试剂。

2. 固体试剂

用干净、干燥的药匙取用。

3. 试剂取用原则

① 不弄脏试剂。试剂不能用手接触，固体用干净的药匙，试剂瓶盖不能张冠李戴。

② 节约。在实验中，试剂用量按规定取用。若书上没有注明用量，应尽可能少取，如果取多了，应将多余的试剂分给其他需要试剂的同学使用，不要倒回原瓶中，以免污染原试剂。

第三节　试纸▶▶

一、试纸的种类

① 石蕊试纸。有红色和蓝色两种石蕊试纸，用来定性检验溶液的酸碱性。

② pH 试纸。包括广范 pH 试纸和精密 pH 试纸两类，用来检验溶液的 pH 值。广范 pH 试纸的 pH 变色范围是 $1 \sim 14$，它只能粗略地估计溶液的 pH 值。精密 pH 试纸可以较精确地估计溶液的 pH 值，根据其变色范围可分为多种。如变色范围为 $pH = 3.8 \sim 5.4$、$pH = 8.2 \sim 10$ 等。根据待测溶液的酸、碱性，可选用某一变色范围的试纸。

③ 淀粉碘化钾试纸。用来定性检验氧化性气体，如 Cl_2、Br_2 等。

当氧化性气体遇到湿的淀粉碘化钾试纸后，将试纸上的 I^- 氧化成 I_2，I_2 立即与试纸上的淀粉作用变成蓝色。

$$2I^- + Cl_2 = 2Cl^- + I_2$$

如气体氧化性强，且浓度大时，可以进一步将 I_2 氧化成无色的 IO_3^-，使蓝色褪去。

$$I_2 + 5Cl_2 + 6H_2O = 2HIO_3 + 10HCl$$

使用时必须仔细观察试纸颜色的变化，否则会得出错误的结论。

④ 醋酸铅试纸。用来定性检验硫化氢气体。当含有 S^{2-} 的溶液被酸化时，逸出的硫化氢气体遇到试纸后，即与纸上的醋酸铅反应，生成黑色的硫化铅沉淀，使试纸呈黑褐色，并有金属光泽。

$$Pb(Ac)_2 + H_2S = PbS\downarrow + 2HAc$$

当溶液中 S^{2-} 浓度较小时，则不易检验出。

二、试纸的使用

① 石蕊试纸。用玻璃棒末端蘸少许溶液接触试纸，观察试纸颜色的变化，确定溶液的酸碱性。切勿将试纸浸入溶液，以免弄脏溶液。

② pH 试纸。用法同石蕊试纸，待试纸变色后，与色阶板比较，确定溶液的 pH 值。

③ 淀粉碘化钾试纸和醋酸铅试纸。将试纸用去离子水润湿后放在试管口，须注意不要使试纸直接接触溶液。

注意节约使用试纸，不要多取。取用后，马上盖好瓶盖，以免试纸沾污。用后的试纸丢弃在垃圾桶内，不能丢在水槽内。

第四节　加热与冷却

一、加热装置

通常的加热装置有天然气灯、电炉、管式炉和马弗炉等。

电热板（图 2-2）可以代替酒精灯或天然气灯用于加热盛于容器中的液体。温度的高低可以通过调节电阻来控制。管式炉（图 2-3）有一管状炉膛，利用电热丝或硅碳棒来加热，温度可以调节。用电热丝加热的管式炉最高使用温度为 950 ℃，用硅碳棒加热的管式炉最高使用温度可达 1300 ℃。炉膛中可插入一根耐高温的瓷管或石英管，瓷管中再放入盛有反应物的瓷舟。反应物可以在空气气氛或其他气氛中受热。马弗炉（图 2-4）也是一种用电热丝或硅碳棒加热的炉子。它的炉膛是长方体，有一炉门，打开炉门就很容易地放入要加热的坩埚或其他耐高温的器皿。最高使用温度有 950 ℃ 和 1300 ℃。

图 2-2　电热板　　　　　图 2-3　管式炉　　　　　图 2-4　马弗炉

管式炉和马弗炉的温度测量由一对热电偶温度计和一只毫伏表组成。热电偶是由两根不同的金属丝焊接在一起制成的（例如一根是镍铬丝，另一根是镍铝丝），把未焊接在一起的那一端连接到毫伏表的（＋）、（－）极上。将热电偶的焊接端伸入炉膛中，炉子温度愈高，金属丝产生的热电势也愈大，反映在毫伏表上，指针偏离零点也愈远。这就是热电偶温度计指示炉温的简单原理。

有时需要控制炉温在某一温度附近，这时只要把热电偶温度计和一只接入线路的温度控制器连接起来，待炉温升到所需温度时，控制器就把电源切断，使炉子的电热丝断电停止工作，炉温就停止上升。由于炉子的散热，炉温刚稍低于所需温度时，控制器又把电源连通，使电热丝工作而炉温上升。不断交替，就可把炉温控制在某一温度附近。

二、加热操作

1. 直接加热

（1）直接加热液体

适用于在较高温度下不分解的溶液或纯液体。

少量的液体可装在试管中加热，用试管夹夹住试管的中上部，试管口向上，微微倾斜（图 2-5）。管口不能对着自己和其他人的脸部，以免溶液沸腾时溅到脸上。管内所装液体量不能超过试管高度的 1/3。加热时，先加热液体的中上部，再慢慢往下移动，然后不时地上下移动，使溶液受热均匀。不能集中加热某一部分，否则会引起暴沸。

需要加热的液体较多时，液体可放入烧杯或其他器皿中。待溶液沸腾后，再把火焰调小，保持溶液微沸，以免溅出。

如需把溶液浓缩，把溶液放入蒸发皿内加热，待溶液沸腾后改用小火慢慢地蒸发、浓缩。

（2）直接加热固体

少量固体药品可装在试管中加热，加热方法与直接加热液体的方法稍有不同，此时试管口向下倾斜（图 2-6），使冷凝在管口的水珠不倒流到试管的灼烧处，防止试管炸裂。

较多固体的加热，应在蒸发皿中进行。先用小火预热，再慢慢加大火焰，但火也不能太大，以免溅出，造成损失。要充分搅拌，使固体受热均匀。需高温灼烧时，则把固体放在坩埚中，用小火预热后慢慢加大火焰，直至坩埚红热，维持一段时间后停止加热。稍冷，用预热过的坩埚钳将坩埚夹持到干燥器中冷却。

图 2-5　加热试管中的液体

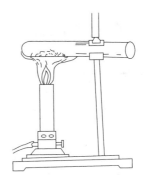

图 2-6　加热固体

2. 水浴加热

当被加热物质要求受热均匀，而温度又不能超过 373 K 时，采用水浴加热。若把水浴锅中的水煮沸，用蒸汽来加热，称为蒸汽浴。水浴锅上放置一组铜质或铝质的大小不等的同心圈，以承受各种器皿。根据器皿的大小选用铜圈，尽可能使器皿底部的受热面积最大。水浴锅内盛放水量不超过其总容量的 2/3，在加热过程中要随时补充水以保持原体积，切不能烧干。不能把烧杯直接放在水浴中加热，这样烧杯底会碰到高温的锅底，由于受热不均匀而使烧杯破裂，另外，烧杯也容易翻掉。也可选用大小合适的烧杯代替水浴锅。小试管中的溶液只宜在微沸水浴中加热。在蒸发皿中蒸发、浓缩时，可以用蒸汽浴，比较安全。

3. 沙浴和油浴加热

当被加热物质要求受热均匀，温度又高于 373 K 时，可用油浴或沙浴。

用油代替水浴中的水即是油浴，油浴的方法如水浴，通常用带绝缘套的电热丝放在油中来加热，控温比较容易。

沙浴是将细沙均匀地铺在一只铁盘内，被加热的器皿放在沙上，底部部分插入沙中，用天然气灯加热铁盘。

三、冷却方法

（1）流水冷却

将需冷却的物品直接用流动的自来水冷却。

（2）冰水浴冷却

将需冷却的物品直接放在冰水中。

（3）冰盐浴冷却

冰盐浴的冷却剂由冰和盐混合组成，可冷却至 273 K 以下。达到的温度由冰和盐的比例和盐的品种决定。例如：1000 g 碎冰中加入 330 g NaCl 的最低温度是 -21 ℃，1000 g 碎冰中加入 1430 g $CaCl_2 \cdot 6H_2O$ 的最低温度是 -55 ℃。

干冰和有机溶剂乙醇、乙醚或丙酮混合时，能达到更低的温度（$-50 \sim -78$ ℃）。为了保持冰盐浴的效率，要选择绝热较好的容器，如杜瓦瓶等。

第五节　气体的制备、净化及气体钢瓶的使用

一、气体的发生

实验室中常用气体发生器（图 2-7）来制备氢气、二氧化碳和硫化氢等气体。

$$Zn+H_2SO_4(稀)===ZnSO_4+H_2\uparrow$$
$$CaCO_3+2HCl(浓)===CaCl_2+CO_2\uparrow+H_2O$$
$$FeS+2HCl(稀)===FeCl_2+H_2S\uparrow$$

气体发生器由一个带有支管的玻璃烧瓶和球形漏斗组成。固体药品放在玻璃烧瓶内。酸从球形漏斗加入。使用时只要打开活塞，酸液与固体接触反应而产生气体。停止使用时，只要关闭球形漏斗活塞，下次使用时，只要重新打开球形漏斗活塞即可，使用十分方便。当反应缓慢或不发生气体时，可以微微加热。如果加热后，仍不起反应，则需要更换固体药品。

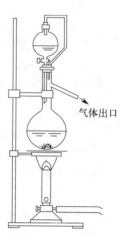

图 2-7　气体发生装置

$$2KMnO_4+16HCl(浓)===5Cl_2\uparrow+2KCl+8H_2O$$
$$NaCl+H_2SO_4(浓)===HCl\uparrow+NaHSO_4$$
$$Na_2SO_3+2H_2SO_4(浓)===SO_2\uparrow+2NaHSO_4+H_2O$$

二、气体的收集

① 在水中溶解度很小的气体（如氢气、氧气），可用排水集气法收集（图 2-8）。
② 易溶于水而比空气轻的气体（如氨），可用瓶口向下的排气集气法收集[图 2-9(a)]。
③ 能溶于水而比空气重的气体（如氯、二氧化碳等）可用瓶口向上的排气集气法收集[图 2-9(b)]。

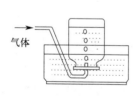

图 2-8　排水集气法

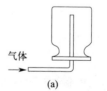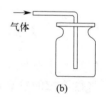

图 2-9　排气集气法

三、气体的净化与干燥

实验室中发生的气体常常带有酸雾和水汽，在要求高的实验中需要净化和干燥，通常用洗气瓶和干燥塔来进行。一般让气体先通过水洗洗去酸雾，然后再通过浓硫酸吸收水汽，如二氧化碳的净化和干燥就是这样进行的。有些气体是还原性的或碱性的，就不能用浓硫酸来干燥，如硫化氢、氨气等，可分别用无水氯化钙（干燥硫化氢）或氢氧化钠固体（干燥氨）来干燥。

四、气体钢瓶、减压阀及使用

在实验室中有各种气体钢瓶,如氧气钢瓶、氮气钢瓶、氢气钢瓶、氩气钢瓶等。氧、氮、氩来源于液态空气的分离,氢来源于水的电解等。各种钢瓶均涂以不同颜色的油漆以示区别,如氧气钢瓶是蓝色,氢气钢瓶是深绿色(红色横条),氮气钢瓶是黑色(棕色横条),氩气钢瓶是灰色等。使用时,可以通过减压阀来控制气体的流量。

气体钢瓶在运输、贮存和使用时,注意勿使气体钢瓶与其他坚硬物体撞击,或暴晒在烈日下以及靠近高温,以免引起钢瓶爆炸。钢瓶应定期进行安全检查,如进行水压试验、气密性试验和壁厚测定等。

严禁油脂等有机物沾污氧气钢瓶,因为油脂遇到逸出的氧气就可能燃烧,若已有油脂沾污,则应立即用四氯化碳洗净。氢气、氧气或可燃气体钢瓶严禁靠近明火,与明火的距离一般不小于 10 m,否则必须采取有效的保护。氢气瓶最好放在远离实验室的小屋内,或放在钢瓶柜中。存放氢气钢瓶或其他可燃性气体钢瓶的房间应注意通风,以免漏出的氢气或可燃性气体与空气混合后遇到火种发生爆炸。室内的照明灯及电气通风装置均应防爆。

原则上有毒气体(如液氯等)钢瓶应单独存放,严防有毒气体逸出,注意室内通风。最好在存放有毒气体钢瓶的室内设置毒气检测装置。

若两种钢瓶中的气体接触后可能引起燃烧或爆炸,则这两种钢瓶不能存放在一起。气体钢瓶存放或使用时要固定好,防止滚动或翻倒。为确保安全,最好在钢瓶外面装橡胶防震圈。液化气体钢瓶使用时一定要直立放置,禁止倒置使用。

使用钢瓶时,应缓缓打开钢瓶上端阀门,不能猛开阀门,也不能将钢瓶内的气体全部用完,一定要保持 0.05 MPa 以上的残余压力,一般可燃性气体应保留 0.2~0.3 MPa 的压力,氢气应保留更高的压力。

第六节 量器及其使用

一、滴定管

滴定管分酸式滴定管和碱式滴定管两种。酸式滴定管可装除了碱性以及对玻璃有腐蚀作用的溶液以外的溶液。酸式滴定管下端有一玻璃活栓,用以控制在滴定过程中溶液的流出速度。碱式滴定管的下端用橡皮管连接一个带有尖嘴的小玻璃管。橡皮管内装一个玻璃珠,用以堵住溶液。使用时只要用拇指和食指紧捏橡皮管半边,轻轻将玻璃珠往另一边挤压,管内便形成一条狭缝,溶液由狭缝流出。根据手指用力的轻重,控制狭缝的大小,从而控制溶液的流出速度。

滴定管在洗涤前应检查是否漏水,玻璃活栓是否转动灵活。若酸式滴定管漏水或活栓转动不灵,就应拆下活栓,擦干活栓和内壁,重新涂凡士林。若碱式滴定管漏水则需要更换玻璃珠或橡皮管。

1. 活栓涂油方法

在擦干活栓和活栓槽内壁(图 2-10)之后,用手指蘸少量凡士林擦在活栓粗的一端,沿圆周涂一薄层,尤其在孔的近旁,不能涂多。涂活栓另一端的凡士林最好涂在活栓槽内壁上。涂完以后将活栓插入槽内，插时活栓孔应与滴定管平行（图 2-11）。然后向同一方向转动活栓，直到从活栓外面观察，全部呈现透明为止。若发现仍转动不灵活，或活栓内的油层出现纹路，表示涂油不够。如果有油从活栓隙缝溢出或挤入活栓孔，表示涂油太多。遇到这些情况，都必须重新涂油。

图 2-10　涂凡士林的方法

图 2-11　安装活栓

2. 滴定管的洗涤

滴定管使用前必须洗涤干净，要求滴定管洗涤到装满水后再放出时管的内壁全部为薄层水膜湿润而不挂有水珠。当发现滴定管没有明显污染时，可以直接用自来水冲洗，或用滴定管刷蘸肥皂水刷洗，但要注意刷子不能露出头上的铁丝，也不能向旁侧弯曲，以免划伤内壁。用自来水、去离子水等洗净之后，一定要用滴定溶液润洗三次（每次 5～10 mL）。

3. 出口管中气泡的清除

当滴定溶液装入滴定管时，出口管还没有充满溶液。此时将酸式滴定管倾斜约 30°，左手迅速打开活栓使溶液冲出，就能充满全部出口管。假如使用碱式滴定管，则把橡皮管向上弯曲，玻璃尖嘴斜向上方。用两指挤压玻璃珠，使溶液从出口管喷出，气泡随之逸出（图 2-12）。继续一边挤橡皮管一边放下橡皮管，气泡便可完全除去。

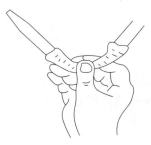

图 2-12　赶走气泡

4. 滴定管读数方法

读数时滴定管必须保持垂直状态。注入或放出后 1～2 min，待附着于内壁的溶液流下后再开始读数。常量滴定管读数到小数点后第二位毫升数值，如 25.20 mL、24.85 mL 等。

读数时视线必须与液面保持在同一水平。对于无色或浅色溶液，读它们的凹液面下缘最低点刻度；对于深色溶液如高锰酸钾、碘水等，可读两侧最高点的刻度。

为了帮助准确读出凹液面下缘的刻度可在滴定管后面衬一张"读数卡"。所谓的"读数卡"就是一张黑纸或深色纸（约 3cm×1.5cm）。读数时将它放在滴定管背后，使黑色边缘在凹液面下方约 1mm 左右，此时看到的凹液面反射层呈黑色（图 2-13），读出黑色凹液面下缘最低点的刻度即可。

若滴定管的背后有一条蓝线（或蓝带），无色溶液这时就形成了两个凹液面，并且相交于蓝线的中线上，读数时即读出交点的刻度，若为深色溶液，则仍读液面两侧最高点的刻度。

5. 滴定

将滴定管夹在滴定管夹上，酸式滴定管的活栓柄向右。滴定管保持垂直。在驱赶出下端

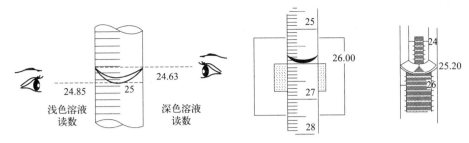

图 2-13 滴定管读数

玻璃尖管中的气泡，调整好液面高度，并记录了初读数之后，还要将挂在下端尖管出口处的残余液除去，才能开始滴定。将滴定管伸入烧杯或锥形瓶内，左手三指从滴定管后方向右伸出，拇指在前方与食指操纵活塞（图 2-14），使液滴逐滴加入。如果在烧杯内滴定，则右手持玻璃棒不断轻轻搅动溶液，如果在锥形瓶内滴定，则右手持瓶不断转动。

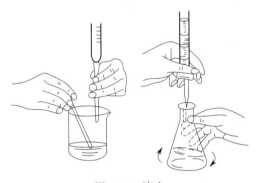

图 2-14 滴定

每次滴定最好将溶液装至滴定管的"0.00 mL"刻度上或稍下一点开始。这样可以消除因上下刻度不均匀所引起的误差。

实验结束后，倒出溶液，用自来水、去离子水顺序洗涤滴定管，装满去离子水。罩上滴定管盖，以备下次使用。

二、移液管

要求准确地移取一定体积的液体时，可以使用移液管或吸量管。移液管的形状见图 1-1。玻璃球上部的玻璃管上有一标线，吸入液体的凹液面下沿与此标线相切后，让液体自然放出，所放出液体的总体积，就是移液管的容量。一般常用的有 25 mL、10 mL（20 ℃或 25 ℃）等规格。在使液体自然放出时，最后因毛细作用总有一小部分液体留在管口不能流出。这时不必用外力使之放出，因为校正移液管的容量时，就没有考虑这一滴液体。放出液体时把移液管的尖嘴靠在容器壁上，稍停片刻就可拿开。

刻度移液管是一刻有分度的内径均匀的玻璃管（下部管口尖细），容量有 10 mL、5 mL、2 mL、1 mL 等多种。可以量取非整数的小体积液体。最小分度有 0.1 mL、0.02 mL 以及 0.01 mL 等。量取液体时每次都是从上端"0.00 mL"刻度开始，放至所需要的体积刻度为止。

移液管在使用前，依次用洗液、自来水、去离子水洗至内壁不挂水珠为止。最后用少量被量取的液体润洗三遍。

吸取液体时，左手拿洗耳球，右手拇指及中指拿住移液管的上端标线以上部位，使管下端伸入液面下约 1 cm，不应伸入太深，以免外壁沾有过多液体，也不应伸入太浅，以免液面下降时吸入空气。这时，左手用洗耳球轻轻吸上液体，眼睛注意管中液面上升情况，移液管则随容器中液体的液面下降而往下伸（图 2-15）。当液体上升到刻度标线以上时，迅速用食指堵住上部管口。将移液管从液体内取出，靠在容器壁上，然后稍微放松食指，同时轻轻地转动移液管，使标线以上的液体流回去。当凹液面最低点与标线相切时，就按紧管口，使液体不再流出。取出移液管移入准备接受液体的容器中，仍使其出口尖端接触器壁，让接受容器倾斜而移液管保持直立。抬起食指使液体自由地顺壁流下。待液体全部流尽后，约等 15s，取出移液管。

三、容量瓶

容量瓶是一个细颈梨形的平底玻璃瓶，带有磨口塞子。颈上有标线，表示在所指温度（一般为 20 ℃）下，当液体充满到标线时，液体体积恰好与瓶上所注明的体积相等。容量瓶是配制具有准确浓度的溶液时使用的，配好的溶液如果需要保存，应该转移到细口瓶中去。

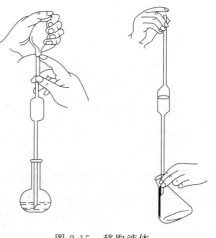

图 2-15　移取液体

容量瓶在洗涤前应先检查一下瓶塞是否漏水。瓶中放入自来水，放到标线附近，盖好盖后，左手按住塞子，右手把持住瓶底边缘（图 2-16），把瓶子倒立片刻，观察瓶塞有无漏水现象。不漏水的容量瓶才能使用。按常规操作把容量瓶洗净。为避免打破塞子，通常用一根线绳把塞子系在瓶颈上。

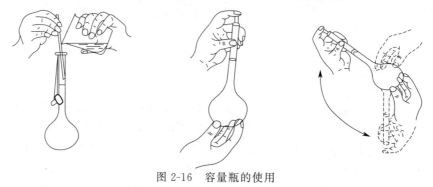

图 2-16　容量瓶的使用

在配制溶液前，应先把称好的固体试样在烧杯中溶解，然后再把溶液从烧杯中转移到容量瓶中。用去离子水洗涤烧杯 3 次以上，把洗涤液也转移到容量瓶中，以保证溶质全部转移。缓缓地加入去离子水，加到接近标线 1 cm 处，等 1~2 min，使附在瓶颈上的水流下。然后用洗瓶或滴管滴加水至标线（小心操作，勿过标线）。加水时视线平视标线。水充满到标线后，盖好瓶塞。将容量瓶倒转，等气泡上升后轻轻振荡。再倒转过来。重复操作多次，就能使瓶中溶液混合均匀。

假如固体是经过加热的，那么溶液必须冷却后才能转移到容量瓶中。

假如要将一种已知其准确浓度的浓溶液稀释成另一个准确浓度的稀溶液，则用吸量管吸取一定体积的浓溶液，放入适当的容量瓶中，然后按上述方法稀释至标线。

四、量筒和量杯

根据不同的需要，量筒的容量有 10 mL、25 mL、100 mL、1000 mL 等，实验中可根据所取溶液容量的不同来选用。量取液体时，使视线与量筒内凹液面的最低处保持水平（参见滴定管的读数），偏高或偏低都会造成误差。

第七节　温度计及其使用

化学实验用的温度计种类很多，主要的有液体-玻璃温度计、热电偶温度计、电阻温度计等。

一、液体-玻璃温度计

实验室常用的液体-玻璃温度计有：水银-玻璃温度计和酒精-玻璃温度计。水银-玻璃温度计是玻璃管内充入水银（汞），测量温度范围为 $-30\sim300$ ℃。酒精-玻璃温度计是玻璃管内充入酒精和色素，测量温度范围为 $-100\sim100$ ℃。

水银-玻璃温度计是很容易损坏的仪器，玻璃球处玻璃很薄，使用时要小心。因水银在常温下逸出蒸气，吸入体内会使人受到严重毒害。所以，在使用中万一损坏了温度计，内部水银洒出，应尽可能地用吸管将汞珠收集起来，再用金属片（如 Zn、Cu）在汞溅落处多次扫过，最后用硫黄粉覆盖在有汞溅落的地方，并摩擦，使汞变为 HgS，也可用 $KMnO_4$ 溶液使汞氧化。

二、热电偶温度计

当两种金属导体构成一个闭合线路，如果两连接段的温度不同，将产生一个与温差有关的电势，称为温差电势。温差电势的大小只与两个接点间的温差有关，而与导线的长短、粗细和导线本身的温度分布无关。这样的一对导体称为热电偶。在一定的温度范围内，温差电势与两个接点的温度 T_1、T_2 间存在着函数关系：$E=f(T_1,T_2)$，若其中一个接点（通常称为冷端）的温度保持不变，则温差电势就只与另一个接点（通常称为热端）的温度有关，即 $E=f(T)$。因此，测得温差电势后，即可求出热端的温度。当热电偶的工作端与参比端存在温差时，显示仪表显示所对应的温度。

热电偶温度计可以直接测量 $0\sim1800$ ℃ 范围内的流体、蒸气和气体介质以及固体表面等温度。各种热电偶的基本结构大致相同，通常由热电极、绝缘套保护管和接线盒等组成。使用热电偶需注意它的使用温度测量范围。WR 型热电偶的使用温度范围如表 2-2 所示。

表 2-2　WR 型热电偶的使用温度范围

类别	代号	分度号	测量范围/℃	精度	允差 Δt/℃
镍铬-镍硅	WRN	K	$0\sim1000$	1	±1.5 或 $\pm0.4\%t$
镍铬硅-镍硅镁	WRM	N	$0\sim1000$	1	±1.5 或 $\pm0.4\%t$
镍铬-铜镍	WRE	E	$-40\sim+800$	1	±1.5 或 $\pm0.4\%t$
铁-铜镍	WRF	J	$-40\sim+750$	1	±1.5 或 $\pm0.4\%t$
铜-铜镍	WRC	T	$-40\sim+350$	1	±0.5 或 $\pm0.4\%t$

第八节　称量仪器的使用

一、电子天平

电子天平利用电子装置完成电磁力补偿的调节，使物体在重力场中实现力的平衡，或通过电磁力矩的调节，使物体在重力场中实现力矩的平衡。常见电子天平的结构都是机电结合式，由载荷接收与传递装置、测量与补偿装置等部件组成。目前常见的是顶部承载式的电子天平。电子天平需拿标准砝码放到秤盘上进行校正。

1. JY 12001 型电子天平

JY 12001 型电子天平的称量精度为 0.1 g，使用比较方便，外形见图 2-17，操作程序是：

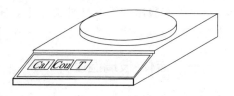

图 2-17　JY 12001 型电子天平

① 预热 30min。

② 校准。放上 500 g 校准砝码，按 $\boxed{\text{Cal}}$ 键，显示 "500"，校准以后就可称量了，但在称量过程中切不可再按 $\boxed{\text{Cal}}$ 键，否则就会出错。

③ 称量。放上容器（如称量纸），显示容器质量，按 $\boxed{\text{T}}$ 则可去皮归零，显示 "0.0"，加入样品，即可显示样品质量。

$\boxed{\text{Cou}}$ 键是计数用的，这里不作介绍。

2. AB-N 型电子天平

AB-N 型电子天平（图 2-18）称量精度达 0.0001 g（0.1 mg），操作方法如下：

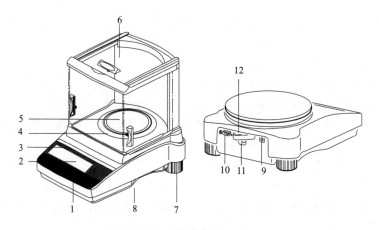

图 2-18　AB-N 型电子天平
1—操作键；2—显示屏；3—标牌；4—防风圈；5—秤盘；6—防风罩；
7—水平调节脚；8—秤钩（在天平底部）；9—电源插座；
10—RS232C 接口；11—防盗锁链扣环；12—水平泡

① 调节水平。根据水平泡调节水平脚，直至水平泡在中央位置。水平泡已经在中央位置则免做这一步。

② 开机。按 $\boxed{\text{ON/OFF}}$ 键开机，预热 20～30 min。

③ 校准。按 $\boxed{\text{Cal/Menu}}$ 键不放，直至显示 "Cal" 字样后松开该键，放上专用校准砝码，当天平闪现 "0.0000 g" 时，移取砝码，当天平闪现 "CAL done"，接着又出现了 "0.0000 g"，校准结束。天平又回到称量工作方式。如果已进行过校准，可免此步操作。

④ 称量。放上容器，显示容器质量。短按 $\boxed{\rightarrow\text{O}/\text{T}\leftarrow}$ 键，去皮，显示 "0.0000 g"。放

上样品，显示样品质量。

⑤ 关机。取出样品，关上门，长按 →O/T← 键，出现"OFF"，关机结束。

二、试样的称取方法

1. 直接称量法

对一些在空气中无吸湿性的试样，如金属或合金等可用直接法称量。称量时将试样放在干净、干燥的小表面皿上或称量纸上，一次称取一定量的试样。

称量时，将自备的称量容器（如表面皿）置于秤盘，按 →O/T← 键，去皮，显示"0.0000 g"。然后持药匙盛试样后小心地伸向表面皿的近上方，以手指轻击药匙柄（图2-19），将试样弹入，同时观察显示屏，直到所加试样量满足要求即可。若不慎多加了试样，可用药匙小心取出多余的试样（不要放回原试样瓶中）。称好后，将试样全部转移到接受的容器内。试样若为可溶性盐类，可用少量去离子水将沾在表面皿上的粉末吹洗进容器。

在进行以上操作时，应特别注意：试样绝不能洒落在秤盘上；称好的试样必须定量地由称量器皿转移到接受容器内；称量完毕后要仔细检查是否有试样洒落在天平内外，必要时加以清除。

2. 差减法称量

如果试样是粉末或易吸湿的物质，则需把试样装入称量瓶内称量。倒出一份试样，前后两次质量之差，即为该份试样的质量。

称量时，用纸条叠成宽度适中的两三层纸带，毛边朝下套在称量瓶上。左手拇指与食指拿住纸条，放在秤盘的正中，取下纸带，按 →O/T← 键，去皮，显示"0.0000 g"。然后左手仍用纸带把称量瓶从秤盘上取下，移到容器上方。右手用另一小纸片衬垫打开瓶盖。慢慢倾斜瓶身至接近水平，此时瓶中的试样慢慢接近瓶口，注意防止试样冲出。在称量瓶口离容器上方约 1 cm 处，用盖轻敲瓶口上部使试样落入接受的容器内（图2-20）。倒出试样后，把称量瓶轻轻竖起，同时用盖敲打瓶口上部，使沾在瓶口的试样落下。盖好瓶盖，放回天平盘上，称出其质量，若显示"−0.1052 g"，表明样品的质量为 0.1052 g。若不慎倒出的试样超过了所需的量，则应弃之重称。如果接受的容器口较小（如锥形瓶等），也可以在瓶口上放一只洗净的小漏斗，将试样倒入漏斗内，待称好试样后，用少量去离子水将试样洗入容器内。

图 2-19　加样品的方法

图 2-20　倒出试样

第九节　固、液分离与结晶

一、滤纸、滤器及其使用

1. 滤纸

化学实验中常用的滤纸有定量滤纸和定性滤纸之分。两者的差别在于灼烧后的灰分质量不同。定量滤纸的灰分很低，如一张 $\phi 125$ mm 的定量滤纸，质量约为 1 g，灼烧后的灰分量低于 0.1 mg，已小于分析天平的感量，在重量分析中，可忽略不计，故又称无灰滤纸。而定性滤纸灼烧后有相当多的灰分，不适于重量分析。按过滤速度和分离性能的不同又可分为快速、中速和慢速滤纸三类。

2. 滤器

除滤纸外，还可使用一定孔径的金属网或高分子材料制成的网膜进行过滤。这些材料和滤纸一样，用于过滤时，都要和适当的滤器（布氏漏斗或玻璃漏斗等）配合使用。

二、固、液分离

1. 倾析法

当沉淀的结晶颗粒较大或密度较大，静置后容易沉降至容器的底部时，可用倾析法分离或洗涤。倾析的操作与转移溶液的操作是同时进行的。洗涤时，可往盛有沉淀的容器内加入少量洗涤剂（常用的有去离子水、酒精等），充分搅拌后静置沉降，再小心地倾析出洗涤液。如此重复操作两三遍，即可洗净沉淀。

2. 过滤法

当溶液和沉淀的混合物通过滤纸时，沉淀就留在过滤器上，溶液则通过过滤器而漏入接受的容器中。过滤所得的溶液叫做滤液。

溶液的温度、黏度、过滤时的压力，过滤器的孔隙大小和沉淀物的状态，都会影响过滤的速度。热的溶液比冷的溶液容易过滤。溶液的黏度愈大，过滤愈慢。减压过滤比常压过滤快。过滤器的孔隙要选择适当，太大会透过沉淀，太小易被沉淀堵塞，使过滤难以进行。沉淀若呈现胶状时，必须先加热一段时间来破坏它，否则它会透过滤纸。总之，要考虑各方面的因素来选用不同的过滤方法。

常用的三种过滤方法是常压过滤、减压过滤和热过滤，现分述如下。

（1）常压过滤

先把圆形滤纸叠成四层，如图 2-21(a) 所示。如果漏斗的规格为 60°[图 2-21(b)]，把滤纸折成一个适当的角度，展开后可成 60°的锥形，使滤纸与漏斗密合。用食指把滤纸按在漏斗内壁上，用去离子水湿润滤纸，使它紧紧贴在内壁上。赶去纸和壁之间的气泡，过滤时漏斗颈内可充满滤液，使过滤速度加快。否则，气泡的存在将延缓液体在漏斗颈内的流动而减缓过滤的速度。漏斗中滤纸的边缘应略低于漏斗的边缘[图 2-21(c)]。

过滤时，漏斗要放在漏斗架上，漏斗颈要靠在接受容器的内壁上。先转移溶液，后转移沉淀。转移溶液时，应把它滴在三层滤纸处并使用玻璃棒引流，每次转移量不能超过滤纸高度的 2/3。

如果需要洗涤沉淀，则等溶液转移完毕后，往盛着沉淀的容器中加入少量洗涤剂，充分搅拌并放置，待沉淀下沉后，把洗涤液转移至漏斗，如此重复操作两三遍，再把沉淀转移到滤纸上。洗涤时贯彻少量多次的原则，洗涤效率才高。检查滤液中的杂质含量，判断沉淀是否已经洗净。

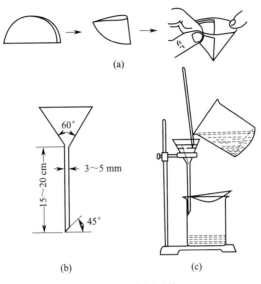

图 2-21　常压过滤

（2）减压过滤

在减压过滤装置（图 2-22）中，水泵中急速的水流不断将空气带走，从而使吸滤瓶内压力减小，在布氏漏斗内的液面与吸滤瓶内造成一个压力差，提高了过滤的速度。在连接水泵的橡皮管和吸滤瓶之间安装一个安全瓶，用以防止因关闭水阀或水泵内流速的改变引起自来水倒吸，进入吸滤瓶将滤液沾污并冲稀。也正因为如此，在停止过滤时，应首先从吸滤瓶上拔掉橡皮管，然后再关闭自来水龙头，以防止自来水吸入瓶内。也可用循环水泵进行减压过滤。

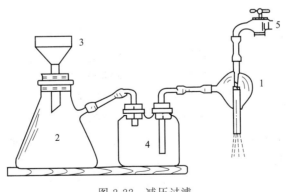

图 2-22　减压过滤
1—水泵；2—吸滤瓶；3—布氏漏斗；4—安全瓶；5—水龙头

抽滤用的滤纸应比布氏漏斗内径略小，但要把瓷孔全部盖上。将滤纸放入并湿润后，慢慢打开自来水龙头或打开循环水泵的开关，先抽气使滤纸紧贴，然后再往漏斗内转移溶液。

其他操作与常压过滤相似。

有些浓的强酸、强碱或强氧化性的溶液，过滤时不能使用滤纸，因为它们要和滤纸作用而破坏滤纸。这时可用尼龙布来代替滤纸。另外也可使用玻璃砂芯漏斗，这种漏斗在化学实验室中常见的规格有四种，即1号、2号、3号、4号。1号的孔径最大。可以根据沉淀颗粒不同来选用。但玻璃砂芯漏斗不适用于强碱溶液的过滤，因为强碱会腐蚀玻璃。

（3）热过滤

溶液中的溶质在温度下降时容易大量结晶析出，而实验中不希望它在过滤过程中留在滤纸上，这时就要用热过滤。过滤时可把玻璃漏斗放在铜质的热漏斗内（图2-23）。热漏斗内装有热水，以维持溶液的温度。也可以在过滤前把普通漏斗放在水浴上用蒸汽加热，然后使用。此法较简单易行，另外，热过滤时选用的漏斗颈部越短越好，以免过滤时溶液在漏斗颈内停留过久，因散热降温，析出晶体而发生堵塞。

3. 离心分离法

当被分离的沉淀的量很少时，可以应用离心分离。实验室内常用的是电动离心机（图2-24）。把分离的混合物放在离心试管中，再把离心试管装入离心机的套管内。在对面的套管内则放一盛有与其等体积水的离心试管。开动离心机，逐步加速，旋转一定时间后，让其自然停止旋转。新的离心机可以设定转速和时间，通常指导老师已经设定好转速和时间，按"START"键开始离心分离，结束后自动停止。通过离心作用，沉淀就紧密地聚集在离心试管底部，而溶液在上部。用滴管将溶液吸出。如需洗涤，可往沉淀中加入少量洗涤剂，充分搅拌后再离心分离。重复操作两三遍即可。

图2-23　热漏斗　　　　　图2-24　电动离心机

三、重结晶

利用不同物质在同一溶剂中溶解度的差异，可以对含有杂质的化合物进行纯化。所谓杂质是指含量较少的一些物质，它们包括不溶性的杂质和可溶性的杂质两类。在实际操作中是先在加热情况下使被纯化的物质溶于一定量的水中，形成饱和溶液，趁热过滤，除去不溶性杂质，然后使滤液冷却，此时被纯化的物质已经是过饱和，从溶液中结晶析出；而对于可溶性杂质来说，远未达到饱和状态，仍留在母液中。过滤使晶体与母液分离，便得到纯净的晶体物质。这种操作过程就叫作重结晶。如果一次结晶达不到纯化的目的，可以进行第二次重结晶，有时甚至需要进行多次结晶操作才能得到纯净的化合物。

重结晶纯化物质的方法，只适用于那些溶解度随温度上升而增大的化合物。对于其溶解度受温度影响很小的化合物则不适用。

从溶液中析出的晶体的颗粒大小与结晶条件有关。假如溶液的浓度高，溶质的溶解度小，冷却得快，那么析出的晶体就细小。否则，就得到较大颗粒的结晶。搅动溶液和静置溶液，可以得到不同的效果。前者有利于细小晶体的生长，后者有利于大晶体的生成。从纯度的要求来说，缓慢结晶得到的大块晶体的纯度较高，快速结晶得到的小晶体的纯度较低。

若溶液容易发生过饱和现象，这时可以采用搅动溶液、摩擦器壁或投入几粒小晶体（作为晶种）等办法，形成结晶中心，过量的溶质便会全部结晶析出。

第十节　常用仪器的使用

一、320-S pH 计的使用

1. 温度的输入

在每次测定溶液的 pH 值之前应先看一下温度。如果温度设定值与样品温度不同的话，需输入新的溶液的温度值。其方法如下：

按一次"模式"键进入温度方式，显示屏即有"℃"图样显示，同时显示屏将显示最近一次输入的温度值，小数点闪烁。如果要输入新的温度值，则按一下"校准"键，此时温度值的十位数从 0 开始闪烁，每隔一段时间加"1"。当十位数到达所要的数值时，按一下"读数"键，这时十位数固定不变，个位数开始闪烁，并且累加。当个位数到达所要的数值时，按一下"读数"键，十位数和个位数均保持不变。接着，小数点后十分位开始在"0"和"5"之间变化。当到达需要数字时，按"读数"键，温度值将固定，且小数点停止闪烁，此时温度值已被读入 pH 计。完成温度输入后，按"模式"键回到 pH 或 mV 方式。

2. pH 计的校准

（1）设置校准溶液组

要获得精确的 pH 值，必须周期性地校准电极。有如下 3 组校准缓冲液可以选择：

b＝1 组：pH 4.00　　7.00　　10.00
b＝2 组：pH 4.01　　7.00　　9.21
b＝3 组：pH 4.01　　6.86　　9.18

按下列步骤选择缓冲液组：

长按"开关"键，pH 计开启。按"模式"键并保持，再按"开关"键，松开"模式"键，显示屏显示"b＝3"（或当前的设置值）。按"校准"键，依次显示"b＝1"，或"b＝2"。按"读数"键，选择合适的组别，即使断电仍保留此设置。

（2）校准 pH 值

两点校准。将电极放入第一个缓冲液，摇动烧杯，在 pH 值接近标准溶液值时，并按"校准"键，pH 计在校准时自动判定终点，当到达终点时相应的缓冲液指示器显示。清洗 pH 电极，将电极放入第二个缓冲液，并再次按"校准"键，当显示静止后，显示器上显示工作曲线和斜率值，校准完成。

3. 测定 pH 值

在样品测定前进行常规校准（见图 2-25），并检查当前温度值，确定是否要输入新的温度值。测定样品的 pH 值时，将电极放入样品溶液中，摇动烧杯，然后只按"读数"键，启动测定过程，当显示屏出现 $\sqrt{A}$ 时，读取 pH 数值。清洗电极，换样品溶液，重复上述测定操作。

注意：测定样品溶液过程中，只按"读数"键，不能按"校准"键。

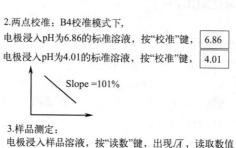

图 2-25　pH 计的使用方法

4. 电极保养和样品测定

在使用电极之前，将保湿帽从电极头处拧去并将橡皮帽从填液孔上移走。新电极必须在 pH 约为 4 或 7 的缓冲液中浸泡 24h 以上，但不要使用纯水或去离子水。使用与被测样品接近的缓冲液校准电极。在将电极从一种溶液移入另一溶液之前，用去离子水或下一个被测溶液清洗电极。用纸巾将水吸干。勿擦拭电极，因为这样会产生极化和响应迟缓现象。小心使用电极，不能将之用作搅拌器。在拿放电极时不可接触电极膜。电极膜的损伤会导致精度降低和响应迟缓现象。测定小体积样品时，确保液体连接部能浸没 pH 电极。切勿使电极填充液干涸，因为这可能导致永久的损伤。响应时间同电极和溶液有关。有些溶液很快就能达到平衡，而有些溶液，尤其是解离度很小的那些，可能会要几分钟才能达到平衡。在进行 pH 测定时温度是一个值得考虑的重要因素。它会影响电极斜率、被测溶液的温度系数、电极的响应时间以及电极等温线交叉点的位置。其他因素，如溶液中分子解离成离子的能力同样也会影响 pH 值的测量。

二、电导率仪的使用

1. 开机

插上电源，按"退出"键。

2. 测定电导率

将电极放入样品溶液中，摇动烧杯，然后只按"读数"键，启动测定过程，当显示屏出现 $\sqrt{A}$ 时，读取电导率数值。清洗电极，换样品溶液，重复上述测定操作。

注意：测定样品溶液过程中，只按"读数"键，不能按"校准"键。

3. 关机

长按"退出"键，关机。

4. 恢复出厂设置

若仪器有问题，恢复出厂设置，按住"读数"和"校准"键，再按"退出"键。

注意：校准由老师完成。

三、722E 型可见分光光度计的使用

1. 仪器的外形及操作键介绍

(1)"方式设定"键

仪器可供选择的显示方式有：透射率（$T\%$）方式和吸光度（A）方式。按"MODE"键，系统在这两种方式间变换，吸光度方式，"A"灯会亮，透射率方式，"T"灯会亮。

(2)"波长设置"旋钮

用于设置入射光的波长。旋转波长旋钮，设定入射光的波长。

(3) 参比溶液校正

打开电源开关，将参比溶液装入比色皿中，比色皿透光的面正对入射光，在样品架上放入参比溶液，在透射率（$T\%$）方式，让入射光穿过参比溶液，按"100%T"键，当显示"100"时，仪器自动将透射率100%参数保存在微处理器中，表明透射"100%T"校准完成。

将样品拉杆拉半格，入射光不透过参比溶液时，按"0 Abs"键，当显示"0"时，仪器自动将透射率为0%的参数保存在微处理器中，表明透射"0%T"校准完成。

(4) 样品测试

将样品溶液装入比色皿中，比色皿透光的面正对入射光，放入样品架上。按"MODE"键，在吸光度（A）方式下，等显示数值稳定后，读取溶液的吸光度数值。拉样品杆，读取下一个样品溶液的吸光度数值，依次类推。

注意：在样品测试过程中，不能按"100%T"和"0%T"键。

(5) 结束工作

取出比色皿，用去离子水洗涤3次以上，并将比色皿倒立在纸上，清洁仪器和桌面上可能残留的溶液，关闭仪器电源开关。722型可见分光光度计如图2-26所示。

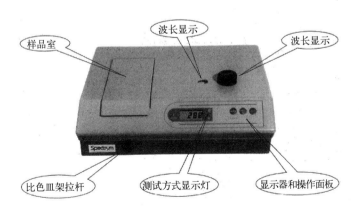

图 2-26　722 型可见分光光度计

2. 仪器的基本操作

（1）预热

打开电源开关，使仪器预热 20min。注意：开机前，先确认仪器样品室内是否有东西挡在光路上。光路上有东西将影响仪器自检甚至造成仪器故障。

（2）调整波长

用"波长设置"旋钮将波长设置在将要使用的分析波长位置上。注意：每当波长被重新设置后，不要忘记用参比溶液重新校准"100％T"和"0％T"。

（3）调整"0％T"

入射光不透过参比溶液时，按"0 Abs"键，显示"0"。注意：仪器在不改变波长的情况下，一般无需再次调"0％T"，若仪器长时间使用，有时"0％T"可能会产生漂移，重新校准"0％T"可提高测试数据的准确度。

（4）调整"100％T"

在样品架上放入参比溶液，以透射率（T％）方式，让入射光穿过参比溶液，按"100％T"键，当显示"100"时，校准完成。通常情况下，一般可无需重复校准"100％T"。

四、紫外-可见光谱仪简单操作步骤

1. 开机

打开计算机，等计算机正常进入桌面后，再打开紫外-可见光谱仪主机电源。双击打开桌面上"UV"程序，仪器开始初始化，点击"确定"。

2. 测量

① 正确放入比色皿，一只比色皿中加入参比溶液（或空白溶剂），放入内侧样品架，外侧加入待测溶液，比色皿盖上盖子。注意：内侧的参比溶液在测量中不能取出，除非参比溶液改变。

② 在 UV 程序左上选择"波长扫描"，然后点击"文件"，选择"新建"，输入"文件名"。

③ 输入波长扫描范围：起始波长和结束波长。

④ 空白校正。两侧均放参比溶液，进行空白校正，点击"基线"。注意：一般不需要空白校正。

⑤ 外侧放入待测溶液。

⑥ 点击下方的"扫描"按钮，开始波长扫描。

⑦ 扫描结束后点击"确定"。

3. 文件保存

点击"文件"，选择"保存"输入"文件名"，点击"确定"。注意：如果不保存数据，退出程序后数据将被清除。

4. 关机

① 关闭紫外程序。

② 关闭紫外-可见光谱仪主机开关。

③ 取出样品池内的所有比色皿，用去离子水洗涤 3 次以上。

④ 盖上仪器外罩。

⑤ 在仪器使用记录本上做好记录。
⑥ 清洁桌面。

五、F970 荧光分光光谱仪简单操作步骤

1. 开机

打开计算机，等计算机正常进入桌面后，再打开 F970 荧光分光光谱仪主机电源、氙灯开关。双击打开桌面上"CRT970XP"程序，仪器开始初始化，进入荧光光谱测量页面。

2. 测量

① 在一只石英玻璃比色皿中加入待测溶液，盖上盖子，正确放入样品池。
② 在程序上方点击"参数"，然后输入测定的参数。
　a. 选择合适的"灵敏度"，灵敏度的大小根据样品溶液的荧光强度选择，荧光强的，灵敏度低一点，荧光弱的，灵敏度高一点。
　b. 选择合适的"EM 狭缝""EX 狭缝"。"EM 狭缝"是发射狭缝，"EX 狭缝"是激发狭缝。狭缝越大，荧光信号越强，狭缝越小，荧光信号越弱。
　c. 选择合适的扫描速度，扫描速度越大，时间越短，但光谱的精细程度下降，一般选中速即可。
　d. 扫描方式。选择"EM 扫描"或"EX 扫描"。EM 扫描是固定激发波长，得到发射光谱。EX 扫描是固定发射波长，得到激发光谱。若不知激发波长，一般可以试着用 365 nm 为激发波长，得到发射光谱后，再选择最大发射波长为检测波长，测定激发光谱。
　e. 输入起始和结束波长，激发波长或检测波长。
　f. 点击"确定"。
③ 测量光谱。点击上方的"扫描"，仪器开始测量激发光谱或发射光谱。

3. 文件保存

扫描结束后，点击左下方"保存"，输入"文件名"，点击"确定"，或点击"文件"下拉菜单中的"保存"，输入"文件名"，点击"确定"。

注意：如果不保存数据，退出荧光光谱程序后数据将被清除。

4. 关机

① 关闭荧光光谱程序。
② 关闭氙灯开关、关闭荧光分光光谱仪主机电源开关。
③ 取出样品池内的比色皿，用去离子水洗涤 3 次以上。
④ 盖上仪器外罩。
⑤ 关闭计算机。
⑥ 在仪器使用记录本上做好记录。
⑦ 清洁桌面。

第三章
基本操作训练

 基本要求

　　基本操作与技能是构成实验的重要内容，是进行无机化学实验的基础。要求熟练掌握的基本操作与技能有：天然气灯、电子天平、量筒、移液管、容量瓶、滴定管、温度计等的使用，常用玻璃仪器的洗涤，常用加热操作，试管反应操作（包括空白试验和对照试验），试纸的选择和使用，结晶、固液分离和沉淀的洗涤操作等。本章实验中主要训练质量、温度、体积等物理量的测定手段与方法，包括电子分析天平的使用、滴定操作以及简单的玻璃加工操作（切割、圆口、拉制）等技术。训练中，要求学生不仅会操作，也要弄清基本原理。在实践中着重训练，反复巩固，达到准确、熟练掌握的目的。

 理论概述

　　本章除了要求学生练习、掌握实验的基本操作和技能外，还要求学生了解、熟悉相关的化学理论与知识。下面简要介绍与本章实验内容有关的化学基础理论。

一、气体方程式

　　理想气体状态方程式：
$$pV = nRT \tag{3-1a}$$
或
$$pV = \frac{W}{M}RT \tag{3-1b}$$

式中，p 为气体压力；V 为气体体积；n 为气体的物质的量；W 为气体质量；M 为气体的摩尔质量；T 为气体的热力学温度；R 为摩尔气体常数，数值为 8.314 J·K^{-1}·mol^{-1}。

　　理想气体，主要有两点假设：一是气体分子的体积可以忽略不计，二是气体分子间的吸引力可忽略不计。在高温高压情况下，实际气体的行为与理想气体状态方程有很大的偏差。此时必须引入范德瓦尔斯（van der Waals）修正式

$$(p + \frac{a}{V^2})(V - b) = nRT \tag{3-2}$$

式中，a 为各种气体的特征常数，表示气体分子间吸引力；b 为气体分子所占体积，亦

称为特征常数。

理想气体状态方程在化学实验中的一个重要作用就是用来测定各类气体的摩尔质量或测定摩尔气体常数 R。

二、热力学基础

化学反应的进行大都伴随着吸热和放热。发生化学反应时，如果系统不做非体积功，且反应的终态温度恢复至反应始态温度时，系统所吸收或放出的热量称该化学反应的反应热。用符号 Q 来表示，并规定吸热时 $Q>0$，放热时 $Q<0$。

由热力学第一定律可得：

$$\Delta U = Q + W \tag{3-3}$$

大多数化学反应是在恒压条件下进行的，系统的压力为当时的大气压。如果系统不做非体积功，此过程的反应热称恒压反应热，用 Q_p 表示。

$$\Delta U = Q_p + W = Q_p - p\Delta V$$

或

$$Q_p = \Delta U + p\Delta V \tag{3-4}$$

式中，ΔU 为系统始态与终态的内能的差值；ΔV 为系统始态与终态的体积差值。$W = -p\Delta V$，是体积功。热力学规定：环境对系统做功，$W>0$；系统对环境做功，$W<0$。

若把始态表示"1"，终态表示"2"，则式(3-4)变换为：

$$Q_p = (U_2 - U_1) + p(V_2 - V_1) = (U_2 + p_2 V_2) - (U_1 + p_1 V_1)$$

热力学上，焓（H）定义为：

$$H = U + pV$$

H 的单位为 $kJ \cdot mol^{-1}$。则

$$Q_p = H_2 - H_1 = \Delta H \tag{3-5}$$

式(3-5)表示恒压条件下的化学反应热等于系统的焓变。$\Delta H<0$，表示焓值减少，反应为放热反应；$\Delta H>0$，表示焓值增加，反应为吸热反应。

标出反应热的化学方程式称为热化学方程式。例如：1 mol 碳（石墨）在 25 ℃ 及 100 kPa 下完全燃烧，能放出 394 kJ 的热量，可写成：

$$C(石墨) + O_2(g) \rightleftharpoons CO_2(g), \Delta_r H_m = -394 \text{ kJ} \cdot mol^{-1}$$

书写热化学方程式时，要注明反应时的温度、压力。如不注明，则表示温度为 25 ℃、压力为 100 kPa。各物质的聚集状态要写在分子式后面的括号里，气、液、固三态分别用 g、l、s 表示。

这里要强调的是，第一，严格来讲，反应温度对化学反应的焓变值是有影响的。如在 100 kPa 下，

$$CaCO_3(s) \rightleftharpoons CaO(s) + CO_2(g)$$

$$298.15 \text{ K}, \Delta H_{298.15} = 178.27 \text{ kJ} \cdot mol^{-1}$$

$$1000 \text{ K}, \Delta H_{1000} = 175 \text{ kJ} \cdot mol^{-1}$$

一般情况下，反应温度对化学反应焓变的影响不大，按 298.15 K 时处理。

第二，H 与 V、p、U 一样，都是状态函数，即焓变 ΔH 只取决于系统变化的始态、终态，与变化途径无关。故一个反应分几步进行，则反应总过程的焓变等于各步焓变之和。

$$\Delta H = \Delta H_1 + \Delta H_2 + \cdots + \Delta H_n \tag{3-6}$$

在给定温度和标准状态下由稳定单质生成 1 mol 物质时的反应热称为该物质的标准摩尔

生成焓。符号：$\Delta_f H_m^\ominus$。单位：$kJ \cdot mol^{-1}$。"f"表示 formation，右上角"$\ominus$"表示标准态（气体的分压为 100 kPa，溶液中溶质浓度为 $1\ mol \cdot L^{-1}$，液体、固体为最稳定的纯净物）。在手册上查到的标准生成焓通常指 100 kPa 和 298.15 K 时的数据。若是 298.15 K，通常可省略温度数据。

第三，恒温恒压下化学反应的热效应（ΔH）近似等于产物的标准摩尔生成焓的总和减去反应物的标准摩尔生成焓的总和，即

$$\Delta_r H_m = \sum \Delta_f H_m(产物) - \sum \Delta_f H_m(反应物) \tag{3-7}$$

焓是化学热力学中的一个重要状态函数。它可以计算反应热，也可在判断同类型化合物相对稳定性、化学反应自发性倾向等情况中得到广泛运用。

三、酸碱平衡

1887 年阿伦尼乌斯（Arrhenius）提出了酸碱电离理论，至今仍被普遍应用。其定义为：酸是在水溶液中解离生成的阳离子全部是 H^+ 的化合物，碱是在水溶液中解离生成的阴离子全部是 OH^- 的化合物。酸碱中和反应的实质就是 H^+ 和 OH^- 结合成 H_2O 的反应。例如，盐酸和氢氧化钠的反应：

$$酸\quad HCl \Longrightarrow H^+ + Cl^-$$
$$碱\quad NaOH \Longrightarrow OH^- + Na^+$$
$$中和反应\quad H^+ + OH^- \Longrightarrow H_2O$$

盐被认为是中和反应的另一个产物，实际上是在水溶液中生成金属离子（包括 NH_4^+）和酸根离子的化合物（如 NaCl）。

在其他条件相同的情况下，等浓度的不同酸（碱）溶液解离出 H^+（OH^-）越多，表示其酸（碱）性越强；反之就是其酸（碱）性越弱。例如：HCl、HNO_3 为强酸，HAc 为弱酸；NaOH、KOH 为强碱，$NH_3 \cdot H_2O$ 为弱碱。弱酸（碱）在水溶液中仅有部分分子解离，弱电解质分子和解离生成的离子间存在化学平衡。如：

$$HAc \rightleftharpoons H^+ + Ac^-$$

酸碱电离理论的局限性是对于非水系统的酸碱反应和不含 H^+ 或 OH^- 的物质表现酸和碱的性质，均不能作出合理的解释。所以 20 世纪以来陆续提出了酸碱质子理论、电子理论等学说，它们都有一定的实用性和局限性。

酸碱滴定法又叫中和滴定法，它是以酸碱反应为基础的滴定分析法，完全符合滴定分析法对化学反应的一些基本要求：定量、迅速、有可以确定反应终点的可靠方法。

酸碱滴定中，常采用强酸（如 HCl）、强碱（如 NaOH）作为滴定剂。被滴定物（或称被测定物）具有碱性或酸性就有可能被滴定，但应根据 cK_a（或 cK_b）$\geqslant 10^{-8}$ 的界限判断能否被准确滴定。如：用标准 NaOH 溶液做滴定剂可测定 HAc、HCl、H_3PO_4 等酸性物质的准确含量，反之用标准 HCl 溶液作滴定剂可测定 NaOH、Na_2CO_3、吡啶盐等碱性物质的准确含量。滴定分析中，溶液浓度一般采用 $0.1\ mol \cdot L^{-1}$ 左右。如果某些酸（或碱）太弱，解离常数 $\leqslant 10^{-7}$，或有机物质在水中溶解度较小，必须采用化学处理转换成可直接滴定酸（或碱），或者在非水溶液中滴定，因而酸碱滴定法的应用范围还是相当大的。

cK_a（或 cK_b）$\geqslant 10^{-8}$，实质是保证滴定曲线（溶液 pH 值变化为纵坐标与加入滴定剂百分数为横坐标的关系曲线）中的滴定突跃（指曲线在滴定终点，溶液性质从量变到质变时，

pH 值迅速变化的部分）足够大。一般突跃≥0.3pH 值，才能确保找到合适的酸碱指示剂（指能通过颜色变化来指明中和反应终点的物质）。实验人员能借助指示剂的变色准确判断出滴定终点，使滴定误差≤0.2%。

稀 HCl 是最常用的酸性滴定剂，它具有一定的稳定性。试验表明 $0.1\ mol·L^{-1}$ HCl 溶液煮沸 1h，未发现明显损失。HCl 溶液不能直接配制，一般先配成近似浓度，然后用基准物质（能用于直接配制或标定标准溶液浓度的物质）标定。最常用的基准物质是无水碳酸钠（Na_2CO_3）和硼砂（$Na_2B_4O_7·10H_2O$）。

稀 NaOH、KOH、$Ba(OH)_2$ 均可做碱性滴定剂。最常用的是 NaOH。由于固体 NaOH 具有很强的吸湿性，能吸收 CO_2 和水分，生成少量 Na_2CO_3，且含少量硅酸盐、硫酸盐和氯化物等，故不能直接称量配制准确浓度，只能先配制成近似浓度溶液，然后用基准物质标定。最常用的基准物质是邻苯二甲酸氢钾（$KHC_8H_4O_4$）和草酸（$H_2C_2O_4·2H_2O$）。

酸碱标准溶液一般配成 $0.1\ mol·L^{-1}$，偶尔也可配 $0.01\ mol·L^{-1}$ 或 $1\ mol·L^{-1}$。因为浓度过高时，加入每滴溶液的物质的量增大，引起误差较大；浓度太低，滴定突跃范围减小，指示剂变色不明显，也将引起较大误差。

实验一　玻璃工操作和仪器洗涤

一、实验目的

1. 练习掌握天然气灯的使用。
2. 学习简单的玻璃管加工。
3. 练习玻璃器皿的洗涤。

二、实验提要

天然气灯是化学实验室最常用的加热器具，由灯座和灯管组成（图 3-1）。观察天然气灯的构造，旋下灯管，可以看到灯座的天然气口和空气入口，转动灯管，能够完全关闭或不同程度地开放空气入口，以调节空气的输入量。

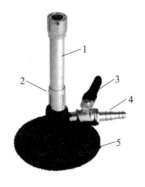

图 3-1　天然气灯的构造
1—灯管；2—空气开关；3—天然气调节阀；
4—天然气入口；5—灯座

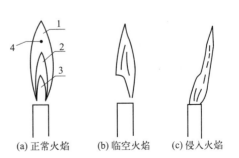

图 3-2　各种火焰
1—氧化焰；2—还原焰；
3—焰芯；4—最高温度点

当空气入口完全关闭时，点燃天然气灯，此时火焰呈黄色，是碳粒燃烧所产生的颜色，天然气的燃烧不完全，火焰温度不高。逐渐加大空气的输入量，天然气的燃烧就逐渐完全，此时火焰分三层（图 3-2）：内层为焰心，天然气和空气混合物在此并未燃烧，温度低，约为 300 ℃；中层为还原焰，天然气在此不完全燃烧，并分解为含碳的产物，所以这部分火焰具有还原性，温度较高，火焰呈淡蓝色；外层为氧化焰，天然气在此完全燃烧，过剩的空气使这部分火焰具有氧化性。氧化焰的温度在三层中最高。最高温度处于还原焰顶端上部的氧化焰中，在 1000 ℃ 以上，火焰呈淡紫色。一般都采用氧化焰来加热。

空气或天然气的输入量调节得不合适时，会产生不正常的火焰。当天然气和空气的输入量都很大时，火焰会临空燃烧，称为"临空火焰"［图 3-2(b)］，容易自行熄灭。当天然气输入量很小而空气输入量很大时，天然气会在灯管内燃烧，并发出"嘶嘶"的响声，火焰的颜色发绿，灯管被烧得很烫，这种火焰称为"侵入火焰"［图 3-2(c)］。在天然气灯使用过程中，天然气量突然因某种原因而减少，也会产生侵入火焰，这种现象称为"回火"。发生以上现象时，应立即关闭天然气管道的开关。待灯管冷却后，再关小空气入口，重新点燃。

在一般情况下，加热试管中液体时，温度不需要很高，这时可将天然气灯上的空气入口和天然气进口关小些，在石棉网上加热烧杯中液体或进行玻璃加工操作时，火焰温度可调高些。

天然气灯还用于玻璃加工。下面列举几种最简单的玻璃加工操作。

1. 玻璃管（棒）的截断和圆口

将玻璃管平放在桌面上，用锉刀的棱或小砂轮片，在左手拇指按住玻璃管的地方锉出一道凹痕（图 3-3）。应该往一个方向锉，不要来回锉，锉出来的凹痕应与玻璃管垂直，这样才能保证折断后的玻璃管截面是平整的。然后双手持玻璃管（凹痕向外），用拇指在凹痕的正后方轻轻外推，同时用食指和拇指把玻璃管向外拉，折断玻璃管（图 3-4）。截断玻璃棒的操作与截断玻璃管相同。

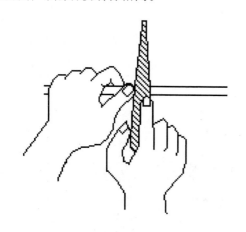

图 3-3　玻璃管的切割

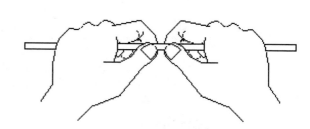

图 3-4　玻璃管的截断

玻璃管的截面很锋利，容易把手划破，且难以插入塞子的圆孔内，所以必须在天然气灯的氧化焰中熔烧，把截面斜插入氧化焰中熔烧时，要慢慢地转动玻璃管使熔烧均匀，直到熔烧得光滑为止，通常称为"圆口"（图 3-5）。灼热的玻璃管应放在石棉网上冷却，不要用手去摸，以免烫伤。玻璃棒也同样需要圆口。

2. 弯曲玻璃管的操作

先将玻璃管用小火预热一下，然后双手持玻璃管，把要弯曲的地方斜放入氧化焰中以增大玻璃管的受热面积，也可以在天然气灯上罩一鱼尾灯头以扩展火焰，增大玻璃管的受热面积（图 3-6），同时缓慢而均匀地转动玻璃管，双手用力均匀，转速要一致，以免玻璃管在火焰中扭曲。加热到它发黄变软。自火焰中取出玻璃管，稍等一两秒钟，使各部分温度均匀，准确地把它弯成所需的角度。弯管的正确手法是"V"字形，两手在上方，玻璃管的弯曲部分在两手中间的下方（图 3-7）。弯好后，待其冷却变硬才把它放在石棉网上继续冷却，冷却后，应检查其角度是否准确，整个玻璃管是否在同一平面上。图 3-8 是玻璃管弯得好坏的比较。

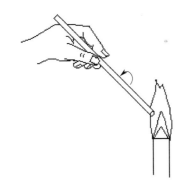

图 3-5　玻璃管圆口　　　　　　　　　图 3-6　加热玻璃管的方法

120°以上的角度，可以一次弯成。较小的锐角可分几次弯成。先弯成一个较大的角度，然后在第一次受热部位稍偏左、稍偏右处进行第二次加热和弯曲、第三次加热和弯曲，直到弯曲成所需的角度为止。

3. 拉玻璃管的操作

加热玻璃管的方法和弯玻璃管时基本上一样，不过要烧得更软一些。玻璃管应烧到红黄时才从火焰中取出，顺着水平方向边拉边来回转动玻璃管（图 3-9），拉到所需要的细度时，一手持玻璃管，使玻璃管垂直下垂。冷却后，可按需要截断。

　　　　　　　　　　　　　　　　错误　　　　　正确

图 3-7　弯曲玻璃管的手法　　图 3-8　弯管好坏的比较　　图 3-9　拉管的手法

三、实验流程

四、实验用品

仪器、用品：天然气灯，坩埚钳，薄片小砂轮（或锉刀），石棉网，点火器。
试剂、材料：铁丝网，硬纸片，铜片，玻璃管，玻璃棒。

五、实验内容

1. 天然气灯的使用

（1）天然气灯的构造和使用方法

① 将天然气灯灯座下的螺丝旋下，观察各部分的构造。

② 将空气入口关闭，打开天然气开关，点燃天然气，观察火焰的情况。然后慢慢将空气入口打开，调节空气进入量，直至火焰分为三层。

③ 将天然气灯空气入口逐渐开大，直至发生侵入火焰。观察天然气在灯管内燃烧、侵入火焰的颜色和灯管很快发热的现象。关闭天然气开关，待灯管冷却后将空气入口关小，重新点燃天然气和调节空气进入量。

（2）火焰的温度

① 铁丝网平放在无色火焰中，从火焰上部慢慢向下移动（图 3-10），注意铁丝网烧成红热部分的面积和光亮程度的变化。

② 将硬纸片用水浸湿后，使某一边向下，垂直穿过火焰，把火焰平分为两部分（图 3-11），观察纸片被火焰灼焦的状况。根据实验①、②的结果，做出火焰各层温度高低的结论。

（3）火焰的性质

① 将一根长约 12 cm 的细玻璃管的一头斜插到内层火焰中，点燃从玻璃管另一头出来的天然气（图 3-12）。

② 用坩埚钳夹住一块铜片，使其一边向下竖直穿过火焰。观察铜片表面在各层火焰中的颜色。

根据上面的两个实验，总结火焰各层的性质。

图 3-10 考察火焰温度
（用铁丝网）

图 3-11 考察火焰温度
（用硬纸片）

图 3-12 考察火焰各层性质

2. 玻璃管（棒）的简单加工

（1）玻璃管（棒）的截割和圆口

① 利用废玻璃管（棒）反复练习截断玻璃管（棒）的基本操作。

② 制作玻璃棒，截取 15 cm 和 18 cm 的长玻璃棒各一根，并将断面圆口。

（2）拉细玻璃管（棒）

① 练习拉细玻璃管（棒）的基本操作。

② 制作滴管。截取 18～20 cm 长玻璃管一根，拉制成 2 支滴管，如图 3-13 所示。管口用火圆口时应注意，受热时间不宜过长，以免管嘴收缩甚至封死。滴管粗的一端应在火焰中充分烧软，并随即垂直地向石棉网上轻轻压一下，使管口变厚略向外翻，以便套上橡皮头。制作的滴管规格要求是自滴管中滴出 18～22 滴水的体积约等于 1 mL。

③ 制作小头搅拌棒。截取 16～18 cm 长玻璃棒一根，拉制成小头搅拌棒 2 支，如图 3-14 所示。

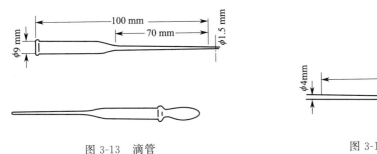

图 3-13 滴管　　　　　　　　　　图 3-14 小头搅拌棒

（3）弯玻璃管

练习玻璃管的弯曲，完成 120°、90°、60°等角度的玻璃弯管各一根。

3. 玻璃器皿的洗涤

领取烧杯、锥形瓶、容量瓶各 1 只，根据玻璃仪器的洗涤要求（见第二章第一节），洗涤干净。

六、思考题

1. 天然气灯的火焰可分为几层？怎样调节？指出各层火焰的温度和性质。
2. 侵入火焰是怎样产生的？如何避免和处理？
3. 怎样切割玻璃管（棒）？为什么截面要圆口？
4. 在做下列操作时，如何选择天然气灯火焰，并应注意哪些问题？
（1）制作玻璃管（棒）。
（2）玻璃管（棒）截断面的圆口。
（3）滴管嘴的圆口。
5. 刚刚烧过的灼热的玻璃和冷的玻璃往往外表很难分辨，怎样防止烫伤？

实验二　二氧化碳摩尔质量的测定

一、实验目的

1. 掌握气体相对密度法测定气体摩尔质量的原理和方法。
2. 加深理解理想气体状态方程式和阿伏伽德罗定律。
3. 学习启普气体发生器的使用并熟悉洗涤、干燥气体的装置。

二、实验提要

根据阿伏伽德罗定律,在同温同压下,相同体积的任何气体含有相同数目的分子。

对于 p、V、T 相同的 A、B 两种气体。若以 m_A、m_B 分别代表 A、B 两种气体的质量,M_A、M_B 分别代表 A、B 两种气体的摩尔质量。其理想气体状态方程式分别为

气体 A: $$pV = \frac{m_A}{M_A}RT \tag{3-8}$$

气体 B: $$pV = \frac{m_B}{M_B}RT \tag{3-9}$$

由式(3-8)、式(3-9)整理可得

$$\frac{m_A}{m_B} = \frac{M_A}{M_B} \tag{3-10}$$

于是得出结论:在同温同压下,同体积的两种气体的质量之比等于其摩尔质量之比。

应用上述结论,在同温同压下,用相同体积的二氧化碳与空气相比较。因为已知空气的平均摩尔质量为 29.0 g·mol^{-1},只要测得二氧化碳与空气在相同条件下的质量,便可根据式(3-10)求出二氧化碳的摩尔质量。

即

式中,29.0 g·mol^{-1} 为空气的平均摩尔质量。

体积为 V 的二氧化碳质量 m_{CO_2} 可直接从分析天平上称出。同体积空气的质量可根据实验室测得的大气压(p)和温度(T),利用理想气体状态方程式计算得到。

三、实验流程

准备制取、净化 CO_2 装置 → 称取(空气+瓶+瓶塞)质量 → 收集 CO_2 气体并求得质量 → 重量法求瓶的容积 → 数据处理

四、实验用品

仪器、用品:分析天平,启普气体发生器,台秤,洗气瓶,干燥管,磨口锥形瓶。

试剂、材料:石灰石,HCl(工业级),NaHCO$_3$(饱和溶液),浓 H$_2$SO$_4$(工业级),玻璃棉,玻璃管,橡皮管。

五、实验内容

按图 3-15 装配好制取二氧化碳的实验装置。二氧化碳由盐酸和石灰石反应制备。因石灰石中含有硫,所以在气体发生过程中有硫化氢、酸雾、水汽产生。可通过加入饱和碳酸氢钠溶液和浓 H$_2$SO$_4$ 溶液除去硫化氢、酸雾和水汽。

取一洁净而干燥的磨口锥形瓶,在分析天平上称出(空气+瓶+瓶塞)质量。

在启普气体发生器中产生二氧化碳气体,经过净化、干燥后导入锥形瓶中。由于二氧化

碳气体略重于空气，所以必须把导管捅入瓶底。等 4~5 min 后，轻轻取出导管，用塞子塞住瓶口，在分析天平上称量二氧化碳、瓶、瓶塞的总质量。重复通二氧化碳气体和称量的操作，直到前后两次称量的质量差值小于 2 mg。最后在瓶内装满水，塞好塞子，在台秤上准确称量。

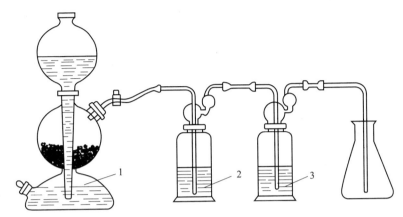

图 3-15　CO_2 气体的生成、净化和收集装置
1—启普气体发生器；2—饱和 $NaHCO_3$ 溶液；3—浓硫酸

六、数据记录与处理

室温 $T/℃$ ＿＿＿＿＿＿

气压 p/Pa ＿＿＿＿＿＿

（空气＋瓶＋瓶塞）的质量 m_A ＿＿＿＿＿＿

第一次（二氧化碳气体＋瓶＋瓶塞）的总质量 m_1 ＿＿＿＿＿＿

第二次（二氧化碳气体＋瓶＋瓶塞）的总质量 m_2 ＿＿＿＿＿＿

二氧化碳气体＋瓶＋瓶塞的总质量 $m_B = \dfrac{m_1 + m_2}{2}$ ＿＿＿＿＿＿

（水＋瓶＋瓶塞）的质量 m_C ＿＿＿＿＿＿

瓶的容积 $V = \dfrac{m_C - m_A}{1.00}$ ＿＿＿＿＿＿

瓶内空气的质量 $m_{空气} = M_{空气} \dfrac{pV}{RT}$ ＿＿＿＿＿＿

瓶和瓶塞的质量 $m_D = m_A - m_{空气}$ ＿＿＿＿＿＿

二氧化碳气体质量 $m_E = m_B - m_D$ ＿＿＿＿＿＿

二氧化碳气体摩尔质量＿＿＿＿＿＿

七、思考题

1. 为什么（二氧化碳气体＋瓶＋瓶塞）的总质量要在分析天平上称量，而（水＋瓶＋瓶塞）的质量可以在台秤上称量？两者的要求有何不同？

2. 哪些物质可用此法测定分子量？哪些不可以？为什么？

3. 指出实验装置图中各部分的作用。

实验三　摩尔气体常数的测定

一、实验目的

1. 掌握理想气体状态方程和分压定律的应用。
2. 学会测量气体体积的一种方法。

二、实验提要

$$Mg + 2H^+ (过量) = Mg^{2+} + H_2(g) \quad (3-11)$$

上述反应在通常条件下，是不可逆反应。根据式(3-11)可知：

$$\frac{m_{Mg}}{M_{Mg}} = \frac{m_{H_2}}{M_{H_2}} \quad (3-12)$$

式中，m_{Mg} 为称取镁的质量；m_{H_2} 为产生氢气的质量；M_{Mg} 和 M_{H_2} 分别为镁和氢气的摩尔质量。

已知质量的金属镁（m_{Mg}）与过量的稀硫酸反应，在一定的温度和压力下测出产生气体的体积（V），就可运用理想气体状态方程计算出摩尔气体常数（R）。

由于氢气是在水面上收集的，氢气中还混有水汽，在实验室温度下，水的饱和蒸气压 p_{H_2O} 可在书后面的附录六中查出，根据分压定律，氢气的分压 p_{H_2} 可由式(3-13)求得：

$$p_{H_2} = p_{大气压} - p_{H_2O} \quad (3-13)$$

理想气体状态方程为：

$$p_{H_2} V = \frac{m_{H_2} RT}{M_{H_2}} \quad (3-14)$$

将式(3-12)代入式(3-14)并整理得：

$$R = \frac{p_{H_2} V M_{Mg}}{T m_{Mg}} \quad (3-15)$$

三、实验流程

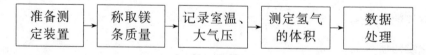

四、实验用品

仪器、用品：分析天平，100 mL 量气管，三角漏斗，滴管，10 mL 量筒，滴定管夹，铁架台，铁圈。

试剂、材料：镁条，3 mol·L^{-1} H$_2$SO$_4$，丙三醇（甘油），橡皮管，砂纸。

五、实验内容

① 用分析天平准确称取两份已擦去表面氧化膜的镁条，每份重 0.03 g 至 0.035 g。

② 按图 3-16 所示，装配好仪器装置。打开试管的塞子，由漏斗向量气管内装水至略低于刻度"0"的位置。上下移动漏斗以赶尽附着在胶管内壁和量气管中的气泡，确认无气泡后，把试管的塞子塞紧。

③ 检查装置是否漏气。把漏斗下移一段距离并固定在一定的位置上数分钟。观察量气管的液面，如果量气管中的液面仅在开始稍有下降，然后就在一个位置上保持不变，说明装置密封良好；如果液面不断下降，则说明装置漏气。这时必须检查各个接口处是否严密，将可能漏气处的塞子塞紧。重复上述试验，至不漏气为止。

④ 把漏斗移至原来的位置，取下试管，用滴管向试管中注入 3～5 mL 3 mol·L^{-1} H_2SO_4。注意：勿使硫酸沾到试管壁上。用丙三醇用做粘贴剂把镁条贴在试管壁上，将塞子塞紧。此过程中镁条不与硫酸接触。重复实验③的操作，检查整个装置的密封性能。

⑤ 在确认装置不漏气的情况下，把漏斗移至量气管的一侧，使两者的液面保持在同一水平，记下量气管中液面的体积读数 (V_1)，准确至 0.02 mL。把试管的底部略提高，使硫酸与镁条接触，开始反应。反应产生的氢气进入量气管，为避免管内压力过大，在管内液面下降的同时，漏斗可相应地往下移动，使管内液面和漏斗中液面基本保持在同一水平。

⑥ 镁条反应完后，待试管冷却至室温，然后使漏斗与量气管的液面处于同一水平，记下液面的体积读数 (V_2)，稍等 1～2min，再记录一次，如果两次读数一致，则表明量气管内气体温度与室温相同了，同时记下室温和大气压。重复以上实验一次。

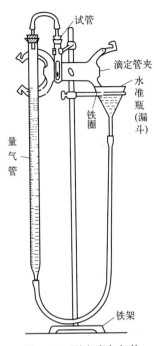

图 3-16 测定摩尔气体常数的装置

六、数据记录与处理

项目	第一次	第二次
室内温度(T)/K		
大气压(p)/Pa		
镁条质量(m_{Mg})/g		
终态液位(V_2)/mL		
初态液位(V_1)/mL		
氢气体积(V_{H_2})/m^3		
水的饱和蒸气压(p_{H_2O})/Pa		
氢气的分压(p_{H_2})/Pa		
摩尔气体常数(R)/(J·mol^{-1}·K^{-1})		
相对误差		

七、思考题

实验过程中，出现下列情况对实验结果有何影响？

(1) 镁条表面的氧化物没除尽。
(2) 镁条的质量太多或太少。
(3) 称后的镁条碰到水或酸。
(4) 量气管中气泡没有赶尽。
(5) 在产生氢气过程中装置漏气。
(6) 读数时，漏斗及量气管中的液面不在同一水平面。
(7) 试管没冷却到室温就读数。

实验四 氯化铵生成焓的测定

一、实验目的

1. 掌握测定氯化铵生成焓的原理和操作方法。
2. 加深对热力学中盖斯定律的理解。
3. 掌握测定化学反应焓和物质溶解焓的实验方法。

二、实验提要

有些物质往往不能由单质直接生成，这些物质的生成焓无法直接测定，只能用间接的方法，即通过测定有关的热化学数据，然后根据盖斯定律，求得该物质的生成焓。本实验就是通过测定 $NH_3 \cdot H_2O(aq)$ 和 $HCl(aq)$ 的反应焓和 $NH_4Cl(s)$ 的溶解焓来计算出 $NH_4Cl(s)$ 的标准摩尔生成焓。$NH_4Cl(s)$ 的生成可以设想通过以下途径来实现：

$$\frac{1}{2}N_2(g) + \frac{3}{2}H_2(g) + \frac{1}{2}H_2(g) + \frac{1}{2}Cl_2(g) \xrightarrow{\Delta_f H_m^\ominus} NH_4Cl(s)$$

始态 → 终态，经 ΔH_1 (加 $H_2O(l)$)、ΔH_2 (加 $H_2O(l)$) 得 $NH_3(aq) + HCl(aq) \xrightarrow{\Delta H_3} NH_4Cl(aq)$，再经 $-\Delta H_4$ / ΔH_4 至 $NH_4Cl(s)$。

根据盖斯定律：

$$\Delta H_1 + \Delta H_2 + \Delta H_3 + \Delta H_4 = \Delta_f H_m^\ominus \tag{3-16}$$

已知：

$\Delta H_1 = -80.3 \text{ kJ} \cdot \text{mol}^{-1}$ （氨水在 298 K 时的生成焓）

$\Delta H_2 = -167.2 \text{ kJ} \cdot \text{mol}^{-1}$ ［HCl(aq)在 298 K 时的生成焓］

因此，只要测定 ΔH_3（$NH_3 \cdot H_2O$ 和 HCl 的中和反应焓）及 ΔH_4［$NH_4Cl(s)$ 的溶解焓］，利用盖斯定律即可求得 $NH_4Cl(s)$ 的标准摩尔生成焓 $\Delta_f H_m^\ominus$。

为了提高实验的准确度，减少实验误差，本实验要求 $NH_3 \cdot H_2O$ 和 HCl 的中和反应在低浓度的溶液中进行。本实验要求在绝热、保温良好的量热器中进行，以确保测定误差最小。

中和焓或 $NH_4Cl(s)$ 的溶解焓可以通过溶液的比热容和反应过程中溶液温度的改变来计算，计算公式为：

$$\Delta H = -\Delta TCVd \frac{1}{n \times 1000} \qquad (3-17)$$

式中，ΔH 为反应的焓变，即中和焓或溶解焓，$kJ \cdot mol^{-1}$；ΔT 为反应前后的温度差，℃；C 为溶液的比热容，$J \cdot g^{-1} \cdot ℃^{-1}$；$V$ 为溶液的体积，mL；d 为溶液的密度，$g \cdot cm^{-3}$；n 为 V mL 溶液中 NH_4Cl 的物质的量。

三、实验流程

准备测定焓的装置 → $NH_3 \cdot H_2O$ 和 HCl 中和焓的测定 → NH_4Cl 溶解焓的测定 → 数据处理

四、实验用品

仪器、用品：2 支 25 mL 的移液管，50 mL 的移液管，带盖的塑料保温杯，热电偶数字温度计（精确至 0.1 ℃）。

试剂、材料：1.50 $mol \cdot L^{-1}$ HCl，1.60 $mol \cdot L^{-1}$ $NH_3 \cdot H_2O$，NH_4Cl（固体）。

五、实验内容

1. HCl 和 $NH_3 \cdot H_2O$ 中和焓的测定

用移液管取 25.00 mL 1.5 $mol \cdot L^{-1}$ HCl 放入洗干净且干燥的塑料保温杯中，盖上盖子，在盖上插入热电偶温度传感器（图 3-17），水平旋转方式摇动塑料杯，直至数字温度计显示温度保持恒定为止（需要 3～5 min），记下中和反应前的温度。

用移液管从保温杯盖子上的小孔中放入 25.00 mL 1.60 $mol \cdot L^{-1}$ 的 $NH_3 \cdot H_2O$，立即盖上小软木塞，水平旋转方式摇动保温杯，并记下中和反应后上升的最高温度（20～30 s 完成）。

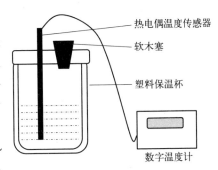

图 3-17 氯化铵生成焓的测定装置

测定完毕后，把保温杯中的 NH_4Cl 溶液倒入回收瓶中，并把保温杯中的热电偶温度传感器等洗净擦干，以备下次使用。

2. NH_4Cl 溶解焓的测定

在电子天平上准确称取 5～6 g $NH_4Cl(s)$。

用移液管量取 50.00 mL 蒸馏水放入保温杯中，盖上盖子，插入热电偶温度传感器，盖上软木塞。水平旋转方式摇动保温杯，直至保温杯中的水温不再改变为止（需要 3～5 min），记下水温。

迅速将称取好的 $NH_4Cl(s)$ 倒入保温杯中，立即盖紧盖子并不断以水平旋转方式轻轻地摇动保温杯，直到温度下降达到稳定的最低温度后，记下溶解后的水温。

测量完毕，把保温杯中的溶液倒入回收瓶中，并将保温杯、热电偶温度传感器等洗净擦干,放回原处。

六、数据记录与处理

1. HCl 和 $NH_3 \cdot H_2O$ 的中和焓

反应物温度/℃	中和反应前				中和反应后溶液的最高温度 T/℃	中和反应的升温 ΔT/℃
	HCl		$NH_3 \cdot H_2O$			
	浓度/(mol·L^{-1})	体积/mL	浓度/(mol·L^{-1})	体积/mL		

2. NH_4Cl 溶解焓

无水 NH_4Cl 的摩尔质量/(g·mol^{-1})	无水 NH_4Cl 的质量/g	溶解 NH_4Cl 前蒸馏水温度 T_1/℃	溶解 NH_4Cl 后溶液最低温度 T_2/℃	ΔT/℃=(T_1-T_2)/℃

3. 根据式(3-17),计算反应焓($\Delta H_{中和}$ 和 $\Delta H_{溶解}$)

设:溶液的比热容为 4.18 J·g^{-1}·℃$^{-1}$;
NH_4Cl 溶液的密度 $d=1.00$ g·cm^{-3};
反应器的热容可以忽略不计。

4. 根据式(3-16),计算 $NH_4Cl(s)$ 的标准摩尔生成焓

$\Delta_f H_m^{\ominus}(NH_4Cl 实测)=\Delta H_1+\Delta H_2+\Delta H_3+\Delta H_4$

$\Delta H_1 = -80.3$ kJ·mol^{-1}

$\Delta H_2 = -167.2$ kJ·mol^{-1}

$\Delta H_3 = $ _____ kJ·mol^{-1}

$\Delta H_4 = $ _____ kJ·mol^{-1}

$\Delta_f H_m^{\ominus} = $ _____ kJ·mol^{-1}

5. 计算测量的相对误差

$$相对误差 = \frac{\Delta_f H_m(实测) - \Delta_f H_m^{\ominus}(理论)}{\Delta_f H_m^{\ominus}(理论)} \times 100\%$$

七、思考题

1. 在中和焓测定过程中,为什么以 HCl 为基准进行中和焓的计算,$NH_3·H_2O$ 必须过量?

2. 所用的量热器(包括保温杯及热电偶温度传感器等)有什么要求?是否容许有残留的洗涤水滴?为什么?

3. 本实验中造成误差的主要原因是什么?

4. 试设计一个合理的测定方案,测定下列置换反应的焓变 $\Delta_r H_m^{\ominus}$:

$$Zn + CuSO_4 \longrightarrow ZnSO_4 + Cu$$

实验五　化学反应热效应的测定

一、实验目的

1. 了解化学热力学中焓变 ΔH 的概念和化学反应的热效应并掌握二者关系。
2. 了解量热装置的构造、原理及操作方法。
3. 巩固准确浓度溶液配制的基本操作。
4. 学会数据作图以及使用作图外推法处理实验数据。

二、实验提要

在恒压下进行化学反应的热效应称为恒压热效应，用 Q_p 表示。化学热力学中反应的焓变 ΔH 在数值上等于 Q_p，因此，通常可用量热的方法测定反应的焓变。放热反应 ΔH 为负值，吸热反应 ΔH 为正值。例如：在恒压下，金属锌从铜盐溶液中置换出 1mol 铜时放出 216.8 kJ 热量，即反应的焓变 $\Delta H = -216.8 \text{ kJ} \cdot \text{mol}^{-1}$。

本实验的测定原理是：使反应物在绝热条件下反应，在量热计中发生反应，测量量热计及其内物质反应前后的温度变化，就可以计算出反应热。本实验中溶液反应的焓变是采用图 3-18 所示的简易量热计测定的。它并非严格绝热，在实验时间内，量热计不可避免地会与环境发生少量热交换，采用作图外推法得到的温度 ΔT 可适当地消除这一影响。作图外推法是在保证系统与环境热交换量不变的前提下将混合过程外推为瞬间完成（可视这一瞬间系统与环境无热交换），测定出合理的初、终温度（图 3-19）。

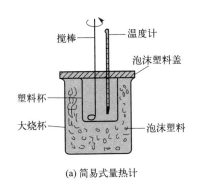
(a) 简易式量热计

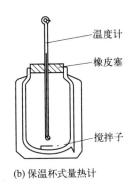
(b) 保温杯式量热计

图 3-18　量热计装置

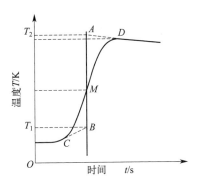

图 3-19　温度-时间曲线

本实验测定 $CuSO_4$ 溶液与 Zn 粉反应的焓变：

$$Cu^{2+}(aq) + Zn(s) = Cu(s) + Zn^{2+}(aq)$$

反应速率较快，并且能进行得相当完全。若使用过量 Zn 粉，$CuSO_4$ 溶液中 Cu^{2+} 可认为完全转化为 Cu。系统中反应放出的热量等于溶液所吸收的热量。量热计中溶液温度升高的同时也使量热计的温度相应提高，因此反应放出的热量可按式(3-18)计算：

$$\Delta H = -\frac{(VdC + C_p)\Delta T}{n \times 1000} \tag{3-18}$$

式中，ΔH 是反应的焓变，$kJ \cdot mol^{-1}$；V 是溶液的体积，mL；d 是溶液的密度，g·

mL^{-1};C 是溶液的比热容,$J \cdot g^{-1} \cdot K^{-1}$;$\Delta T$ 是测定的温度变化值,K;n 是 V mL 溶液中反应的物质的量,mol;C_p 是量热计的热容,$J \cdot K^{-1}$。

量热计的热容是指量热计的温度升高 1 ℃所需要的热量。在测定反应热之前,必须先测定量热计的热容,其方法大致如下:

在量热计中加入一定量的冷水 m(如 50 g),测其温度为 T_1,加入相同量的热水(温度为 T_2)混合后水温为 T_3。已知水的比热容为 4.18 $J \cdot g^{-1} \cdot K^{-1}$,则:

$$热水失热 = (T_2 - T_3)mC$$
$$冷水得热 = (T_3 - T_1)mC$$
$$量热计得热 = (T_3 - T_1)C_p$$

因为热水失热与冷水得热之差即为量热计得热,故量热计的热容:

$$C_p = \frac{(T_2 - T_3)mC - (T_3 - T_1)mC}{T_3 - T_1} \tag{3-19}$$

Zn 与 $CuSO_4$ 溶液反应的标准摩尔焓变理论值:

$$\Delta_r H_m^\ominus = [\Delta_f H_m^\ominus(Cu,s) + \Delta_f H_m^\ominus(Zn^{2+},aq)] - [\Delta_f H_m^\ominus(Cu^{2+},aq) + \Delta_f H_m^\ominus(Zn,s)]$$
$$= [0 + (-152.42)]kJ \cdot mol^{-1} - (64.81 + 0)kJ \cdot mol^{-1}$$
$$= -217.23 \text{ kJ} \cdot mol^{-1}$$

三、实验流程

四、实验用品

仪器、用品:分析天平,台秤,温度计,保温杯(也可将 250 mL 塑料烧杯放在 1000 mL 大烧杯中,两烧杯间填以泡沫塑料),配有聚苯乙烯泡沫塑料盖的 250mL 容量瓶,50mL 移液管。

试剂、材料:$CuSO_4 \cdot 5H_2O$ 晶体(AR),锌粉(CP)。

五、实验内容

1. 测定量热计的热容(C_p)

量热计装置如图 3-18 所示。用量筒量取 50.0 mL 自来水,倒入量热计中,加上盖适当加以搅拌,等待 5~10 min 使系统达到热平衡,记录温度 T_1,精确到 0.1 ℃。同样取 50.0 mL 自来水放在烧杯中,用小火加热到比 T_1 高 15~20 ℃(用同一支温度计测量)。让热水静置 1~2 min 后,迅速测量其温度 T_2,精确到 0.1 ℃,并迅速将其倒入量热计中,加上盖并进行搅拌,立即观察温度计读数,每 20 s 记录一次温度,直至温度上升到最高点后再继续测量 3 min。如图 3-19 所示,做出温度、时间的曲线图,求出 ΔT(即 $T_3 - T_1$)。

2. 测定锌与硫酸铜的置换热

用台秤称取 3 g 锌粉。

在分析天平上称出配制 250 mL 0.2000 mol·L^{-1} CuSO$_4$ 溶液所需要的 CuSO$_4$·5H$_2$O 晶体的质量，用 250 mL 容量瓶配制成溶液，正确计算出 CuSO$_4$ 溶液的浓度。

用 50 mL 移液管准确量取 100 mL 0.2000 mol·L^{-1} CuSO$_4$ 溶液，注入干净及干燥的量热计中。不断搅拌溶液，每隔 20 s 记录一次温度。

在测定开始 2~3 min 后迅速添加 3 g 锌粉（注意仍需不断搅拌溶液），并继续每隔 20 s 记录一次温度，记录温度上升到最高点后再继续测定 2~3 min。

六、数据记录与处理

1. 数据记录

室温：_____ K

列表记录测定量热计热容每隔 20 s 的温度读数。记录测定锌与硫酸铜置换热每 20 s 的温度读数。

温度随实验时间的变化

	时间 t/s	
温度	反应前 T/K	
	反应后 T/K	

2. 计算反应的焓变

（1）量热计的热容

① 冷水的温度 T_1/K _____

② 热水的温度 T_2/K _____

③ 从曲线上测得的混合温度 T_3/K _____

④ 热水失热 $(T_2-T_3)mC$/J _____

⑤ 冷水得热 $(T_3-T_1)mC$/J _____

⑥ 量热计得热 [④-⑤]/J _____

⑦ 量热计的热容 C_p/(J·K^{-1}) _____

（2）置换热

图 3-18 所示的简易量热计，并非严格绝热，在实验时间内，量热计不可避免地会与环境发生少量热交换，搅拌也会引起热量。为了消除此影响，求出绝热条件下的真实升温，可采用图 3-19 所示的外推法作图，即先根据实验数值，做出温度（T）与时间（t）曲线，从曲线上相当于反应前（C）和反应后（D）之间平均温度的 M 点引垂线与温度读数的延长线交于 A、B 两点，即为所求的真实温度 ΔT。

用作图纸作图，横坐标表示时间，每隔 15 s 或 20 s 用 1 cm 表示；纵坐标表示温度，每 K 用 1 cm 表示。按图所示求出真实温度 ΔT。

① CuSO$_4$ 溶液的温度/K _____

② CuSO$_4$·5H$_2$O 晶体的质量 $m_{\text{CuSO}_4 \cdot 5\text{H}_2\text{O}}$/g _____

③ 从曲线上测得的 ΔT/K _____

④ 溶液的比热容 C/(J·g^{-1}·K^{-1}) __4.18__

⑤ CuSO$_4$ 溶液的体积 V/mL __100.00__

⑥ 溶液的密度 d/(g·mL^{-1}) __1.03__

⑦ V mL 溶液中 $CuSO_4$ 的物质的量（或生成铜的物质的量）n/mol _____
⑧ 量热计的热容 C_p/(J·K^{-1}) _____
⑨ 生成 1 mol 铜所放出的热量 ΔH/(kJ·mol^{-1}) _____
⑩ 相对误差/% _____

注：上述计算中假设反应后溶液的比热容 C，可近似地用水的比热容代替，为 4.18 J·g^{-1}·K^{-1}；反应后溶液的密度 d 取为 1.03g·mL^{-1}。

3. 计算实验的相对误差，并分析产生误差的原因

误差计算公式如下：

$$相对误差 = (\Delta H_{实验值} - \Delta H_{理论值})/\Delta H_{理论值} \times 100\%$$

式中，$\Delta H_{理论值}$ 可近似地以 $\Delta_r H_m^{\ominus}$(298.15K) = −217.23 kJ·mol^{-1} 代替。

七、思考题

1. 为什么要按图 3-19 用外推法作图求出真实温度 ΔT？
2. 为什么实验中锌粉可以用台秤称量，而对于所用 $CuSO_4$ 溶液的浓度与体积则要求比较精确？
3. 如何配制 250 mL 0.2000 mol·L^{-1} $CuSO_4$ 溶液？
4. 所用的量热计是否允许有残留的水滴？为什么？
5. 分析实验中造成误差的原因。
6. 如何测定中和热？NaOH 与 HCl、NaOH 与 HAc 的中和热是否相同，为什么？

实验六　氢氧化钠溶液的配制与使用

一、实验目的

1. 巩固分析天平的称量操作，练习减量法称取固体样品。
2. 学习滴定操作，掌握利用中和滴定原理测定酸或碱溶液中物质的量浓度的方法。

二、实验提要

酸碱滴定是利用酸与碱的中和反应，测定酸或碱溶液中物质的量浓度的一种定量分析方法。

在酸与碱的中和反应中，当酸与碱完全中和，滴定达到终点时，酸的物质的量（$n_{酸}$）等于碱的物质的量（$n_{碱}$），即：

$$c_{酸} V_{酸} = c_{碱} V_{碱}$$

其中 $c_{酸}$、$c_{碱}$ 分别是酸、碱的物质的量浓度，$V_{酸}$、$V_{碱}$ 分别是酸、碱的体积。

中和滴定的终点借助酸碱指示剂的颜色变化来确定。指示剂本身是一种弱酸或弱碱，它们在不同的 pH 值范围显示出不同的颜色。常用指示剂的变色范围见附录九。

强碱滴定强酸时，常用酚酞溶液作指示剂。强酸滴定强碱时，常用甲基橙溶液作指

示剂。

本实验用邻苯二甲酸氢钾作基准物质。邻苯二甲酸氢钾是白色固体，易溶于水，把它配制成水溶液，然后，用 NaOH 标准溶液滴定，达到终点后，从所用的 NaOH 标准溶液的体积计算出该 NaOH 标准溶液的浓度。反应方程式：

浓度计算式：

$$c_{\text{NaOH}} = \frac{m_{\text{邻苯}}}{M_{\text{邻苯}}} \times \frac{1000}{V}$$

式中，$m_{\text{邻苯}}$ 为邻苯二甲酸氢钾的质量；$M_{\text{邻苯}}$ 为邻苯二甲酸氢钾的摩尔质量，204.22 g·mol^{-1}；V 为到达滴定终点时所用 NaOH 标准溶液的体积，mL。

本实验选用的指示剂是酚酞溶液，滴定达到终点时，溶液由无色变成淡红色。

三、实验流程

洗涤实验所用玻璃仪器 → 称量邻苯二甲酸氢钾 → 滴定，测定数据 → 数据处理

四、实验用品

仪器、用品：分析天平，50 mL 碱式滴定管，250 mL 锥形瓶，称量瓶，滴定管夹，滴定台，洗耳球，洗瓶，干燥器。

试剂、材料：邻苯二甲酸氢钾（AR），待标定的 0.1 mol·L^{-1} NaOH 溶液，酚酞指示剂（1%乙醇溶液）。

五、实验内容

1. 样品称量及溶液的配制

在分析天平上用减量法准确称取三份邻苯二甲酸氢钾，每份重 0.4500~0.5500 g。分别置于洗干净的锥形瓶中，各加 20~25 mL 去离子水，小火加热至完全溶解，冷却后滴加酚酞指示剂 1~2 滴，待用。

2. NaOH 标准溶液浓度的标定

先用待标定的 NaOH 溶液润洗碱式滴定管，然后将 NaOH 溶液注入其中。赶尽橡皮管和玻璃尖管内的气泡，调节滴定管内的液面位置至刻度"0"或"0"以下。记录液面位置的读数（初读数）。然后开始滴定，右手持锥形瓶，左手操作滴定管，使碱液慢慢地滴入锥形瓶中。滴定过程中，应不停地轻轻旋转摇动锥形瓶，直至溶液由无色转变为淡红色。如果淡红色在半分钟内不消失，即为终点。

记录滴定管液面位置的读数（终读数）。它与滴定前的初读数之差，便是滴定所用的 NaOH 溶液体积（mL）。

用同样的方法滴定另外两份样品溶液，将滴定所用的 NaOH 溶液的体积分别记录于

表内。

六、数据记录与处理

样品编号	1	2	3
称量瓶+邻苯二甲酸氢钾质量的终读数/g			
称量瓶+邻苯二甲酸氢钾质量的初读数/g			
邻苯二甲酸氢钾净重/g			
NaOH 体积的终读数 V_2/mL			
NaOH 体积的初读数 V_1/mL			
消耗的 NaOH 体积(V_2-V_1)/mL			
NaOH 溶液的浓度/(mol·L^{-1})			
NaOH 溶液浓度的平均值/(mol·L^{-1})			
绝对平均偏差			
相对平均偏差			

七、思考题

1. 基准物质邻苯二甲酸氢钾的质量为什么要控制在 0.45~0.55 g 之间，过多过少对实验结果有什么影响？

2. 为什么洗涤移液管和滴定管时，要用被量取的溶液润洗？锥形瓶也要用同样的方法洗涤吗？

3. 滴定管装入溶液后没有将下端尖管的气泡赶尽就读数、溅在锥形瓶内壁上的液滴没有用去离子水冲下仍继续滴定，对实验的结果各有什么影响？

4. 本实验如选用草酸（$H_2C_2O_4·2H_2O$）为试样，失去一部分水，所测的结果会产生何种误差？

5. 若邻苯二甲酸氢钾烘干温度>125 ℃，致使基准物质中有少部分变成了酸酐，问仍使用此基准物质标定 NaOH 溶液时，c_{NaOH} 会如何变化？

6. 如 NaOH 标准溶液在保存过程中吸收了空气中的 CO_2，用该标准溶液滴定盐酸，以甲基橙为指示剂，NaOH 溶液的物质的量浓度会不会改变？若用酚酞为指示剂进行滴定时，该标准溶液浓度会不会改变？

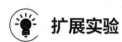

扩展实验

混合碱的组成及各组分含量的测定

一、实验目的

1. 掌握双指示剂法测定混合碱的原理和方法。
2. 了解多元弱碱滴定过程中溶液 pH 值的变化和指示剂的选择。

二、实验提要

混合碱是 Na_2CO_3 与 NaOH 或 Na_2CO_3 与 $NaHCO_3$ 的混合物。欲测定同一份试样中各组分的含量,可用 HCl 标准溶液滴定,根据滴定过程中 pH 值变化的情况,选用两种不同的指示剂分别指示第一、第二化学计量点的到达,这种方法常称为"双指示剂法"。此法简便、快速,在生产实际中应用广泛。

常用的两种指示剂是酚酞和甲基橙。在混合碱试样中先加酚酞指示剂,此时溶液呈红色。用 HCl 标准溶液滴定到溶液由红色恰好变为无色时(第一个计量点),则试液中所含 NaOH 完全被中和,$NaCO_3$ 被中和为 $NaHCO_3$。溶液中所含 $NaHCO_3$(或是 Na_2CO_3 被中和生成的,或是试样中含有的)未被中和。反应方程式如下:

$$NaOH + HCl = NaCl + H_2O$$

$$Na_2CO_3 + HCl = NaCl + NaHCO_3$$

设滴定用去的 HCl 标准溶液的体积为 V_1。再加入甲基橙指示剂,继续用 HCl 标准溶液滴定到溶液由黄色变为橙色。此时,试液中的 $NaHCO_3$ 被中和。反应方程式为:

$$NaHCO_3 + HCl = NaCl + CO_2\uparrow + H_2O$$

此时,第二次滴定消耗的 HCl 标准溶液(即第一计量点到第二计量点间消耗的)的体积为 V_2。

由反应式可知:当 $V_1 > V_2$ 时,试样为 Na_2CO_3 与 NaOH 的混合物,中和 Na_2CO_3 所消耗 HCl 的体积为 $2V_2$,NaOH 消耗 HCl 的体积为 $(V_1 - V_2)$,于是可计算出 NaOH 和 $NaCO_3$ 组分的质量分数。计算式为:

$$\omega_{NaOH} = \frac{c_{HCl}(V_1 - V_2) \times M_{NaOH} \times 10^{-3}}{m_s} \times 100\%$$

$$\omega_{NaCO_3} = \frac{\frac{1}{2}c_{HCl} \times 2V_2 \times M_{Na_2CO_3} \times 10^{-3}}{m_s} \times 100\%$$

当 $V_1 < V_2$ 时,试样为 Na_2CO_3 与 $NaHCO_3$ 的混合物。中和 Na_2CO_3 所消耗 HCl 的体积为 $2V_1$,$NaHCO_3$ 消耗 HCl 的体积为 $(V_2 - V_1)$,于是可以计算出 $NaHCO_3$ 和 Na_2CO_3 组分的质量分数。计算式为:

$$\omega_{Na_2CO_3} = \frac{\frac{1}{2}c_{HCl} \times 2V_1 \times M_{Na_2CO_3} \times 10^{-3}}{m_s} \times 100\%$$

$$\omega_{NaHCO_3} = \frac{c_{HCl} \times (V_2 - V_1) \times M_{NaHCO_3} \times 10^{-3}}{m_s} \times 100\%$$

式中,c_{HCl} 为 HCl 标准溶液的浓度,$mol \cdot L^{-1}$;M 为物质的摩尔质量,$g \cdot mol^{-1}$;V_1、V_2 为消耗 HCl 溶液的体积,mL。

双指示剂法中,传统的方法是先用酚酞,后用甲基橙指示剂,用 HCl 标准溶液滴定。由于酚酞变色不是很敏锐,人眼观察这种颜色变化的敏锐性稍差些,因此可选用甲酚红-百里酚蓝混合指示剂。酸色为黄色,碱色为紫色,变色点的 pH 值为 8.3。pH 值为 8.2 时呈玫瑰色,pH 值为 8.4 时呈清晰的紫色,此混合指示剂变色敏锐。用 HCl 标准溶液滴定溶液由紫色变为粉红色,即为终点。

三、实验流程

四、实验用品

仪器、用品：电子天平，酸式滴定管，移液管，容量瓶，锥形瓶，洗耳球，滴定管夹，滴定台。

试剂、材料：混合碱试样，0.10 mol·L^{-1} HCl 标准溶液，酚酞指示剂（0.2%），甲基橙指示剂（0.2%），混合指示剂（将 0.1 g 甲酚红溶于 100 mL 乙醇中，0.1 g 百里酚蓝指示剂溶于 100mL 20%乙醇中，$V_{0.1\%甲酚红}:V_{0.1\%百里酚蓝}=1:6$）。

五、实验内容

1. 样品称量及溶液的配制

准确称取混合碱试样 1.5~2.0 g 于小烧杯中，加 30 mL 蒸馏水使其溶解，必要时适当加热。冷却后，将溶液定量转移至 250 mL 容量瓶中，稀释至刻度并摇匀。从容量瓶中准确移取 25.00 mL 试液于锥形瓶中，加入 2 滴酚酞指示剂，待用。

2. 混合碱试样测定

用 HCl 标准溶液滴定混合碱试样，边滴加边摇动锥形瓶，以免局部 Na$_2$CO$_3$ 直接被中和成 H$_2$CO$_3$（CO$_2$ 和 H$_2$O），直至溶液由红色变为无色，此时即为第一个终点。记下所用 HCl 标准溶液的体积 V_1（用酚酞指示剂指示终点时，最好以 NaHCO$_3$ 溶液加入等量指示剂后进行滴定的终点的颜色作对照）。

然后再加入 1~2 滴甲基橙指示剂，此时溶液呈黄色。继续用 HCl 标准溶液滴定至溶液由黄色恰好变为橙色，即为第二个终点。记下第二次所用 HCl 标准溶液的体积 V_2。

平行做三份，然后根据滴定过程消耗 HCl 标准溶液的体积 V_1、V_2 判断混合碱组成，计算混合碱中组分的含量。

六、数据记录与处理

参照下表的格式认真记录实验数据（以 Na$_2$CO$_3$ 与 NaHCO$_3$ 混合碱为例）。

混合碱中 Na$_2$CO$_3$ 与 NaHCO$_3$ 含量的测定

样品编号	1	2	3
消耗 HCl 标准溶液的体积 V_1/mL			
消耗 HCl 标准溶液的体积 V_2/mL			
ω(NaHCO$_3$)/%			
ω(Na$_2$CO$_3$)/%			
$\bar{\omega}$(NaHCO$_3$)/%			
$\bar{\omega}$(Na$_2$CO$_3$)/%			

七、注意事项

1. 双指示剂法测定时，酚酞指示剂可适当多加几滴，否则常因滴定不完全使 NaOH 的测定结果偏低，Na_2CO_3 的测定结果偏高。

2. 最好用 $NaHCO_3$ 的酚酞溶液（浓度相当）作对照。在达到第一终点前，滴定速度不要过快，使溶液中 HCl 局部过浓，造成 CO_2 的损失，从而带来较大的误差。滴定速度亦不能太慢，摇动要均匀。

3. 接近终点时，一定要充分摇动，以防形成 CO_2 的过饱和溶液而使终点提前到达。

八、思考题

1. 何谓双指示剂法？混合碱的测定原理是什么？

2. 采用双指示剂法测定混合碱时，在同一份溶液中测定，试判断下列五种情况中混合碱的成分各是什么。

①$V_1=0$，$V_2 \neq 0$；②$V_1 \neq 0$，$V_2=0$；③$V_1 > V_2$；④$V_1 < V_2$；⑤$V_1 = V_2$。

3. 用 HCl 标准溶液滴定混合碱液时，将试液在空气中放置一段时间后滴定，将会给测定结果带来什么影响？若到达第一化学计量点前，滴定速度过快或摇动不均匀，对测定结果有何影响？

实验七　水的硬度的测定

一、实验目的

1. 了解并掌握水的硬度的一种测定方法，理解水的硬度的概念。
2. 掌握配位滴定法的操作，理解配位滴定法的原理。
3. 了解配位滴定指示剂变色的原理和滴定终点的判断方法。
4. 了解水的硬度的表示和计算方法。

二、实验提要

水的硬度是指水中钙、镁离子的总浓度，表现为沉淀肥皂水的能力。含量甚微的铁、铝、锰和锌等离子所形成的硬度通常可以忽略不计。

水的硬度是工业和生活用水的一个重要质量指标。硬度高的水对工业生产和人们生活弊多利少，硬度高的水味道苦涩、对人体健康不利，会大大降低洗涤剂的去污能力，还会使锅炉或水壶内部生成水垢，增加能量消耗，堵塞管道，造成安全隐患等。

水的总硬度包括暂时硬度和永久硬度。通过加热能以碳酸盐形式沉淀下来的钙、镁离子所形成的硬度称为暂时硬度。加热后不能沉淀下来的钙、镁离子的硫酸盐、硝酸盐或氯化物所形成的硬度称为永久硬度。

水的硬度的表示方法有多种，我国较普遍采用的表示方法是德国硬度。这种方法以"度（°）"为计量单位，将所测得的钙、镁离子的质量折算成 CaO 的质量，再转换为度。1 度表示 1 升水中含有 10 mg CaO。有时也可以采用 $CaCO_3$ 的质量浓度（$mg \cdot L^{-1}$）来表示水的硬度。一般认为，水的硬度（以 $CaCO_3$ 计）在 140 $mg \cdot L^{-1}$ 以上为硬水，我国生活饮用水卫生标准规定的硬度（以 $CaCO_3$ 计）不应超过 450 $mg \cdot L^{-1}$。

实验室里一般采用配位滴定法测定水的硬度。在 pH 为 10 左右的 $NH_3 \cdot H_2O\text{-}NH_4Cl$ 缓冲溶液中，以铬黑 T 为指示剂，用 EDTA 标准溶液直接滴定水中的钙、镁离子。

EDTA 是乙二胺四乙酸的简称，其结构如图 3-20(a) 所示，配位滴定法常用的是 EDTA 的二钠盐，可简写为 Na_2H_2Y，是常用的络合剂。EDTA 与金属离子形成的配合物[图 3-20(b)]具有稳定性高、配位比固定（1∶1）和水溶性好的优点。铬黑 T 也具有络合能力，其阴离子部分可简写为 In^{3-}，结构如图 3-20(c) 所示。

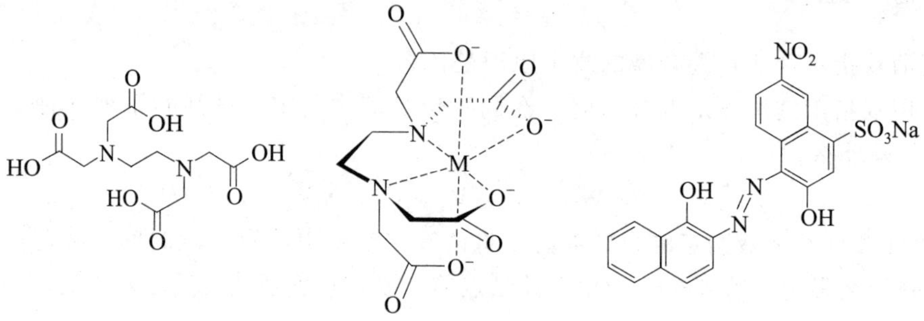

图 3-20　EDTA、EDTA 配合物和铬黑 T 的结构

EDTA 在 pH 为 8.5～11.5 的缓冲溶液中与钙、镁离子形成无色配合物，相同条件下，铬黑 T 与钙、镁离子形成酒红色配合物，但其稳定性没有前者大。当用 Na_2H_2Y 进行滴定时，H_2Y^{2-} 不仅与水样中的钙、镁离子形成配合物，还优先络合已经被铬黑 T 结合的钙、镁离子，使铬黑 T 完全游离出来。当被滴定的水样由酒红色变为淡蓝色（溶液中游离状态铬黑 T 的颜色）时达到滴定终点。

整个滴定过程可以用以下反应式表示：

加入指示剂时，铬黑 T 与钙、镁离子（用 M^{2+} 表示）络合：

$$M^{2+} + HIn^{2-} \longrightarrow MIn^- + H^+$$
（无色）（蓝色）　（酒红色）

滴定过程中，随着滴定剂的加入，H_2Y^{2-} 与 M^{2+} 络合：

$$M^{2+} + H_2Y^{2-} \longrightarrow MY^{2-} + 2H^+$$
（无色）（无色）　（无色）

接近滴定终点时，H_2Y^{2-} 置换出 MIn^- 中的 M^{2+}，HIn^{2-} 游离出来，溶液由酒红色突变为淡蓝色，达到滴定终点。

$$MIn^- + H_2Y^{2-} \longrightarrow MY^{2-} + HIn^{2-} + H^+$$
（酒红色）（无色）　（无色）（蓝色）

Al^{3+}、Fe^{3+}、Cu^{2+}、Pb^{2+} 和 Zn^{2+} 等离子也可以与 EDTA 形成稳定的配合物，水样中若存在这些离子将会干扰钙、镁离子含量的准确测定，实验中常采用掩蔽剂消除这些干扰。通常可用三乙醇胺掩蔽 Al^{3+} 和 Fe^{3+} 等离子，用硫化钠掩蔽 Cu^{2+}、Pb^{2+} 和 Zn^{2+} 等离子。

水的硬度可通过下式计算：

以德国硬度即 10 mg CaO 计，水的硬度 $= \dfrac{c_{\text{EDTA}} V_{\text{EDTA}} M_{\text{CaO}}}{V_{\text{水样}}} \times 100$

以 $CaCO_3$ 计，水的硬度 $= \dfrac{c_{\text{EDTA}} V_{\text{EDTA}} M_{\text{CaCO}_3}}{V_{\text{水样}}} \times 1000$

式中，c_{EDTA} 为滴定所用的 EDTA 的物质的量浓度，$\text{mol} \cdot \text{L}^{-1}$；$V_{\text{EDTA}}$ 为滴定用去的 EDTA 溶液的体积，mL；M_{CaO} 和 M_{CaCO_3} 分别为 CaO 和 $CaCO_3$ 的摩尔质量，$\text{g} \cdot \text{mol}^{-1}$；$V_{\text{水样}}$ 为所测水样的体积，mL。

三、实验流程

四、实验用品

仪器、用品：4 只 250 mL 锥形瓶，25 mL、50 mL 移液管，50 mL 碱式滴定管，5 只 50 mL 烧杯，洗耳球，2 支 10 mL、1 支 5 mL 量筒。

试剂、材料：分析纯 $CaCO_3$，$6.0 \text{ mol} \cdot \text{L}^{-1}$ HCl，$NH_3 \cdot H_2O$-NH_4Cl 缓冲溶液，EDTA 标准溶液，铬黑 T 指示剂，2% 硫化钠溶液，20% 三乙醇胺溶液。

五、实验内容

1. $4.0 \times 10^{-3} \text{ mol} \cdot \text{L}^{-1}$ 钙标准溶液的配制

用电子分析天平准确称量 0.1 g 分析纯 $CaCO_3$，滴加 $6.0 \text{ mol} \cdot \text{L}^{-1}$ HCl 至 $CaCO_3$ 完全溶解，加入约 10 mL 水，用去离子水定容于 250 mL 容量瓶中。

2. EDTA 标准溶液的标定

用移液管移取 25.00 mL 钙标准溶液置于 250 mL 锥形瓶中，加入 25 mL 去离子水，5 mL $NH_3 \cdot H_2O$-NH_4Cl 缓冲溶液和 3 滴铬黑 T 指示剂，溶液呈酒红色。用待标定的 EDTA 溶液滴定钙标准溶液至溶液由酒红色变为蓝色即为滴定终点。记录滴定前后 EDTA 溶液的体积，利用体积的差值通过下面的公式计算 EDTA 的浓度：

$$c_{\text{EDTA}} = \dfrac{c_{\text{Ca}^{2+}} \times 25.00 \text{mL}}{V_{\text{EDTA}}}$$

式中，$c_{\text{Ca}^{2+}}$ 为钙标准溶液的浓度；V_{EDTA} 为所消耗 EDTA 溶液的体积。

重复滴定，至相邻两次滴定所消耗的 EDTA 体积相差应在 0.20 mL 之内。取两次滴定所得浓度的平均值作为 EDTA 标准溶液的浓度。

实验编号	滴定管始读数/mL	滴定管终读数/mL	消耗 EDTA 体积/mL	EDTA 标准溶液的浓度/($\text{mol} \cdot \text{L}^{-1}$)
1				
2				
3				

3. 水的硬度的测定

用移液管移取 50.00 mL 待测水样置于 250 mL 锥形瓶中，加入 5 mL $NH_3 \cdot H_2O$-NH_4Cl 缓冲溶液、5 mL 20%三乙醇胺溶液、1 mL 2%硫化钠溶液和 3 滴铬黑 T 指示剂，溶液呈酒红色。用已标定的 EDTA 溶液滴定待测水样至溶液由酒红色变为蓝色即为滴定终点。记录滴定前后 EDTA 溶液的体积，利用体积的差值通过实验提要部分所给的公式计算水样的硬度。

重复滴定，至相邻两次滴定所消耗的 EDTA 体积相差应在 0.20 mL 之内。取两次滴定所得硬度的平均值作为水样的硬度。

滴定接近终点时，应控制滴定的速度，并充分振摇，仔细观察滴定终点附近溶液由酒红色、淡紫色至蓝色的突变，否则消耗过多 EDTA 溶液，错过终点，产生较大误差。

实验编号	滴定管始读数/mL	滴定管终读数/mL	消耗 EDTA 体积/mL	水样的硬度 以 10 mg CaO 计/(°)	水样的硬度 以 $CaCO_3$ 计/(mg·L^{-1})
1					
2					
3					

六、思考题

1. 什么叫水的硬度？硬度的常用表示方法是什么？
2. 本实验中移液管是否要用去离子水润洗？锥形瓶是否要用去离子水润洗？
3. 滴定过程中为什么使用碱式滴定管？
4. 滴定前为什么要加缓冲溶液？水样中为什么要加三乙醇胺和硫化钠溶液？
5. 所测水样属于软水还是硬水？

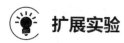

扩展实验

蛋壳中钙、镁含量的测定

一、实验目的

1. 进一步巩固掌握配位滴定分析中测定 Ca、Mg 总量的原理与方法。
2. 学习固体试样的酸溶方法。
3. 练习对实际试样中某组分含量测定的一般步骤。

二、实验提要

鸡蛋壳的主要成分为 $CaCO_3$，其次为 $MgCO_3$、蛋白质、色素以及少量的 Fe、Al。测定鸡蛋壳中 Ca、Mg 含量的方法主要有配位滴定法、酸碱滴定法和氧化还原滴定法（高锰酸钾法）等。本实验采用配位滴定法测定普通蛋壳中 Ca、Mg 的含量，特点是快速、简便。

配位滴定时，由于 Fe^{3+}、Al^{3+} 等对 Ca^{2+}、Mg^{2+} 的测定会产生干扰，可在酸性溶液中加入三乙醇胺掩蔽。调节溶液的酸度至 pH≥12，使 Mg^{2+} 生成氢氧化物沉淀，以钙试剂作指示剂，用 EDTA 标准溶液滴定，单独测定钙的含量。另取一份试样，调节其酸度至 pH=10，以铬黑 T 作指示剂，用 EDTA 标准溶液滴定可直接测定溶液中钙和镁的总量。由总量减去钙的含量即得镁的含量。

三、实验流程

四、实验用品

仪器、用品：电子天平，50 mL 滴定管，250 mL 锥形瓶，250 mL 容量瓶，25 mL 移液管，250 mL 烧杯。

试剂、材料：$0.02\ mol \cdot L^{-1}$ EDTA 标准溶液，$6.0\ mol \cdot L^{-1}$ HCl 溶液，10% NaOH 溶液，钙试剂 [应配成 1∶100（NaCl）的固体指示剂]，0.2% 铬黑 T 指示剂，NH_3-NH_4Cl 缓冲液（pH=10），20% 三乙醇胺溶液，95% 乙醇，蛋壳。

五、实验内容

1. 试样的溶解及试液的制备

先将鸡蛋壳洗净（勿弄碎），加水煮沸 5～10 min，趁湿热除去蛋壳内表层的蛋白薄膜，然后把蛋壳放于烧杯中用小火（或在 105 ℃ 干燥箱中）烤干，研成粉末。

准确称取上述试样 0.3～0.5 g 置于 250 mL 烧杯中，加少量水润湿，盖上表面皿，从烧杯嘴处用滴管滴加约 5 mL $6.0\ mol \cdot L^{-1}$ HCl 溶液，微火加热至完全溶解（少量蛋白膜不溶）。冷却，转移至 250 mL 容量瓶中，稀释至接近刻度线，若有泡沫，滴加 2～3 滴 95% 乙醇，泡沫消除后，定容、摇匀。

2. 钙含量的测定

准确移取上述试液 25.00 mL 置于 250 mL 锥形瓶中，分别加入 20 mL 去离子水、5 mL 20% 三乙醇胺，摇匀。再加入 10 mL 10% NaOH 溶液、0.5 mL 钙指示剂，摇匀后，用 EDTA 标准溶液滴定至溶液由红色恰好变为蓝色，即为终点。根据 EDTA 消耗的体积计算试样中 Ca^{2+} 的含量，平行测定三次，以 CaO 的含量表示。

3. 钙、镁总量的测定

准确移取待测试液 25.00 mL 置于 250 mL 锥形瓶中，分别加入 20 mL 去离子水、5 mL 20% 三乙醇胺，摇匀。再加入 5 mL NH_3-NH_4Cl 缓冲液，摇匀。最后加入 1～2 滴铬黑 T 指示剂，用 EDTA 标准溶液滴定至溶液由酒红色恰好变为纯蓝色即为终点。根据 EDTA 消耗的体积计算 Ca^{2+}、Mg^{2+} 总量。平行测定三次，同样以 CaO 的含量表示。

六、数据记录与处理

记录相关数据，表格自行设计。

七、思考题

1. 蛋壳粉末溶解稀释时为何加 95％乙醇可以消除泡沫？
2. 试列出求 Ca 及 Ca、Mg 总量的计算式（以 CaO 含量表示）。

实验八　粗食盐提纯

一、实验目的

1. 掌握用化学法提纯粗食盐的过程和反应原理。
2. 掌握台秤、量筒、pH 试纸、滴管和试管的正确使用方法。练习溶解、沉淀、蒸发、浓缩、结晶、干燥等基本操作。
3. 了解一些常见杂质离子（SO_4^{2-}、Mg^{2+}、Ca^{2+} 等）的去除和鉴定方法。

二、实验提要

纯度较高的氯化钠是由粗食盐提纯制备的。粗食盐中往往含有泥沙等不溶性杂质和 K^+、Ca^{2+}、Mg^{2+}、SO_4^{2-} 和 CO_3^{2-} 等相应盐类的可溶性杂质。为了得到较纯的氯化钠，必须将上述杂质除去。不溶性杂质可用溶解、过滤等方法除去。由于氯化钠的溶解度随温度的变化很小，用重结晶的方法难以纯化，所以其中 Ca^{2+}、Mg^{2+} 及 SO_4^{2-} 等杂质离子需加入适当的化学试剂使之成为难溶性化合物而除去，去除方法如下：

在粗食盐溶液中加入稍微过量的 $BaCl_2$ 溶液，使 SO_4^{2-} 转化为 $BaSO_4$ 沉淀：

$$SO_4^{2-} + Ba^{2+} =\!=\!= BaSO_4 \downarrow$$

向过滤掉 $BaSO_4$ 沉淀的食盐溶液中，加入过量的 NaOH 和 Na_2CO_3 溶液，可将 Ca^{2+}、Mg^{2+} 和过量的 Ba^{2+} 都转化为沉淀：

$$Ca^{2+} + CO_3^{2-} =\!=\!= CaCO_3 \downarrow$$
$$2Mg^{2+} + 2OH^- + CO_3^{2-} =\!=\!= Mg_2(OH)_2CO_3 \downarrow$$
$$Ba^{2+} + CO_3^{2-} =\!=\!= BaCO_3 \downarrow$$

过滤，去除 $CaCO_3$、$Mg_2(OH)_2CO_3$ 和 $BaCO_3$ 沉淀。引入的过量 Na_2CO_3 和 NaOH 可用稀盐酸中和至微酸性去除：

$$OH^- + H^+ =\!=\!= H_2O$$
$$CO_3^{2-} + 2H^+ =\!=\!= CO_2 \uparrow + H_2O$$

其他可溶性杂质 KCl 在粗食盐中含量较少，且由于高温时 KCl 的溶解度大于 NaCl 的溶解度，所以在最后的结晶过程中 NaCl 先结晶出来，而 KCl 绝大部分仍留在母液中而与氯化钠分离。少量多余的盐酸在干燥 NaCl 时，以 HCl 的形式逸出而去除。

三、实验流程

氯化钠的提纯

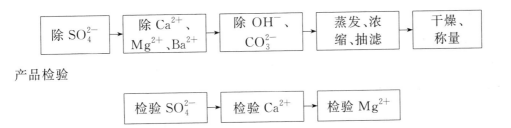

产品检验

四、实验用品

仪器、用品：托盘天平，250 mL 烧杯，100 mL 量筒，石棉网，铁架台，铁圈，布氏漏斗，吸滤瓶，蒸发皿。

试剂、材料：6.0 mol·L^{-1} HCl，2.0 mol·L^{-1} NaOH，6.0 mol·L^{-1} NaOH，1.0 mol·L^{-1} BaCl$_2$，饱和 Na$_2$CO$_3$，饱和（NH$_4$）$_2$C$_2$O$_4$，粗食盐，镁试剂，pH 试纸，滤纸。

五、实验内容

1. 粗食盐提纯

（1）除 SO$_4^{2-}$

称取 10 g 粗食盐，放入 250 mL 烧杯中，加入 40 mL 蒸馏水，加热搅拌使之溶解。在将溶液加热至近沸时搅拌滴加 1 mol·L^{-1} BaCl$_2$ 溶液，直至 SO$_4^{2-}$ 全部生成白色沉淀为止（大约需要 3～4 mL BaCl$_2$）。为了检查沉淀是否完全，可停止加热和搅拌，待沉淀下降后，沿烧杯壁滴加 1～2 滴 BaCl$_2$，观察上层清液内是否仍有混浊。如无混浊，说明已沉淀完全。如有混浊，则需继续滴加 BaCl$_2$ 溶液，直至沉淀完全。沉淀完全后继续加热煮沸 5 min。减压抽滤，将粗食盐中的不溶性杂质及生成的 BaSO$_4$ 沉淀除去。

（2）除 Ca^{2+}、Mg^{2+} 及过量的 Ba^{2+}

将步骤（1）得到的滤液转移至另一个干净的 250 mL 烧杯中，加热至沸，改为小火维持微沸，边搅拌边滴加 2.0 mol·L^{-1} NaOH 和饱和 Na$_2$CO$_3$ 的混合溶液（体积比为 1∶1）至滤液的 pH 值约为 11，检查沉淀完全后，继续煮沸约 5 min，减压抽滤，弃去沉淀〔CaCO$_3$、BaCO$_3$ 和 Mg$_2$(OH)$_2$CO$_3$ 等〕。

（3）除去过量的 OH$^-$、CO$_3^{2-}$

将步骤（2）得到的滤液转入蒸发皿中，用 6.0 mol·L^{-1} HCl 调节溶液的 pH 值为 3～4，用小火加热蒸发，使 CO$_3^{2-}$ 转化为 CO$_2$ 逸出。

（4）蒸发、浓缩

将蒸发皿中的溶液继续小火蒸发、浓缩至糊状为止（小心！不要停止搅拌，切勿蒸干）。冷却结晶，减压抽滤。

（5）干燥

将步骤（4）得到的固体转至洗净的蒸发皿中（下垫石棉网），用小火慢慢烘干（烘干过程中用玻璃棒不断翻动，防止结块直至无水蒸气逸出），再用大火烘炒 1～2 min，即可得到白色的 NaCl 晶体。冷却至室温，称重，计算收率。

2. 产品纯度检验

分别称取少量（约 1g）粗食盐和提纯后的食盐溶于 5 mL 蒸馏水中，将粗盐过滤。将两种清液分别转移至三支小试管中，组成三组，对照检验它们的纯度。

(1) SO_4^{2-} 的检验

在第一组溶液中分别滴入 2 滴 $6.0\ mol·L^{-1}$ 盐酸溶液和数滴 $1\ mol·L^{-1}$ $BaCl_2$ 溶液，观察现象，比较、记录结果。

(2) Ca^{2+} 的检验

在第二组溶液中分别滴入 2 滴 $6.0\ mol·L^{-1}$ 盐酸溶液和数滴饱和 $(NH_4)_2C_2O_4$ 溶液，观察现象，比较、记录结果。

(3) Mg^{2+} 的检验

在第三组溶液中分别滴入 5 滴 $6.0\ mol·L^{-1}$ NaOH 溶液和 1 滴镁试剂（对硝基偶氮苯间苯二酚溶液），比较、记录结果。

六、思考题

1. 粗食盐能否直接用重结晶的方法进行纯化？为什么？
2. 除去 SO_4^{2-}、Mg^{2+}、Ca^{2+}、K^+ 的先后顺序能否颠倒？
3. 在最后浓缩结晶时若把氯化钠溶液蒸干结果会怎样？

实验九 氧化还原反应与电化学

一、实验目的

1. 掌握电极电势与氧化还原反应方向的关系。
2. 理解介质的酸碱性对氧化还原反应的影响。
3. 掌握原电池的组成和影响原电池电动势的因素。
4. 理解电解的原理和装置。

二、实验提要

氧化还原反应的实质是电子的得失和转移。物质氧化还原能力的强弱与其本性有关，一般可从电对的电极电势大小来进行判断。电极电势代数值越大，表示氧化还原电对中氧化态物质的氧化能力越强，还原态物质的还原能力越弱；反之，电极电势代数值越小，表示氧化还原电对中还原态物质的还原能力越强，氧化态物质的氧化能力越弱。

所以，可根据电对的电极电势的大小来判断氧化还原反应的方向。例如对下列反应：

$$2Fe^{3+} + 2I^- = 2Fe^{2+} + I_2 \qquad (3-20)$$

$$2Fe^{3+} + 2Br^- = 2Fe^{2+} + Br_2 \qquad (3-21)$$

因为：

$$E^{\ominus}(I_2/I^-) = 0.535\ V$$

$$E^{\ominus}(Fe^{3+}/Fe^{2+}) = 0.77\ V$$

$$E^{\ominus}(Br_2/Br^-) = 1.065\ V$$

所以，在标准状态下，式(3-20)正向进行，而式(3-21)逆向进行。换言之，Fe^{3+} 可以

氧化 I^- 而不能氧化 Br^-，同样，Br_2 可以氧化 Fe^{2+} 而 I_2 不能。

非标准状态，电对的电势可用 Nernst 方程表示：

电极反应式： $p\text{氧化态} + ne^- \rightleftharpoons q\text{还原态}$

在 298 K 有： $E_{\text{氧化态/还原态}} = E^{\ominus}_{\text{氧化态/还原态}} + \dfrac{0.059\text{ V}}{n}\lg\dfrac{[\text{氧化态}]^p}{[\text{还原态}]^q}$

从上式可见：当氧化态物质或还原态物质的浓度或分压发生改变时，电对的电势也会发生改变。

在有含氧酸根参加的氧化还原反应中，介质的酸碱性同样会对电极电势产生较大的影响。例如：

$$MnO_4^- + 8H^+ + 5e^- \rightleftharpoons Mn^{2+} + 4H_2O$$

随着 H^+ 浓度的增大，MnO_4^- 的氧化能力增强。

利用氧化还原反应产生电流的装置称为原电池。一般原电池由两个半电池和盐桥构成。单个半电池的电极电势是无法测定的，我们可以测量由两个半电池构成的原电池的电动势。在一定的条件下，原电池的电动势为正、负电极的电势之差：

$$E(\text{电动势}) = E(\text{正}) - E(\text{负})$$

电流通过电解质溶液，在两极上析出产物的过程称作电解。电解时电对的标准电极电势、离子浓度、电极材料等都会对电解产物产生影响。本实验以铜为电极，电解 Na_2SO_4 溶液，其电极反应如下：

阴极： $2H_2O + 2e^- \rightleftharpoons H_2\uparrow + 2OH^-$

阳极： $Cu - 2e^- \rightleftharpoons Cu^{2+}$

三、实验用品

仪器、用品：试管及试管架，小烧杯，盐桥，蒸发皿，伏特计。

试剂、材料：$3.0\text{ mol}\cdot L^{-1} H_2SO_4$，$0.1\text{ mol}\cdot L^{-1} HCl$，$6.0\text{ mol}\cdot L^{-1} NaOH$，$0.5\text{ mol}\cdot L^{-1} KBr$，$CCl_4$，浓 $NH_3\cdot H_2O$，$0.1\text{ mol}\cdot L^{-1} Na_2SO_3$，$0.5\text{ mol}\cdot L^{-1} Na_2SO_4$，$0.01\text{ mol}\cdot L^{-1} KMnO_4$，$0.1\text{ mol}\cdot L^{-1} KI$，$0.2\text{ mol}\cdot L^{-1} ZnSO_4$，$0.1\text{ mol}\cdot L^{-1} KClO_3$，$0.01\text{ mol}\cdot L^{-1} K_3[Fe(CN)_6]$，$10\% NH_4F$，$0.5\text{ mol}\cdot L^{-1} KI$，$0.1\text{ mol}\cdot L^{-1} FeSO_4$，$0.1\text{ mol}\cdot L^{-1} FeCl_3$，$0.2\text{ mol}\cdot L^{-1} CuSO_4$，溴水，碘水，酚酞溶液，20%乌洛托品，铜片电极，锌片电极，铁钉，锌粒，铜丝，砂纸。

四、实验内容

1. 氧化还原反应与电极电势的关系

在 2 支小试管中，分别滴加 3 滴 $0.5\text{ mol}\cdot L^{-1} KBr$ 溶液、$0.5\text{ mol}\cdot L^{-1} KI$ 溶液，再分别滴加 3 滴 $0.1\text{ mol}\cdot L^{-1} FeCl_3$ 溶液和 5 滴 CCl_4 溶剂，用搅棒充分搅匀，观察 CCl_4 层的颜色有何变化，并比较之，写出反应方程式。

在另外 2 支小试管中，分别用溴水和碘水与 $0.1\text{ mol}\cdot L^{-1} FeSO_4$ 溶液反应，加入 CCl_4，观察 CCl_4 层颜色变化，写出反应方程式。

根据上述反应结果，试比较 Br_2/Br^-、I_2/I^- 和 Fe^{3+}/Fe^{2+} 3 个电对的电极电势大小。

2. 原电池电动势的测定

在 2 个 50 mL 小烧杯中，分别加入 30 mL 0.2 mol·L^{-1} ZnSO$_4$ 和 0.2 mol·L^{-1} CuSO$_4$ 溶液，在 ZnSO$_4$ 溶液中插入锌片，在 CuSO$_4$ 溶液中插入铜片，组成两个电极。用盐桥连接起来，按图 3-21 装配成原电池，接上伏特计，观察伏特计指针偏转方向，记录读数。注意保留 ZnSO$_4$、CuSO$_4$ 溶液供下面实验用。

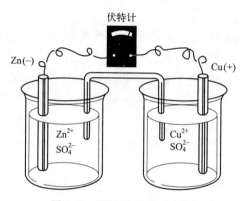

图 3-21　原电池装置示意图

3. 介质的酸碱性、离子浓度对电极电势和氧化还原反应的影响

（1）浓度对电极电势的影响

在上述铜半电池中加入浓氨水并搅拌，直至生成的沉淀完全溶解，形成深蓝色溶液，观察伏特计指针偏转的变化（包括指针偏转的方向及变化程度）。按同样方法在锌半电池中加入浓氨水并搅拌，直至生成的沉淀完全溶解，形成无色溶液，观察伏特计指针偏转的变化。

（2）酸度对电极电势的影响

① 在 1 支小试管中，加 3 滴 0.1 mol·L^{-1} KClO$_3$ 溶液和 3 滴 0.1 mol·L^{-1} KI 溶液，搅拌均匀，观察现象。若在小试管中加入 2 滴 3.0 mol·L^{-1} H$_2$SO$_4$ 溶液进行酸化，观察现象，并写出有关反应方程式（用离子-电子法配平）。

② 在 3 支小试管中分别滴加 3 滴 0.01 mol·L^{-1} KMnO$_4$ 溶液，并分别依次加入 2 滴 3.0 mol·L^{-1} H$_2$SO$_4$ 溶液、2 滴去离子水或 2 滴 6.0 mol·L^{-1} NaOH 溶液，分别搅匀后再向 3 支小试管分别加入 5 滴 0.1 mol·L^{-1} Na$_2$SO$_3$ 溶液，观察现象并比较之。写出反应方程式并配平。

（注意试剂滴加次序、还原剂用量要合适。为什么？）

③ 在小试管中滴加 4 滴 0.1 mol·L^{-1} FeCl$_3$ 溶液和 4 滴 0.1 mol·L^{-1} KI 溶液，观察现象。若在加 KI 前先加 4~5 滴 10% NH$_4$F 溶液，现象如何变化？请说明原因。

4. 金属的腐蚀和防止（选做）

（1）金属的电化学腐蚀

在小试管中滴加 8~10 滴 HCl 溶液，加入纯锌粒，观察锌粒表面有无气体析出。取一根铜丝，插入溶液，观察铜丝与锌粒接触时，情况有何不同，试解释。

（2）缓蚀剂延缓铁钉腐蚀的试验

在 2 支小试管中各放入 1 个去锈铁钉，往一支小试管中加 2 滴乌洛托品，往另一支小试管加 2 滴去离子水，再往 2 支小试管中都滴加 5 滴 0.1 mol·L^{-1} HCl 和 1 滴 0.01 mol·L^{-1} K$_3$[Fe(CN)$_6$]溶液，观察、比较两支小试管中出现的颜色。写出反应方程式。

5. 电解

在一个小烧杯中，加入 30 mL 1.0 mol·L^{-1} ZnSO$_4$，在其中插入锌片，在另一个小烧杯中，加入 30 mL 1.0 mol·L^{-1} CuSO$_4$，在其中插入铜片，按图 3-22 把线路连接好。把两根分别连接锌片和铜片的导线的另一端，插入装有 20 mL 0.5 mol·L^{-1} Na$_2$SO$_4$（溶液中预先滴入几滴酚酞）的烧杯或蒸发皿中，观察阴极处发生的变化。

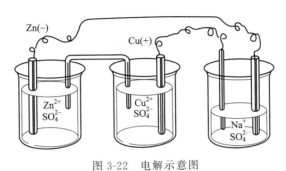

图 3-22 电解示意图

五、思考题

1. KMnO$_4$ 是常用氧化剂，在不同的介质中能被还原为 Mn^{2+}、MnO$_2$、MnO$_4^{2-}$。做实验时，试剂加入的先后顺序对实验结果有何影响？为什么？

2. 电解 Na$_2$SO$_4$ 溶液时，与原电池正极连接的是电解池的什么极？与负极连接的是电解池的什么极？各发生什么反应？

3. 电解 Na$_2$SO$_4$ 溶液时，两极用的是 Cu，若改用石墨作电极，则两极上的产物各是什么？写出两极反应式。

第四章
化学反应特征常数的测定

 基本要求

化学常数的测定，如电离平衡常数的测定、化学反应速率常数的测定、溶度积常数的测定等，都是实验化学的重要组成部分。本章实验训练学生的主要基本操作有移液管、容量瓶的使用和滴定操作等，要求学生学会一些简单仪器的使用方法，如酸度计、分光光度计、电导率仪等。

本章大部分是定量实验，通过这些实验，有利于加深对化学基础知识和基本理论的理解。此外，在训练学生化学实验基本操作的同时，培养其严谨的科学态度。

 理论概述

> 化学反应是化学研究的中心课题。人们对化学反应所关心的问题主要有这几个方面：①化学反应是否可能发生？②若反应能发生，那么反应后能形成多少新物质以及伴随着多大的能量变化？③化学反应进行得是快还是慢？前面两个问题属于化学热力学研究的范畴，后面一个问题则是化学动力学探讨的课题。因此，通俗地说，化学热力学研究的是反应可能性，化学动力学探讨的是反应现实性。

一、判断化学反应方向

化学反应的方向是人们最感兴趣和最关心的问题之一。只有对于可能发生的反应，才好研究如何进一步实现这个反应和加快反应速率，提高产率。对于根本不可能发生的反应，就没有进一步研究的必要。所以，从理论上和应用上研究如何判断一个反应能否发生具有很大的意义。

亥姆霍兹曾提出：在没有外界能量的参与下，化学反应总是朝着放热更多的方向进行。这就把反应热与化学反应方向联系起来，并且放热越多，化学反应进行得越彻底。例如：

$$CH_4(g) + 2O_2 =\!=\!= 2H_2O(l) + CO_2(g), \Delta_r H_m^{\ominus} = -890.31 \text{ kJ} \cdot \text{mol}^{-1}$$
$$2H_2(g) + O_2(g) =\!=\!= 2H_2O(g), \Delta_r H_m^{\ominus} = -483.68 \text{ kJ} \cdot \text{mol}^{-1}$$

但是，也有不少矛盾的例子，例如：

$$NH_4Cl(s) \xrightarrow{>621K} NH_3(g) + HCl(g), \Delta_r H_m^\ominus = 176.91 \text{ kJ} \cdot \text{mol}^{-1}$$

$$CaCO_3(s) \xrightarrow{1173K, 101.3kPa} CaO(s) + CO_2(g), \Delta_r H_m^\ominus = 178.5 \text{ kJ} \cdot \text{mol}^{-1}$$

研究这些反例发现，它们的共同特征是：化学反应导致了系统内分子热运动混乱度的增加。

系统混乱度用熵（S）来度量，它与热力学能及焓一样是系统的一个状态函数。系统的混乱度越低，有序性越高，熵值就越低。综上所述，化学反应的方向是由两个因素（反应热和系统的混乱度）所决定的。综合这两个因素，热力学引入了一个新的状态函数，Gibbs 函数，定义为：$G = H - TS$。

在等温等压和只做体积功的条件下，

$$\Delta_r G_m = \Delta_r H_m - T\Delta_r S_m \tag{4-1}$$

用 $\Delta_r G_m$ 作为判断反应自发性的标准：

① 如果 $\Delta_r G_m < 0$，这个反应可以自发进行；
② 如果 $\Delta_r G_m > 0$，这个反应不能自发进行，但其逆过程可以自发进行；
③ 如果 $\Delta_r G_m = 0$，则反应处于平衡状态。

恒温下，由最稳定的单质生成 1 mol 物质的标准 Gibbs 函数变化，记为 $\Delta_f G_m^\ominus$。用 $\Delta_f G_m^\ominus$ 可以计算反应在 298 K 时的 $\Delta_r G_m^\ominus$。

$$\Delta_r G_m^\ominus = \sum v_i \Delta_f G_{m(产物)}^\ominus - \sum v_i \Delta_f G_{m(反应物)}^\ominus \tag{4-2}$$

二、化学平衡

在同一条件下，既能向正反应方向进行，也能向逆反应方向进行的反应称为可逆反应。大部分的化学反应都是可逆的。正、逆反应速率相等时系统所处的状态称为化学平衡。化学平衡是一种动态平衡。

化学平衡可以用平衡常数来衡量，对任意反应

$$eE + fF \rightleftharpoons gG + rR$$

有

$$K^\ominus = \frac{([G]/c^\ominus)^g ([R]/c^\ominus)^r}{([E]/c^\ominus)^e ([F]/c^\ominus)^f} \tag{4-3}$$

在一定温度下，某个可逆反应达到平衡时，产物平衡浓度幂的乘积与反应物平衡浓度幂的乘积之比是一个常数。这个关系称为化学平衡定律。

如果某个反应可以表示为两个或多个反应的总和，则总反应的平衡常数等于各分步反应平衡常数之积。这个关系称为多重平衡规则。有了平衡常数，可根据其数值的大小判断反应进行的程度，估计反应的可能性。因为平衡状态是反应进行的最大限度。但是，有两点必须指出：

① 平衡常数数值的大小，只能告诉我们一个可逆反应的正向反应所进行的最大程度，并不能预示反应达到平衡所需要的时间。如：

$$2SO_2(g) + O_2 \rightleftharpoons 2SO_3(g)$$

298 K 时 $K^\ominus$ 很大，但由于速率太慢，常温时，几乎不发生反应。

② 平衡常数数值极小的反应，说明正反应在该条件下不可能进行，如：
$$N_2+O_2 \Longrightarrow 2NO$$
$K^\ominus$ 值很小，说明常温下用此反应固定氮气是不可能的。因此没有必要在该条件下进行实验，以免浪费人力物力。

由热力学可导出：
$$\Delta_r G_m = -RT\ln K^\ominus + RT\ln J$$
其中，$\Delta_r G_m^\ominus = -RT\ln K^\ominus$。

如果条件改变，旧的平衡被破坏，引起系统中各物质含量随之改变（即 J 值发生变化），从而达到新平衡状态的过程叫作化学平衡移动。在其他条件不变的情况下，增加反应物的浓度或减少生成物的浓度，化学平衡向着正反应方向移动；增加生成物的浓度或减少反应物的浓度，化学平衡向着逆反应的方向移动。

升高温度，平衡向吸热方向移动；降低温度，平衡向放热方向移动。

三、化学反应速率

有的化学反应进行得很快，如中和反应、爆炸反应，有的化学反应进行得较慢，如合成氨反应、酯化反应等。显然，各种化学反应的速率是极不相同的。所谓化学反应速率（v）是指在一定条件下，某化学反应的反应物转变为生成物的速率。

为使用方便，常选用参加反应的某物质 B 表示反应速率，恒容时，
$$v_B = \pm \frac{dc_B}{dt} \tag{4-4}$$
即用单位时间内反应物浓度的减少或生成物浓度的增加来表示。

那么，反应速率（v）与反应物浓度之间有什么定量关系？

对一般基元反应：
$$eE + fF \longrightarrow gG + rR$$
$$v = kc^e(E)c^f(F) \tag{4-5}$$

由此可以得出结论：在一定温度下，基元反应的反应速率与反应物浓度的幂的乘积成正比，这就是质量作用定律。

式（4-5）表示反应速率与反应物浓度之间的关系式，称为速率方程式，又称质量作用定律的表示式。速率方程中的比例常数 k 称为速率常数，k 值不随反应物浓度的变化而改变，但是随温度的变化而改变，即 k 是温度的函数。速率方程式中各反应物浓度的指数之和（$e+f$）称为反应级数。

实际上许多化学反应都不是一步完成的基元反应，而是由几步完成的复杂反应，即非基元反应。对于非基元反应，速率方程式需要通过实验来确定。如实验十四中，需要通过一系列实验，确定反应的级数和速率方程式。

实验十　醋酸电离常数的测定（pH 法）

一、实验目的

1. 测定醋酸的电离度和电离常数。
2. 学会使用移液管和容量瓶配制一定浓度的溶液。

3. 学习使用 pH 计。

二、实验提要

醋酸（CH_3COOH 或简写成 HAc）是弱电解质，在水溶液中存在着下列解离平衡：

$$HAc \rightleftharpoons H^+ + Ac^-$$

起始浓度　　c

平衡浓度　　$c-x$　　x　　x

电离常数（$K_{HAc}^{\ominus}$）表达为：

$$K_{HAc}^{\ominus} = \frac{c(H^+)c(Ac^-)}{c(HAc)} \tag{4-6}$$

设醋酸的初浓度为 c，平衡时 $c(H^+) = c(Ac^-) = x$，代入式(4-6)，可以得到：

$$K_{HAc}^{\ominus} = \frac{x^2}{c-x} \tag{4-7}$$

用 pH 计测定已知浓度醋酸的 pH 值，再由 $pH = -\lg c(H^+)$ 算出 $c(H^+)$，就可由式(4-7)计算 $K_{HAc}^{\ominus}$。

同样，电离度计算公式

$$\alpha = \frac{c(H^+)}{c} \tag{4-8}$$

求出电离度 α。

三、实验流程

四、实验用品

仪器、用品：pH 计，3 只 50 mL 容量瓶，25 mL、10 mL 移液管，4 只 50 mL 小烧杯，标签纸，浆糊。

试剂、材料：0.1 mol·L^{-1} HAc 标准溶液，缓冲溶液（pH=4.01、pH=6.86）。

五、实验内容

把移液管、小烧杯洗净，沥干（有条件的话可以烘干）。用少量已知准确浓度的醋酸溶液（约 0.1 mol·L^{-1}）将移液管润洗三次（已烘干的移液管可免做此步）。移取 25.00 mL、10.00 mL、5.00 mL 上述醋酸溶液分别置于三个洗净的 50 mL 容量瓶中，然后加水稀释至刻度，摇匀。如果小烧杯事先未烘干，则需用少量待盛溶液润洗三次。然后分别取约 30 mL 配好的溶液倒入编号的小烧杯中，供测定 pH 之用。

用 pH 计由稀到浓分别测定 1～4 号醋酸的 pH 值，把数据填入表中。本实验所用 pH 计的使用方法见第二章第十节。

编号	HAc 原始体积	HAc 浓度 $c/(mol \cdot L^{-1})$	pH	$c(H^+)$	$K_{HAc}^{\ominus}$	α
1	5.00 mL					
2	10.00 mL					
3	25.00 mL					
4	原浓度					

测定温度_____℃，电离常数平均值 $K_{平均}^{\ominus}$ _____。

六、思考题

1. $K_{HAc}^{\ominus}$、α 是否随温度变化？怎样变化？
2. 哪些玻璃器皿需要干燥或用相应溶液洗涤？为什么？
3. "电离度越大，酸度越大"这句话是否正确？根据本实验加以说明。
4. 若 HAc 溶液的浓度极稀，是否能用 $K_{HAc}^{\ominus} = c^2(H^+)/c$ 求 $K_{HAc}^{\ominus}$。
5. 在测定时，为什么要按由稀到浓的顺序进行？

实验十一　四氨合铜（Ⅱ）配离子的 $\Delta G^{\ominus}$ 和 $K_{稳}^{\ominus}$ 的测定（pH 电位法）

一、实验目的

1. 掌握利用酸度计测定配离子的 $\Delta_r G_m^{\ominus}$ 和 $K_{稳}^{\ominus}$ 的基本原理和方法。
2. 进一步练习 pH 计的使用。
3. 了解比重计的使用。

二、实验提要

本实验所设计的电池为：

$(-)Cu(s) | [Cu(NH_3)_4]^{2+}(0.5 \, mol \cdot L^{-1}), NH_3(x \, mol \cdot L^{-1}) \| Cu^{2+}(0.5 \, mol \cdot L^{-1}) | Cu(s)(+)$

左边半电池的构成是将铜片浸在含有 0.5 mol·L^{-1} [Cu(NH$_3$)$_4$]$^{2+}$ 及 NH$_3$·H$_2$O（维持一定浓度）中，其中[Cu(NH$_3$)$_4$]$^{2+}$ 是由 Cu^{2+} 和过量的 NH$_3$·H$_2$O 反应而得，所以[Cu(NH$_3$)$_4$]$^{2+}$ 的浓度可以近似认为是 Cu^{2+} 的初始浓度。右边半电池的构成是将铜片浸入 0.5 mol·L^{-1} Cu^{2+} 溶液。中间用盐桥连接，其装置可参阅图 4-1。相应的半电池反应是：

负极：$Cu + 4NH_3 - 2e^- \rightleftharpoons [Cu(NH_3)_4]^{2+}$

正极：$Cu^{2+} + 2e^- \rightleftharpoons Cu$

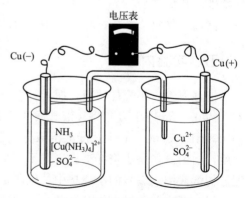

图 4-1　浓差原电池示意图

电池反应：$Cu^{2+} + 4NH_3 \rightleftharpoons [Cu(NH_3)_4]^{2+}$ (4-9)

显然，该电池反应就是$[Cu(NH_3)_4]^{2+}$配离子的生成反应。将$[Cu(NH_3)_4]^{2+}$、Cu^{2+}、NH_3的活度系数近似地看作1，则根据Nernst方程，在25 ℃时，电池的电动势为：

$$E = E^{\ominus} - \frac{0.0592 \text{ V}}{2} \lg \frac{c([Cu(NH_3)_4]^{2+})}{c(Cu^{2+})c^4(NH_3)}$$ (4-10)

$$E^{\ominus} = \frac{0.0592 \text{ V}}{2} \lg K_{稳}^{\ominus}$$ (4-11)

当$[Cu(NH_3)_4]^{2+}$、Cu^{2+}、NH_3的浓度已知时，测定该电池的电动势E，由式(4-10)计算电池的标准电动势$E^{\ominus}$。再用公式

$$\Delta_r G_m^{\ominus} = -nFE^{\ominus}$$ (4-12)

可以算得$[Cu(NH_3)_4]^{2+}$配离子的$\Delta_r G_m^{\ominus}$和$K_{稳}^{\ominus}$。

$NH_3 \cdot H_2O$的密度和浓度有对应关系（见附录十）。测定加入的浓$NH_3 \cdot H_2O$密度，可以求出游离氨的浓度。

三、实验流程

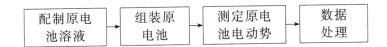

四、实验用品

仪器、用品：电压表，分析天平，比重计，100 mL量筒，3支10 mL移液管，3只50 mL烧杯，50 mL容量瓶，铜片电极，盐桥。

试剂、材料：$CuSO_4 \cdot 5H_2O$（粉末状晶体），浓氨水，砂纸。

五、实验内容

① 配制50 mL浓度为$1.00 \text{ mol} \cdot L^{-1}$的硫酸铜溶液。在分析天平上准确称取12.50 g $CuSO_4 \cdot 5H_2O$晶体，在洁净的小烧杯中加入30 mL去离子水溶解。将溶液转移至50 mL容量瓶中，并用少量水洗涤烧杯2~3次，洗涤液都注入容量瓶中，加水稀释至刻度，摇匀。

② 用移液管分别取10.00 mL $1.00 \text{ mol} \cdot L^{-1}$ $CuSO_4$溶液和10.00 mL去离子水置于干燥的50 mL烧杯中，混合均匀。

③ 用比重计测量浓$NH_3 \cdot H_2O$的密度，查表求出浓氨水的浓度。氨水的物质的量浓度为：

$$c(NH_3) = \frac{1000 \times 密度 \times 质量分数}{17 \text{ g} \cdot \text{mol}^{-1}}$$

④ 用移液管分别取10.00 mL $1.00 \text{ mol} \cdot L^{-1}$ $CuSO_4$溶液和10.00 mL浓氨水置于另一个干燥的50 mL烧杯中，充分搅拌，直至沉淀完全溶解，生成深蓝色溶液。

⑤ 用砂纸将两个铜电极擦亮，洗净并干燥，按图4-1安装好电池。

⑥ 将左边的半电池引线与电压表负极相连接，右边半电池的引线与正极相连接，测定

电池的电动势。整个实验在室温下进行。

⑦ 用移液管分别取 5.00 mL 1.00 mol·L^{-1} CuSO$_4$ 溶液和 15.00 mL 去离子水置于干燥的 50 mL 烧杯中，混合均匀。将这杯硫酸铜溶液替换实验装置中右边的硫酸铜溶液重新测定电池的电极电位。

⑧ 用移液管分别取 5.00 mL 1.00 mol·L^{-1} CuSO$_4$ 溶液、10.00 mL 浓氨水和 5.00 mL 去离子水置于另一个干燥的 50 mL 烧杯中，充分搅拌，直至沉淀完全溶解，生成深蓝色溶液。将这杯硫酸四氨合铜溶液替换装置中左边的硫酸四氨合铜溶液，重新测定电池的电极电位。

六、数据记录与处理

实验编号	1[步骤⑥]	2[步骤⑥]	3[步骤⑧]
Cu^{2+} 的浓度/(mol·L^{-1})			
[Cu(NH$_3$)$_4$]$^{2+}$ 浓度/(mol·L^{-1})			
浓 NH$_3$·H$_2$O 的浓度/(mol·L^{-1})			
游离氨的浓度/(mol·L^{-1})			
电池电动势/V			
标准电动势/$E^{\ominus}$			
[Cu(NH$_3$)$_4$]$^{2+}$ 的 $\Delta_r G_m^{\ominus}$			
[Cu(NH$_3$)$_4$]$^{2+}$ 的 $K_稳^{\ominus}$			
[Cu(NH$_3$)$_4$]$^{2+}$ 的 $\Delta_r G_m^{\ominus}$ 平均值			
[Cu(NH$_3$)$_4$]$^{2+}$ 的 $K_稳^{\ominus}$ 平均值			

七、思考题

1. 怎样用电压表测定电动势？
2. 盐桥的作用是什么？
3. 如果浓 NH$_3$·H$_2$O 的密度测定不准，对实验结果有何影响？
4. 铜电极为何要擦净、干燥？否则对实验结果有何影响？
5. 烧杯为什么要干燥，若不干燥，结果会怎样？
6. 3 种实验方法测定的 $K_稳^{\ominus}$ 是否一致？为什么？

实验十二　Fe^{3+}～SCN$^-$平衡常数的测定（分光光度法）

一、实验目的

1. 测定 Fe^{3+}～SCN$^-$ 的平衡常数，加深对平衡常数的理解。
2. 学会分光光度计的使用。

二、实验提要

如果溶液中的溶质可吸收某些波长的可见光，则溶液就显示一定的颜色。溶液的浓度越大，吸收的光越多，颜色越深。因此可以通过比较溶液颜色的深浅来测定溶液的浓度，这种测定方法叫作比色分析；也可以通过比较溶液吸收光的多少来测定溶液的浓度，这种测定方法叫作分光光度分析。

分光光度法测定的理论依据是朗伯-比耳定律：当一束平行单色光通过单一均匀的、非散射的吸收光物质溶液时，溶液的吸光度与溶液浓度和液层厚度的乘积成正比。即

$$A = abc$$

式中，c 是溶液的物质的量浓度；b 是溶液厚度；a 是吸光系数。如果固定比色皿厚度测定有色溶液的吸光度，则溶液的吸光度与浓度之间有简单的线性关系。

不同物质吸收光的波长（或频率）是不相同的。利用分光光度计产生所需频率的单色光，使其通过被测溶液，然后测定该单色光的强度，即可得到溶液的吸光度。图 4-2 是光吸收的示意图。

吸光度 A（又称消光度），即溶液吸收光的量，可用下式表示：

$$A = \lg \frac{I_0}{I_t}$$

式中，I_0 是入射光的强度；I_t 是透过光的强度。

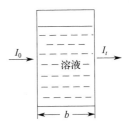

图 4-2　光吸收示意图

通常先配一份已知浓度但与未知溶液具有相同物质的溶液，把它们分别放入两个厚度相同的容器中，分别测出 A_s 和 A_x，则 $A_s/A_x = c_s/c_x$，即

$$c_x = \frac{A_x}{A_s} \times c_s$$

式中，c_s 是已知浓度的溶液；c_x 是未知浓度的溶液。

本实验用分光光度法测定下列化学反应的平衡常数。

$$Fe^{3+} + SCN^- \rightleftharpoons [FeSCN]^{2+}$$

$$K_c = \frac{c([FeSCN]^{2+})}{c(Fe^{3+})c(SCN^-)}$$

由于反应体系中只有 $[FeSCN]^{2+}$ 吸收可见光，所以可用分光光度法测定其平衡浓度。当 $c(Fe^{3+}) \gg c(HSCN)$ 时，HNCS 基本上转化成 $[FeSCN]^{2+}$，所以 $[FeSCN]^{2+}$ 的平衡浓度等于已知的 HSCN 的初始浓度，为了防止 Fe^{3+} 的水解，用 0.5 mol·L^{-1} 硝酸来配制 Fe^{3+} 的溶液。

三、实验流程

四、实验用品

仪器、用品：722E 型可见分光光度计，2 支 5 mL、2 支 10 mL 移液管，7 只 50 mL 烧杯，洗耳球。

试剂、材料：0.200 mol·L^{-1}、0.00200 mol·L^{-1} Fe^{3+}，0.00200 mol·L^{-1} KSNC，0.5 mol·L^{-1} HNO$_3$，擦镜纸，标签纸，浆糊。

五、实验内容

1. 配制参比溶液和[FeSCN]$^{2+}$标准溶液

在 0-1 号和 1 号干燥洁净的烧杯中，分别按下表中所列的用量配制参比溶液和 [FeSCN]$^{2+}$ 标准溶液，并充分混匀。

烧杯编号	0.200 mol·L^{-1} Fe^{3+}	0.00200 mol·L^{-1} KSCN	水	A
0-1 参比溶液	5.00 mL	0.00 mL	5.00 mL	
1（标准溶液）	10.00 mL	1.00 mL	9.00 mL	

$$c(\text{HSCN}) = \frac{2}{20} \times 0.002 (\text{mol} \cdot \text{L}^{-1}) = 2.00 \times 10^{-4} (\text{mol} \cdot \text{L}^{-1})$$

因为当 $c(\text{Fe}^{3+}) \gg c(\text{HSCN})$ 时，HSCN 基本上都转化为 [FeSCN]$^{2+}$，因此

$$c([\text{FeSCN}]^{2+})_{标准} = 2.00 \times 10^{-4} \text{ mol} \cdot \text{L}^{-1}$$

2. 配制待测溶液

在 0-2 号参比溶液和 2~5 号烧杯中，分别按下表中所列的用量配制溶液，并充分混匀。

烧杯编号	0.002 mol·L^{-1} Fe^{3+}	0.002 mol·L^{-1} KSCN	水	A
0-2 参比溶液	5.00 mL	0.00 mL	5.00 mL	
2	5.00 mL	5.00 mL	0.00 mL	
3	5.00 mL	4.00 mL	1.00 mL	
4	5.00 mL	3.00 mL	2.00 mL	
5	5.00 mL	2.00 mL	3.00 mL	

3. 吸光度的测定

把分光光度计的波长调至 447 nm，将 0-1 号参比溶液推入光路，测定 1 号溶液的吸光度。将 0-2 号参比溶液推入光路，测定 2~5 号溶液的吸光度，并及时记录。

六、数据记录与处理

由朗伯-比耳定律得：

$$c_x = \frac{A_x}{A_s} c_s$$

由质量守恒得：

$$c(\text{Fe}^{3+})_{平衡} = c(\text{Fe}^{3+})_{始} - c([\text{FeSCN}]^{2+})_{平衡}$$

$$c(\text{HSCN})_{平衡} = c(\text{HSCN})_{始} - c([\text{FeSCN}]^{2+})_{平衡}$$

把计算所得的数据填入下表：

编号	吸光度 A	初始浓度		平衡浓度				K_s
		$c(\text{Fe}^{3+})_{始}$	$c(\text{HSCN})_{始}$	$c(\text{H}^+)_{平}$	$c([\text{FeSCN}]^{2+})_{平}$	$c(\text{Fe}^{3+})_{平}$	$c(\text{HSCN})_{平}$	
1								
2								
3								
4								
5								

七、思考题

1. 为什么要使 $c(Fe^{3+}) \gg c(HSCN)$？
2. 为什么要加 HNO_3 来保持溶液的酸度？
3. 烧杯为什么要干燥？
4. 移液管为什么在使用前要用相应的溶液洗过？在使用过程中为什么不能混用？

实验十三　Fe^{3+} 与磺基水杨酸配合物的组成和标准稳定常数的测定（分光光度法）

一、实验目的

1. 学习等摩尔系列法测配离子的组成和稳定常数的原理和方法。
2. 学习分光光度计的使用及有关实验数据的处理方法。
3. 练习溶液配制及相关的基本操作。

二、实验提要

1. 分光光度法的基本原理

分光光度法测定溶液浓度的原理参见实验十二。

2. 等摩尔系列法测配离子的组成和稳定常数

设中心离子 M 和配位体 L 在给定条件下反应，只生成一种有色配离子或配合物 ML_n：

$$M + nL \rightleftharpoons ML_n \text{（略去三种物质的电荷）}$$

根据朗伯-比尔定律，若 M 和 L 都是无色的，则此溶液的吸光度 A 与有色配离子 ML_n 或配合物的浓度 c 成正比。据此，可用等摩尔系列法（浓比递变法，又称 JOB 法）测定该配离子或配合物的组成和稳定常数。方法如下：

配制一系列含有中心离子 M 与配位体 L 的溶液，保持 M 与 L 的总物质的量相等，但各自的摩尔分数系列改变，例如配制配位体 L 的摩尔分数依次为 0、0.1、0.2、0.3、…、0.9、1.0 的溶液，而 M 的摩尔分数依次作相应递减。在一定波长的单色光中分别测定这系列溶液的吸光度。有色配离子或配合物的浓度越大，溶液颜色越深，其吸光度越大。当 M 和 L 恰好全部形成配离子或配合物时（不考虑配离子的解离），ML_n 的浓度最大，吸光度也最大。若以 ML_n 溶液的吸光度 A 为纵坐标，以配位体 L 的摩尔分数为横坐标作图，可以求得最大的吸光度处。例如，从图 4-3 可以看出，延长曲线两边的直线部分，相交于 D 点，点 D 所对应的吸光度为 A_1，D 点即为最大吸收处。

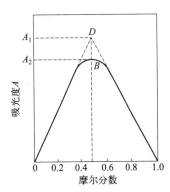

图 4-3　配位摩尔分数的吸光度图

D 点或 B 点所对应的配位体的摩尔分数即为 ML_n 的组成。若点 D 或点 B 所对应的配

位体的摩尔分数为 0.5，则中心离子的摩尔分数为

$$1.0-0.5=0.5$$

所以

$$\frac{配位体物质的量}{中心离子物质的量}=\frac{配位体摩尔分数}{中心离子摩尔分数}=\frac{0.5}{0.5}=1$$

由此可知，该配离子或配合物的组成为 ML 型。

配离子的稳定常数亦可根据图 4-3 求得。从图中还可以看出，对于 ML_n 型配离子或配合物，若它全部以 ML_n 形式存在，则其最大吸光度应在 D 处，即吸光度为 A_1，但由于配离子或配合物有一部分解离，其浓度比未解离时的要稍小一些，实际测得的最大吸光度在 B 处，即吸光度为 A_2，此时配离子或配合物的解离度为

$$\alpha=\frac{A_1-A_2}{A_1} \tag{4-13}$$

配离子或配合物 ML 的稳定常数与解离度的关系如下：

$$ML \rightleftharpoons M+L$$

| 起始时浓度 | c | 0 | 0 |
| 平衡时浓度 | $c-c\alpha$ | $c\alpha$ | $c\alpha$ |

$$K_{稳}=\frac{[ML]}{[M][L]}=\frac{1-\alpha}{c\alpha^2} \tag{4-14}$$

式中，c 表示 D 点的中心离子的物质的量浓度。

磺基水杨酸与 Fe^{3+} 形成的螯合物的组成因 pH 不同而不同。磺基水杨酸溶液是无色的，Fe^{3+} 的浓度很稀时也可认为是无色的，它们在 pH 为 2~3 时，生成紫红色的螯合物（有 1 个配位体），反应可表示如下：

pH 为 4~9 时，生成红色的螯合物（有 2 个配位体）；pH 为 9~11.5 时，生成黄色的螯合物（有 3 个配位体）；pH>12 时，有色螯合物被破坏而生成 $Fe(OH)_3$ 沉淀。

本实验是在 pH 为 2~3 的条件下，用高氯酸 $HClO_4$ 来控制溶液的 pH，其优点主要是 ClO_4^- 不易与金属离子配合，测定上述配合物的组成和稳定常数。

三、实验流程

```
溶液的配制 → 配制等摩尔系列溶液 → 测定溶液的吸光度 → 数据处理
```

四、实验用品

仪器、用品：11 只 50 mL、1 只 600 mL 烧杯，分光光度计（722E 型或 VIS7200 型），2 只 100 mL 容量瓶，3 支 10 mL 移液管，洗耳球，玻璃搅棒，吸水纸（或滤纸片）。

试剂、材料：0.01 mol·L^{-1} HClO$_4$，磺基水杨酸，0.0100 mol·L^{-1} 硫酸高铁铵 NH$_4$Fe(SO$_4$)$_2$。

五、实验内容

1. 溶液的配制

（1）配制 0.0010 mol·L^{-1} Fe^{3+} 溶液

使用 10 mL 移液管吸取 10.0 mL 0.0100 mol·L^{-1} NH$_4$Fe(SO$_4$)$_2$ 溶液，注入 100 mL 容量瓶中，用 0.01 mol·L^{-1} HClO$_4$ 溶液稀释至刻度，摇匀备用。

（2）配制 0.0010 mol·L^{-1} 磺基水杨酸溶液

使用 10 mL 移液管吸取 10.0 mL 0.0100 mol·L^{-1} 磺基水杨酸溶液，注入 100 mL 容量瓶中，用 0.01 mol·L^{-1} HClO$_4$ 溶液稀释至刻度，摇匀备用。

2. 等摩尔系列溶液的配制

把 3 支 10 mL 刻度的移液管或吸量管分别用新配制的 0.0010 mol·L^{-1} Fe^{3+} 溶液、0.0010 mol·L^{-1} 磺基水杨酸溶液和 0.01 mol·L^{-1} HClO$_4$ 溶液洗涤。

配制等摩尔系列溶液。用移液管或吸量管按表 4-1 所列出的试剂的准确体积取各溶液，分别注入已编号的干燥小烧杯中，搅拌均匀。用刻度移液管移取溶液时，应将溶液吸至移液管最高刻度，然后放出规定的体积。

表 4-1　等摩尔系列溶液的组成和吸光度记录

溶液编号	0.01mol·L^{-1}HClO$_4$/mL	0.0010mol·L^{-1}Fe^{3+} 溶液/mL	0.0010mol·L^{-1} 磺基水杨酸/mL	吸光度 A
1	10.0	10.0	0.0	
2	10.0	9.0	1.0	
3	10.0	8.0	2.0	
4	10.0	7.0	3.0	
5	10.0	6.0	4.0	
6	10.0	5.0	5.0	
7	10.0	4.0	6.0	
8	10.0	3.0	7.0	
9	10.0	2.0	8.0	
10	10.0	1.0	9.0	
11	10.0	0.0	10.0	

入射光波长：_____ nm；比色皿宽度：_____ cm

3. 等摩尔系列溶液的吸光度测定

根据分光光度计的操作步骤，将波长调节至 500 nm。以 0.01 mol·L^{-1} HClO$_4$ 为参比液，调节参比液的吸光度为 0，不透光时，吸光度为 ∞。

取 4 只厚度为 1cm 的比色皿，往其中 1 只中加入 0.01 mol·L^{-1} HClO$_4$ 溶液至约 4/5 容积处；其余 3 只中分别加入各编号的待测溶液（比色皿先用待装液润洗 2~3 次）。分别测定各待测溶液的吸光度，并把所有实验及测定结果记在实验报告本上。每次测定必须核对，记取稳定的数值。

4. 配离子的组成和稳定常数测定

① 在小方格坐标纸上以吸光度对磺基水杨酸的摩尔分数作图（注意图应是平滑的直线

和曲线）。延长曲线两边的直线部分，相交于一点，这一点即为最大吸光处 D。根据实验提要的介绍，算出 Fe^{3+} 和磺基水杨酸的配离子的组成。

② A_1 为交点 D 所对应的吸光度，A_2 为交点 B 所对应的吸光度，求出配合物的解离度 α。
③ 将 α 值代入式（4-14），求出配合物的稳定常数 $K_稳$。

六、思考题

1. 本实验测定配合物的组成及稳定常数的原理如何？如果以 $0.0100\,mol \cdot L^{-1}\,Fe^{3+}$ 溶液代替 $0.0010\,mol \cdot L^{-1}\,Fe^{3+}$ 溶液，其他试剂的浓度是否也要相应增大，为什么？
2. 等摩尔系列法的原理如何？如何用作图法来计算配离子或配合物的组成和稳定常数？
3. 在使用移液管量取一定体积的液体时，有哪些应注意的地方？
4. 在使用比色皿时，操作上有哪些应注意的地方？
5. 本实验为什么用 $HClO_4$ 溶液作空白溶液？为什么选用 500 nm 波长的光源来测定溶液的吸光度？
6. 试从多元弱酸的解离平衡出发，指出溶液的酸度对磺基水杨酸（或其离子）配位体浓度的影响。

实验十四　化学反应速率、速率常数和反应级数的测定

一、实验目的

1. 了解浓度、温度和催化剂对反应速率的影响。
2. 测定过二硫酸铵与碘化钾反应的平均反应速率，并计算不同温度下的反应常数和该反应的反应级数。

二、实验提要

在溶液中，过二硫酸铵和碘化钾发生如下反应：
$$(NH_4)_2S_2O_8 + 3KI =\!\!=\!\!= (NH_4)_2SO_4 + K_2SO_4 + KI_3$$
它的离子方程式为：
$$S_2O_8^{2-} + 3I^- =\!\!=\!\!= 2SO_4^{2-} + I_3^- \tag{4-15}$$
上述反应在 $t_2 \sim t_1$ 间隔内的平均反应速率为：
$$v = -\frac{\Delta c(S_2O_8^{2-})}{\Delta t} = \frac{c_1(S_2O_8^{2-}) - c_2(S_2O_8^{2-})}{t_2 - t_1}$$
式中，$\Delta c(S_2O_8^{2-})$ 为 $S_2O_8^{2-}$ 在 Δt 时间内浓度的改变值。

为了测定出 $\Delta c(S_2O_8^{2-})$，在混合 $(NH_4)_2S_2O_8$ 和 KI 溶液时，以淀粉溶液作为指示剂，同时加入一定体积的、已知浓度的 $Na_2S_2O_3$ 溶液。这样，在式（4-15）进行的同时，也进行着如下反应：
$$2S_2O_3^{2-} + I_3^- =\!\!=\!\!= S_4O_6^{2-} + 3I^- \tag{4-16}$$
式（4-16）进行得非常快，几乎瞬时完成，而式（4-15）却慢得多。于是，由式（4-15）生

成的碘立刻与 $S_2O_3^{2-}$ 反应,生成了无色的 $S_4O_6^{2-}$ 和 I^-。因此,在开始一段时间内,看不到碘和淀粉作用而显示特有的蓝色。但是,一旦 $S_2O_3^{2-}$ 耗尽,则式(4-15)生成的碘,即使是微量的也能使淀粉指示剂变成蓝色,所以蓝色的出现就标志着式(4-16)的完成。

从式(4-15)和式(4-16)的关系可以看出, $S_2O_8^{2-}$ 浓度减少的量等于 $S_2O_3^{2-}$ 减少量的一半。因为 $S_2O_3^{2-}$ 在溶液显蓝色时已全部消耗掉,因此 $\Delta c(S_2O_3^{2-})$ 实际上等于反应开始时 $Na_2S_2O_3$ 的浓度。即

$$\Delta c(S_2O_8^{2-}) = \frac{\Delta c(S_2O_3^{2-})}{2} = \frac{1}{2} c(S_2O_3^{2-})$$

由于本实验中每份混合溶液只考虑 $(NH_4)_2S_2O_8$ 和 KI 的浓度改变,而使用的 $Na_2S_2O_3$ 起始浓度都是相同的,因此到蓝色出现时已消耗去的 $S_2O_3^{2-}$,即 $\Delta c(S_2O_3^{2-})$ 也都是相同的。这样,只要记下从反应开始到溶液出现蓝色所需要的时间(Δt),就可以求算出在各种不同浓度下的平均反应速率

$$v = -\frac{\Delta c(S_2O_8^{2-})}{\Delta t} = \frac{c(S_2O_3^{2-})}{2\Delta t}$$

根据质量作用定律,过二硫酸铵与碘化钾反应速率与反应物浓度的关系如下:

$$v = kc^m(S_2O_8^{2-})c^n(I^-) \tag{4-17}$$

从不同浓度下测得的反应速率,即能计算出该反应的 m、n 和反应级数,然后由式(4-17)求得一定温度下的反应速率常数。

三、实验流程

四、实验用品

仪器、用品:8 只 100mL 或 50mL 烧杯,4 支 10 mL 移液枪,秒表,煤气灯,搅棒,温度计(0~100℃),水浴锅。

试剂、材料:0.20 mol·L⁻¹ $(NH_4)_2S_2O_8$,0.20 mol·L⁻¹ KI,0.010 mol·L⁻¹ $Na_2S_2O_3$,0.20 mol·L⁻¹ KNO_3,0.20 mol·L⁻¹ $(NH_4)_2SO_4$,0.2% 淀粉溶液,0.020 mol·L⁻¹ $Cu(NO_3)_2$,冰。

五、实验内容

1. 浓度对反应速率的影响

① 在室温下,按表 4-2 的实验要求,用移液枪(每种试剂所用的移液枪都应在洗涤后贴上标签,以免混乱)分别准确量取 20.0 mL 0.20 mol·L⁻¹ KI 溶液、8.0 mL 0.01 mol·L⁻¹ $Na_2S_2O_3$ 溶液和 4.0 mL 0.2% 淀粉溶液于 100 mL 烧杯中,混合均匀。

② 用移液枪准确量取 20.0 mL 0.20 mol·L⁻¹ $(NH_4)_2S_2O_8$ 溶液,迅速加到烧杯中,立刻开始计时并搅拌溶液。观察到溶液刚一出现蓝色,立即停止计时,将反应时间记入表 4-2 中。

③ 用上述方法参照表 4-2 重复进行编号 2~5 的实验。为了保持反应系统的总体积不变,

在 2~5 号实验中，所减少的 KI 或 $(NH_4)_2S_2O_8$ 的用量可以分别用 $0.20\ mol\cdot L^{-1}\ KNO_3$ 和 $0.20\ mol\cdot L^{-1}\ (NH_4)_2SO_4$ 来补充。（请思考为什么？）

注意：在进行步骤③时，由于加入的 $(NH_4)_2S_2O_8$ 溶液体积较小，为了避免因有一部分残留在量筒内而影响实验结果，可将 $15.0\ mL\ (NH_4)_2SO_4$ 先加到 $5.0\ mL\ (NH_4)_2S_2O_8$ 中，然后一齐加进上述装有混合液的烧杯中。

④ 根据表 4-2 中各种试剂的用量，计算各实验中参加反应的试剂的起始浓度及反应速率常数，逐一填入表 4-2 中，并记下反应温度。

2. 温度对反应速率的影响

按表 4-2 中实验编号 4 的要求，量取试剂于 100 mL 烧杯中，$(NH_4)_2S_2O_8$ 溶液放入另一烧杯。将两只烧杯放在冰水浴中冷却，待两种溶液均冷到比室温低 10℃时，将 $(NH_4)_2S_2O_8$ 溶液迅速倒入另一烧杯内，立刻开始计时并搅拌溶液。观察到溶液刚出现蓝色，立即停止计时，将反应时间和温度记录在表 4-3 中。

同样地，按表 4-2 中实验编号 4 的要求，在高于室温 10℃条件下重复上述实验。将盛有溶液的两只烧杯放入温水浴中升温，待溶液温度高于室温 10℃时，将 $(NH_4)_2S_2O_8$ 溶液倒入混合液中，计时并搅拌，将反应时间和温度记录在表 4-3 中。

在室温条件下，重复上述实验。

3. 催化剂对反应速率的影响

① 在 100 mL 烧杯中加入 $10.0\ mL\ 0.020\ mol\cdot L^{-1}\ KI$ 溶液、$4.0\ mL\ 0.2\%$ 淀粉溶液和 $8.0\ mL\ 0.010\ mol\cdot L^{-1}\ Na_2S_2O_3$ 和 $10.0\ mL\ 0.20\ mol\cdot L^{-1}\ KNO_3$ 溶液，再滴入 2 滴 $0.020\ mol\cdot L^{-1}\ Cu(NO_3)_2$ 溶液，搅拌均匀。

② 将 $20.0\ mL\ 0.20\ mol\cdot L^{-1}\ (NH_4)_2S_2O_8$ 溶液迅速加到上述烧杯中，同时计时和搅拌，至溶液出现蓝色时为止。将反应时间和温度记录在表 4-4 中。同时将室温条件下的实验结果记在表 4-4 中，并进行比较。

六、数据记录与处理

表 4-2 KI 与 $(NH_4)_2S_2O_8$ 的浓度对反应速率的影响

	实验编号	1	2	3	4	5
试剂用量/mL	$0.20\ mol\cdot L^{-1}$ KI	20.0	20.0	20.0	10.0	5.0
	0.2% 淀粉	4.0	4.0	4.0	4.0	4.0
	$0.010\ mol\cdot L^{-1}$ $Na_2S_2O_3$	8.0	8.0	8.0	8.0	8.0
	$0.20\ mol\cdot L^{-1}$ KNO_3	—	—	—	10.0	15.0
	$0.20\ mol\cdot L^{-1}$ $(NH_4)_2SO_4$	—	10.0	15.0	—	—
	$0.20\ mol\cdot L^{-1}$ $(NH_4)_2S_2O_8$	20.0	10.0	5.0	20.0	20.0
起始的浓度/(mol·L^{-1})	$(NH_4)_2S_2O_8$					
	KI					
	$Na_2S_2O_3$					
反应温度 $T/℃$						
反应时间 $\Delta t/s$						
反应的平均速率 $v(\Delta c/\Delta t)$						
反应级数 $(m+n)$						
速率常数 k						

表 4-3　温度对反应速率的影响

实验编号	反应温度 T/℃	反应时间 t/s	反应速率常数 k
6			
7			
8			

表 4-4　催化剂对反应速率的影响

实验编号	反应温度 T/℃	反应时间 t/s	催化剂滴数
9			
10			

1. 反应级数的计算方法

把表 4-2 中的实验 1 和实验 3 的结果代入下式：

$$v = kc^m(S_2O_8^{2-})c^n(I^-)$$

由于 $c_1^n(I^-) = c_3^n(I^-)$；k 为常数。

所以

$$\frac{v_1}{v_3} = \frac{c_1^m(S_2O_8^{2-})}{c_3^m(S_2O_8^{2-})}$$

因为 v_1、v_3、$c_1(S_2O_8^{2-})$、$c_3(S_2O_8^{2-})$ 都是已知数，所以可以求出 m。用同样的方法将表 4-2 中实验 1 和实验 5 的结果代入，可得：$\dfrac{v_1}{v_5} = \dfrac{kc_1^m(S_2O_8^{2-})c_1^n(I^-)}{kc_5^m(S_2O_8^{2-})c_5^n(I^-)}$

由于

$$c_1^m(S_2O_8^{2-}) = c_5^m(S_2O_8^{2-})$$

所以

$$\frac{v_1}{v_5} = \frac{c_1^n(I^-)}{c_5^n(I^-)}$$

由上式可求出 n。再由 $m+n$ 求得反应级数。

2. 速率常数 k 的计算方法

将求出的 m 与 n 代入 $v = kc^m(S_2O_8^{2-})c^n(I^-)$，即可求得速率常数 k。

七、思考题

1. 在过二硫酸铵和碘化钾的氧化还原实验中，有哪些因素可能影响实验的准确度？应如何避免？

2. 在本实验中，如果不用 $S_2O_8^{2-}$ 而用 I^- 或 I_3^- 浓度变化来表示反应速率，则反应速率常数 k 是否一样？

3. 在本实验中，为什么可以由反应溶液出现蓝色的时间长短来计算反应速率？反应溶液出现蓝色后，反应是否就终止了？

4. 实验中若先加 $(NH_4)_2S_2O_8$ 溶液，最后加 KI 溶液，对实验结果有何影响？

5. $Na_2S_2O_3$ 用量过多或过少，对实验结果有何影响？

6. 在上述编号为 2、3 的实验中添加不同量的 $(NH_4)SO_4$ 溶液，编号为 4、5 的实验中添加不同量的 KNO_3 溶液的用意何在？如何选择添加试剂？

实验十五　硫酸钙溶度积的测定（离子交换法）

一、实验目的

1. 了解用离子交换法测定难溶电解质溶度积的原理和方法。
2. 学习离子交换树脂的一般使用方法。
3. 进一步熟练使用移液管和酸碱滴定的基本操作。

二、实验提要

离子交换树脂是一种人工合成的具有网状结构的高分子聚合物，通常为白、黄、黄褐或黑色的半透明球形颗粒物，性质稳定，不溶于酸、碱和一般有机溶剂。

离子交换树脂由两部分组成，一部分为网状结构的高分子聚合物，另一部分为结合在高分子基团上的活性基团。含有酸性基团而又能与其他物质交换阳离子的树脂叫作阳离子交换树脂；含有碱性基团而又能与其他物质交换阴离子的树脂叫作阴离子交换树脂。

最常用的聚苯乙烯磺酸型树脂是一种强酸型阳离子交换树脂，其结构可表示如下：

本实验用强酸型阳离子交换树脂（732 型）交换 $CaSO_4$ 饱和溶液中的 Ca^{2+}，其交换反应为：

$$2R{-}SO_3H + Ca^{2+} \rightleftharpoons (R{-}SO_3)_2Ca + 2H^+$$

式中，R 表示树脂母体。

由于 $CaSO_4$ 是微溶盐，在有固体存在的饱和溶液中存在着如下平衡：

$$CaSO_4(固) \rightleftharpoons CaSO_4(溶液) \rightleftharpoons Ca^{2+} + SO_4^{2-}(溶液)$$

当一定量的硫酸钙饱和溶液经阳离子交换树脂时，由于 Ca^{2+} 被交换，平衡向右移动，$CaSO_4$ 解离，结果全部 Ca^{2+} 被树脂吸附，而原树脂上的 H^+ 被交换下来，从流出液中 H^+ 的浓度，可计算得出 $CaSO_4$ 的溶度积 $K_{sp,CaSO_4}$。流出液中的 H^+ 浓度，可用标准 NaOH 溶液滴定。整个计算如下：

因为

$$2c(Ca^{2+})V(Ca^{2+}) = c(H^+)V(H^+)$$

而

$$c(H^+)V(H^+) = c(OH^-)V(OH^-)$$

所以

$$2c(\text{Ca}^{2+})V(\text{Ca}^{2+}) = c(\text{OH}^-)V(\text{OH}^-)$$

即

$$c(\text{Ca}^{2+}) = \frac{c(\text{OH}^-)V(\text{OH}^-)}{2V(\text{Ca}^{2+})}$$

如以 $c(\text{Ca}^{2+})$ 和 $c(\text{SO}_4^{2-})$ 分别表示饱和溶液中 Ca^{2+} 和 SO_4^{2-} 的平衡浓度,则

$$c(\text{Ca}^{2+}) = c(\text{SO}_4^{2-}) = c(\text{CaSO}_4)$$

$c(\text{CaSO}_4)$ 为该温度下 CaSO_4 的溶解度(S)。

故

$$K_{\text{sp},\text{CaSO}_4} = c(\text{Ca}^{2+})c(\text{SO}_4^{2-}) = c^2(\text{CaSO}_4)$$

三、实验流程

四、实验用品

仪器、用品:离子交换柱,碱式滴定管,10mL 移液管,量筒,250mL 锥形烧瓶,温度计,pH 试纸,定量滤纸,洗耳球。

试剂、材料:0.05 mol·L^{-1} NaOH(已标定),2.0 mol·L^{-1} HCl,0.1% 溴百里酚蓝,CaSO_4(固、分析纯),732 型阳离子交换树脂,玻璃纤维。

五、实验内容

1. 树脂装柱

把交换柱固定在铁架上。柱底部先填上少量玻璃纤维,挡住孔口。然后将泡好的树脂和水搅拌调成糊状,从管上端注入交换柱内,并保持液面略高于树脂,防止树脂间产生气泡而降低交换效果。在操作过程中,可以用玻璃棒插进交换柱搅动赶走树脂间的气泡。装置如图 4-4 所示。(注:装柱由实验准备室预先完成。)

2. 树脂转型

市售的 732 型阳离子交换树脂系钠型树脂(R—SO$_3$Na),使用前必须将其完全转变为氢型(R—SO$_3$H)。方法:用 120 mL 2.0 mol·L^{-1} HCl 加入柱中,调节交换柱底部的螺丝夹,使溶液以每分钟 30 滴的流速流经离子交换树脂,待柱中酸液液面降至接近树脂层上表面时,加入去离子水洗涤树脂,直至流出液呈中性(用 pH 试纸试验)。

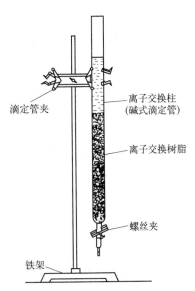

图 4-4 离子交换柱

3. 硫酸钙饱和溶液的配制

按室温时硫酸钙的溶解度,称取过量的 CaSO_4 晶体,尽量使其溶于经煮沸已去除 CO_2 的去离子水中(充分搅拌),放置冷却至室温后,用定量滤纸过滤(漏斗、滤纸和承接烧杯

均应干燥），滤液即为 $CaSO_4$ 饱和溶液。（注：若课时有限，可由实验准备室配制 $CaSO_4$ 饱和溶液。）

4. 交换和洗涤

用移液管量取 25 mL $CaSO_4$ 饱和溶液，放入离子交换柱中。调节螺旋夹控制溶液流速为 $20 \sim 25$ 滴·min^{-1}，用 250 mL 锥形瓶承接流出液。待 $CaSO_4$ 饱和溶液液面接近树脂层表面时，用约 50 mL 去离子水分 $2 \sim 3$ 次洗涤交换树脂。第一次洗涤保持流速（$20 \sim 25$ 滴·min^{-1}），之后流速可适当加快，控制在 50 滴·min^{-1}，直到流出液的 pH 值接近 7。此时则可旋紧螺旋夹，移走锥形瓶。

5. 滴定

往锥形瓶中加入 $2 \sim 3$ 滴溴百里酚蓝指示剂，用标准 NaOH 溶液滴定至终点（液体由黄变蓝，pH＝$6.2 \sim 7.6$）。

记录 $V(NaOH)$、$c(NaOH)$ 及室温温度，计算 $CaSO_4$ 的 $K_{sp,CaSO_4}$。

六、数据记录与处理

$CaSO_4$ 饱和溶液的温度 $T/℃$ _____

$CaSO_4$ 饱和溶液的用量 $[V(CaSO_4)]$/mL _____

NaOH 标准溶液的浓度 $[c(NaOH)]/(mol·L^{-1})$ _____

滴定前 NaOH 液面位置 ($V_{前}$)/mL _____

滴定后 NaOH 液面位置 ($V_{后}$)/mL _____

NaOH 标准液的用量 ($V_{前}-V_{后}$)/mL _____

计算该温度下 $CaSO_4$ 的溶解度（S）和溶度积 $K_{sp,CaSO_4}$。

七、思考题

1. 本实验操作过程中，为什么要控制液体的流速不宜太快？交换树脂层内，为什么不允许有气泡存在？应如何避免？

2. $CaSO_4$ 饱和溶液通过交换柱后，为什么要用去离子水洗涤至中性，且不允许流出液有所损失？

3. 制备硫酸钙饱和溶液时，为什么要使用已除去 CO_2 的蒸馏水？

4. 在交换和洗涤过程中，作为承接流出液的锥形瓶是否要干燥？

5. 本实验中如何精确测定 $CaSO_4$ 溶度积（已知 25℃ 时，$CaSO_4$ 的解离常数 $K_d = 5.2 \times 10^{-3}$）？

实验十六　电导率法测定 $BaSO_4$ 的溶度积常数

一、实验目的

1. 学习电导率仪的使用方法。
2. 掌握用电导率法测定难溶盐溶解度的原理和方法。

3. 巩固多相离子平衡的概念和规律。

二、实验提要

在难溶电解质 $BaSO_4$ 的饱和溶液中，存在下列平衡

$$BaSO_4(s) \rightleftharpoons Ba^{2+}(aq) + SO_4^{2-}(aq)$$

其溶度积为

$$K_{sp}(BaSO_4) = c(Ba^{2+})c(SO_4^{2-}) = c^2(BaSO_4)$$

由于难溶电解质的溶解度很小，很难直接测定。本实验利用浓度与电导率的关系，通过测定溶液的电导率，计算 $BaSO_4$ 的溶解度 $c(BaSO_4)$，从而计算其溶度积。

电导率与溶液中摩尔电导（λ）、电导率（χ）与浓度 c 之间存在如下关系：

$$\lambda = \chi / c$$

对难溶电解质来说，它的饱和溶液可近似地看成是无限稀释溶液，离子间作用力的影响可以忽略不计。这时溶液的摩尔电导为极限摩尔电导，$\lambda_0(BaSO_4)$ 可由物理化学手册查到 [25℃时，无限稀释的 $BaSO_4$ 饱和溶液的 $\lambda_0(BaSO_4) = 286.88 \times 10^{-4} S \cdot m^2 \cdot mol^{-1}$，本实验的有关计算中可近似取用此值]。因此，只要测得 $BaSO_4$ 饱和溶液的电导率（χ），根据上式即可计算出 $BaSO_4$ 的摩尔溶解度 $c(BaSO_4)$，进而求出 $K_{sp}(BaSO_4)$。

需要注意的是，实验测得的 $BaSO_4$ 饱和溶液的电导率（χ'），其中包括了 H_2O 电离的 H^+ 和 OH^- 的电导率 $\chi(H_2O)$。在这种稀的溶液中，它们是不可忽略的。所以

$$\chi(BaSO_4) = \chi'(BaSO_4) - \chi(H_2O)$$

$$c(BaSO_4) = \chi(BaSO_4)/1000\lambda_0(BaSO_4) = [\chi'(BaSO_4) - \chi(H_2O)]/1000\lambda_0(BaSO_4)$$

则 $$K_{sp}(BaSO_4) = \{[\chi'(BaSO_4) - \chi(H_2O)]/1000\lambda_0(BaSO_4)\}^2$$

三、实验流程

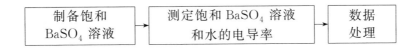

四、实验用品

仪器、用品：电导率仪，温度计，2个50 mL量筒，2只100 mL烧杯，擦镜纸或滤纸片。

试剂、材料：$0.05\ mol \cdot L^{-1}\ BaCl_2$，$0.05\ mol \cdot L^{-1}\ H_2SO_4$，$0.1\ mol \cdot L^{-1}\ AgNO_3$。

五、实验内容

(1) $BaSO_4$ 饱和溶液的制备。量取 20 mL $0.05\ mol \cdot L^{-1}\ H_2SO_4$ 溶液和 20 mL $0.05\ mol \cdot L^{-1}\ BaCl_2$ 溶液分别置于 100 mL 烧杯中，加热至近沸（刚有气泡出现），在搅拌下趁热将 $BaCl_2$ 溶液慢慢滴加到 H_2SO_4 溶液中（约 2~3 滴·s^{-1}），然后将盛有沉淀的烧杯放

置于沸水浴中加热，并搅拌 10 min。静置冷却 20 min，用倾析法去掉清液，再用近沸的去离子水洗涤 $BaSO_4$ 沉淀，重复洗涤 3～4 次，直到检验清液中无 Cl^- 为止（为了提高洗涤效果，每次应尽量不留母液）。最后在洗净的 $BaSO_4$ 沉淀中加入 40～80 mL 去离子水，加热至近沸，冷却至 298 K。

（2）测定 298K 去离子水的电导率 $\chi(H_2O)$。

（3）测定制得的 $BaSO_4$ 饱和溶液的电导率 $\chi'(BaSO_4)$。为了保证 $BaSO_4$ 饱和溶液的饱和度，在测定 $\chi'(BaSO_4)$ 时一定要使盛有 $BaSO_4$ 饱和溶液的小烧杯底层有 $BaSO_4$ 晶体，上层是澄清液。

六、数据记录与处理

室温 $T/℃$ _____

$\chi(H_2O)/(S \cdot m^{-1})$ _____

$\chi'(BaSO_4)/(S \cdot m^{-1})$ _____

$\lambda_0(BaSO_4)/(S \cdot m^2 \cdot mol^{-1})$ _____

$c(BaSO_4)/(mol \cdot L^{-1})$ _____

$K_{sp}(BaSO_4)$ _____

七、思考题

1. 为什么在制得的 $BaSO_4$ 沉淀中要反复洗涤至无 Cl^- 存在？若不这样洗对实验结果有什么影响？

2. 在测定 $BaSO_4$ 的电导时，水的电导为什么不能忽略？在测定 HAc 溶液的电导时又如何？

第五章
无机化合物的制备和提纯

 基本要求

无机化合物的制备是人类利用自然、开发自然、弥补自然资源不足的重要手段。无机化合物的制备是无机化学的一个重要组成部分,是发展新型无机材料及高新技术产品的重要基础。

本章主要介绍无机化合物的常规制备、提纯方法和原理。通过相应的实验操作,要求学生学习并掌握无机化合物制备和提纯过程中如何选择试剂、调节溶液 pH 值、控制反应温度、分离去除杂质等各种方法,加深对元素及其化合物的了解,熟悉并掌握相关的基本操作。

 理论概述

无机化合物的种类极多,不同类型的无机化合物的制备方法差别也很大。即使是同一种化合物也有多种制备方法。本章主要介绍常见无机化合物常用的制备和提纯方法。

一、选择合成路线的基本原则

无机化合物合成的基础是无机化学反应,在恒温恒压条件下,判断一个制备反应能否进行的依据是吉布斯自由能变化值 $\Delta_r G_m$。当体系的 $(\Delta_r G_m)_{T,p} < 0$ 时,该制备反应在热力学上是可行的。但如果反应的速率很慢的话,该反应实际上是不能完成的,所以必须同时考虑其动力学因素。

无机化合物合成的目的是制备具有一定性质和用途的产品,但化学反应往往伴有副产物及其他杂质,因此要综合考虑产物的分离和提纯过程。

无机化学合成中,经常会用到各种有毒的试剂,也常常会产生"三废",即废渣、废液、废气而污染环境,因此选择合成路线时要首选环境友好的工艺路线,还需要考虑合成路线工艺简单、原料价廉易得、成本低、产品质量高、产率高、生产安全性好等。

二、无机化合物的常规制备过程和方法

无机化合物的品种繁多,原料来源很广,主要有矿物及其他工业生产中产生的废液、废

渣等。用这些原料来制备无机产品，通常需要经过如下过程：

1. 原料的溶解

在水溶液中进行的化学反应，通常用水、酸、碱等使原料溶解，当原料不能溶解或溶解不完全时，则采用加热使其熔融后，再用水浸取为水溶液。

在非水溶液中进行的化学反应。非水溶剂分为无机溶剂和有机溶剂，无机溶剂有氨、硫酸、氟化氢等；有机溶剂有四氯化碳、乙醚、汽油、丙酮、石油醚等。

2. 原料中杂质离子的分离去除

在原料的分解过程中，溶剂用量总是过量的，同时原料和加入物总会有杂质离子，必须去除。通常是在溶液中加入某些试剂，使杂质离子生成难溶化合物而过滤去除。例如调节溶液pH值、利用水解沉淀、利用氧化还原水解去杂、金属置换去杂及硫化物沉淀、溶剂萃取、配合物掩蔽等多种方法均可去除杂质离子。

3. 纯化分离

得到的粗产品，其纯度一般不能满足产品质量标准的要求。通常使用蒸发浓缩、结晶、过滤等方法提纯，若纯度还达不到要求，可利用重结晶法再进行提纯。

结晶以后要进行分离，使所得的无机盐结晶与母液分开。由于湿的结晶挟带母液中含有的杂质而影响产品的纯度，通常要洗涤数次，再进行干燥，若产品含有结晶水，则干燥时，要控制干燥条件，以免失去结晶水。

三、一般无机化合物常用的制备、分离方法

1. 利用化合物物理性质不同加以分离

最常见的是利用不同物质在同一溶剂中溶解度的差异，对含有杂质的化合物进行纯化。例如粗食盐中含有钙、铁、钾的卤化物和硫酸盐等可溶性杂质，选择适当的试剂可使Ca^{2+}、Mg^{2+}、SO_4^{2-}等离子生成难溶化合物的沉淀而被除去。粗盐中的K^+和这些沉淀剂不起作用，仍留在溶液中。由于KCl的溶解度大于NaCl的溶解度，而且在粗盐中的含量较少，所以在蒸发和浓缩食盐溶液时，NaCl先结晶出来，而KCl则留在溶液中，从而达到提纯氯化钠的目的。

2. 利用氧化还原反应制备

（1）活泼金属与酸直接反应，经蒸发、浓缩、结晶、分离即可得到产品。如由铁和硫酸制备硫酸亚铁。

（2）不活泼金属不能直接和非氧化性酸反应，必须加入氧化剂，反应后要有分离、除杂质的步骤。如硫酸铜的制备，不能由铜和稀硫酸直接反应制备，必须加入氧化剂（如浓硝酸），反应后有杂质硝酸铜，所以要用重结晶法来提纯制得的硫酸铜。

3. 利用复分解反应制备

利用复分解反应制备无机化合物，如产物是难溶物或气体，则只需通过分离或收集气体即可得产物。若产物是可溶的，经蒸发、浓缩、结晶、分离等步骤后才能得到产物。如由硝酸钠和氯化钾制备硝酸钾，这两种盐溶解、混合后，在溶液中有4种离子：K^+、Na^+、NO_3^-、Cl^-。由它们可组成4种盐。当温度改变时，它们的溶解度变化不同。利用这种差别，可在高温时除去氯化钠，滤液冷却后则得到硝酸钾。再用重结晶法提纯，可得纯度较

高的硝酸钾。

四、无机配合物的常用制备方法

一般说来，制备配合物，首先是查找产率高的反应，其次是从反应混合物中分离出产物。

配合物分为经典配合物和包括金属羰基化合物在内的金属有机配合物两大类。第一类一般具有盐的性质，易溶于水；第二类则通常是共价化合物，一般易溶于非极性溶剂，熔点、沸点较低。

对于经典配合物，常用结晶方法进行分离，其技术有：①蒸发除去溶剂，然后冰盐浴冷却反应混合物；②缓慢加入与溶剂能互溶的另一种溶剂，以降低产物的溶解度；③若配合物是配阳离子，加入与它生成难溶盐的合适阴离子使它分离出来，若要分离出配阴离子，则加入适当的阳离子。常用的配合物制备反应有：取代反应、氧化还原反应等。

1. 取代反应

（1）水溶液中取代

这是迄今为止最常用的方法之一。例如 $[Cu(NH_3)_4]SO_4$ 可以用 $CuSO_4$ 水溶液与过量的 NH_3 水反应：

$$\underset{\text{浅蓝}}{[Cu(H_2O)_4]^{2+}} + 4NH_3(aq) \Longrightarrow \underset{\text{深蓝}}{[Cu(NH_3)_4]^{2+}} + 4H_2O$$

然后在反应混合液中加入乙醇或丙酮等有机溶剂，深蓝色的 $[Cu(NH_3)_4]SO_4 \cdot H_2O$ 即可结晶析出。此法也适用于制备 Ni^{2+}、Co^{2+}、Zn^{2+} 等氨配合物，但不适合制备 Fe^{3+}、Al^{3+}、Cr^{3+}、Ti^{4+} 等的氨配合物。因为氨水中除存在与金属离子配合物的 NH_3 分子外，同时存在与金属离子结合的 OH^-（$NH_3+H_2O \Longrightarrow NH_4^+ + OH^-$），$OH^-$ 与这些金属离子会形成难溶的氢氧化物。

（2）非水溶剂中取代

在非水溶剂中合成配合物，是近些年才使用的方法。氯化亚铁与液氨（沸点 240 K）反应后，使未配位的过量氨挥发，可得在室温下稳定的 $[Fe(NH_3)_6]Cl_2$。若将 Fe^{2+} 与氨水反应，则主要生成氢氧化物沉淀。在水溶液中制备不到的 $[Cu(NH_3)_6]Br_2$，同样可用溴化铜溶液与液氨来制备。另外还有：

$$CrCl_3(\text{无水}) + 6NH_3(l) \Longrightarrow [Cr(NH_3)_6]Cl_3$$

$$CrCl_3(\text{无水}) + 3en \Longrightarrow [Cr(en)_3]Cl_3$$

（3）固相热反应

许多配合物在加热时可逐步失去配体。还有一些配合物，在失去配体的同时，外界的离子可以进入内界。例如 $CuSO_4 \cdot 5H_2O$ 的加热失水：

$$\underset{\text{蓝色}}{[Cu(H_2O)_4]SO_4 \cdot H_2O} \xrightarrow{523K} \underset{\text{白色}}{CuSO_4} + 5H_2O\uparrow$$

通过控制加热温度，可用来制备其他方法难以制备的配合物。如将 $[Cr(en)_3]Cl_3$ 加热至 483K，可制得顺式 $[Cr(en)_2Cl_2]Cl$。

2. 氧化还原反应

三价钴的配合物比二价钴的配合物稳定，但在一般化合物中则相反。因此，制备三价钴的配合物时,常用二价钴化合物为原料,通过氧化反应来制备三价钴的配合物,如橙色的$[Co(NH_3)_6]Cl_3$的制备:

$$2[Co(H_2O)_6]Cl_2 + 2NH_4Cl + 10NH_3 + H_2O_2 \xrightarrow{木炭} 2[Co(NH_3)_6]Cl_3 + 14H_2O$$

此反应中木炭用作催化剂。

同样以过氧化氢为氧化剂,在草酸亚铁、草酸钾和草酸的水溶液中,可得到绿色的$K_3[Fe(C_2O_4)_3]$。

五、特殊条件下的制备技术——无水无氧操作

对空气敏感物质的合成及操作方法是现代无机化学的重要实验技术,自然界存在的和人工合成的化合物中有许多对氧气和水敏感,像二茂铁、二茂镍等金属有机化合物、SiX_4等卤化物和乙酸铬(Ⅱ)等配合物等。为了合成、分离、纯化和分析鉴定这类化合物,必须使用专门的无水无氧实验操作技术和操作系统。

1. 无水无氧操作系统

无水无氧操作系统由惰性气体纯化装置、真空泵及操作面板三个部分组成。

(1) 惰性气体纯化装置

无水无氧实验操作对惰性气体的要求很高(要求其无水、氧含量$<5\ \mu L \cdot L^{-1}$),一般工业高纯氮气和氩气(含水、氧为$10\sim50\ \mu L \cdot L^{-1}$)还不能直接使用,必须经过脱氧处理。

合成二茂镍实验装置采用分子筛作为脱水的干燥剂。新买来的分子筛必须经烘烤脱水活化后才能使用。烘烤温度不能超过600 ℃,以防止分子筛晶体结构破坏而失去吸附水的能力。一般在常压下于(550 ± 10)℃烘2h,或者在真空$10^{-5}\sim10^{-6}$ kPa下于(350 ± 10)℃烘烤。处理过的分子筛应冷却至200 ℃时从炉中取出并放置在干燥器中备用。

脱氧的方法有两种:干法脱氧和湿法脱氧。常采用的是干法脱氧。干法脱氧剂有活性铜、镍催化剂、401脱氧剂等多种。如银X型分子筛(商品名:201净化剂),是一种以银交换的X型分子筛,其氧化型为:$(0.7Ag_2O + 0.3Na_2O)$、Al_2O_3、$2.5\sim3.0\ SiO_2$。气体经脱氧后,氧含量低于$1\ \mu L \cdot L^{-1}$。该脱氧剂在室温就能脱氧,活化和再生也很方便。

无机化学实验室里使用的惰性气体纯化装置见图5-1。氮气依次经过起泡器1、4A分子筛脱水柱3、银分子筛脱氧柱4、再经脱水柱6和7及一个2L安全瓶后,接到操作面板中双排管中的一路上。纯化装置中还有一个精密压力计用来指示装置中氮气的压力。

(2) 操作面板

操作面板(图5-2)由双排管和三支两通活塞组成。双排管分别与气体纯化装置及真空泵相连接。通过与双排管跨接的三支两通活塞,可随意使惰性气体气氛与真空相切换。

(3) 使用步骤

① 开真空泵,关闭放空活塞,依次打开与双排管相接管中的各个活塞。

② 开氮气钢瓶(逆时针拧松钢瓶顶部阀门),开氮气吸入器出口阀,并调节至适当的开启度。依次打开与双排管相接管路中的各个活塞。注意观察压力计刻度,系统中压力切勿超过20 kPa(0.2 atm,1 atm=1.01325×10^5 Pa)。尤其在气流量调节得较大时更要随时观察。

③ 将操作面板上出口皮管与反应器相连接。根据需要把与皮管编号相对应的活塞旋至

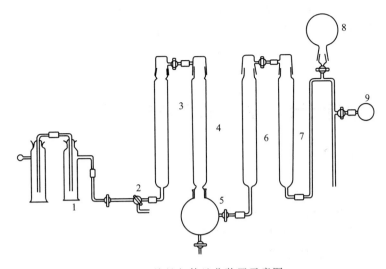

图 5-1 惰性气体纯化装置示意图

1—起泡器；2—三支两通活塞；3—4A 分子筛脱水柱；4—银分子筛脱氧柱；5—废水贮器（银分子筛活化时用）；
6—变色硅胶脱水柱；7—4A 分子筛脱水柱；8—安全瓶；9—压力表

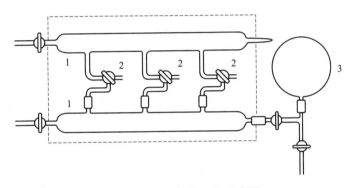

图 5-2 双排管操作面板示意图

1—双排管；2—三支两通活塞；3—真空表

所需要的氮气或真空方向，则反应管被充氮或抽真空。观察装在操作系统上的真空表和压力表，此时表头读数将反映瓶中的压力。

④ 使用完毕后，将操作面板上的活塞置于两不通的位置。关氮气吸入器出口阀，关紧钢瓶，系统中压力不大于 20 kPa 时，不必放空。关闭真空管路中与安全瓶相通的活塞，打开放空活塞，切断真空泵电源。

2. 无水无氧操作的要求

由于无水无氧操作的主要对象是对空气敏感物质，这步操作正确与否是实验成败的关键，稍有疏忽就会前功尽弃。因此对操作者提出如下特别严格的要求：

① 实验前必须做出周密的制备计划。无氧操作比一般实验常规操作机动灵活性小，因此实验前必须考虑好每一步实验的具体操作、使用的仪器、加料次序、后处理的方法等。所有的仪器应事先洗净烘干，所需的试剂、溶剂应经无水无氧处理。

② 操作中必须严格认真、一丝不苟、动作迅速、操作正确，做到先动脑、后动手。

③ 由于许多反应的中间体不稳定，不少化合物在溶液中比固态时更不稳定，因此无水

无氧操作往往需要连续进行，直到拿到较稳定的产物或把不稳定产物贮存好为止。操作时间较长，工作比较艰苦，有的操作需两人合作方能进行，故操作者之间还应互相协作、互相支持，共同完成实验。

实验十七　五水硫酸铜的制备和提纯

一、实验目的

1. 学习由粗氧化铜为原料制备五水硫酸铜的原理和方法。
2. 巩固加热、溶解、过滤、蒸发、结晶等基本操作。
3. 学习用化学法提纯硫酸铜的原理和方法。
4. 学习目视比色法的测定原理、方法。

二、实验提要

$CuSO_4 \cdot 5H_2O$ 俗名胆矾或蓝矾，蓝色晶体，易溶于水，难溶于乙醇。在干燥空气中 $CuSO_4 \cdot 5H_2O$ 可缓慢风化，在不同温度下会逐步脱水，将其加热至 260 ℃以上，可失去全部结晶水而成为白色的无水 $CuSO_4$ 粉末。

本实验通过粗 CuO 粉末和稀 H_2SO_4 反应制备硫酸铜。

$$CuO + H_2SO_4 = CuSO_4 + H_2O$$

所得粗品中主要包括少量不溶性杂质、可溶性杂质 $FeSO_4$、$Fe_2(SO_4)_3$ 等。不溶性杂质可在溶解、过滤的过程中除去。相对于 Fe^{3+}，由于 Fe^{2+} 完全沉淀所需的 pH 较高（如表 5-1 所示），在较高 pH 条件下 Cu^{2+} 开始沉淀而影响硫酸铜的产量，实验过程中用氧化剂 H_2O_2 将 Fe^{2+} 氧化成 Fe^{3+}，然后通过控制溶液 pH 值至 3.0~3.5，使 Fe^{3+} 完全水解生成 $Fe(OH)_3$ 沉淀，再过滤除去，反应如下：

$$2Fe^{2+} + H_2O_2 + 2H^+ = 2Fe^{3+} + 2H_2O$$
$$Fe^{3+} + 3H_2O = Fe(OH)_3 \downarrow + 3H^+$$

表 5-1　Fe^{3+}、Fe^{2+} 和 Cu^{2+} 沉淀的 pH

离子	开始沉淀的 pH	沉淀完全的 pH
Fe^{3+}	1.8	2.8
Fe^{2+}	5.3	8.3
Cu^{2+}	3.7	6.7

由于温度变化对 $CuSO_4$ 的溶解度影响较大，所以可以通过将除去铁离子后的滤液蒸发、浓缩至出现晶膜，冷却、过滤除去其他微量可溶性杂质，即可获得较纯净的 $CuSO_4 \cdot 5H_2O$ 晶体。

通过检测精制 $CuSO_4 \cdot 5H_2O$ 中铁离子的含量确定 $CuSO_4$ 的纯度。利用目视比色法确定 $CuSO_4 \cdot 5H_2O$ 的等级。

$$Fe^{3+} + 3NH_3 \cdot H_2O = Fe(OH)_3 \downarrow + 3NH_4^+$$
$$2Cu^{2+} + SO_4^{2-} + 2NH_3 \cdot H_2O = Cu_2(OH)_2SO_4 \downarrow + 2NH_4^+$$

$$Cu_2(OH)_2SO_4 + 2NH_4^+ + 6NH_3 \cdot H_2O = 2[Cu(NH_3)_4]^{2+} + 8H_2O + SO_4^{2-}$$

$$Fe^{3+} + nSCN^- = Fe(SCN)_n^{3-n} (血红色)(n=1\sim 6)$$

三、实验流程

粗 CuO → 粗 $CuSO_4 \cdot 5H_2O$ 的制备 → $CuSO_4 \cdot 5H_2O$ 的纯化 → $CuSO_4 \cdot 5H_2O$ 的纯度检验

四、实验用品

仪器、用品：台秤（0.1 g），天然气灯，烧杯，布氏漏斗，吸滤瓶，蒸发皿，量筒，表面皿，漏斗，25 mL 比色管。

试剂、材料：CuO（工业级），H_2SO_4（1.0 mol·L^{-1}，3.0 mol·L^{-1}），$NH_3 \cdot H_2O$（2.0 mol·L^{-1}，6.0 mol·L^{-1}），3% H_2O_2，2.0 mol·L^{-1} HCl，1.0 mol·L^{-1} KSCN，Fe^{3+} 的标准溶液，pH 试纸，滤纸。

五、实验内容

1. 五水硫酸铜的制备

称取 4 g 粗 CuO，放于 150 mL 的小烧杯中，向其中滴加 22 mL 3.0 mol·L^{-1} H_2SO_4，用小火加热，边加热边搅拌，其间可适当加少量蒸馏水控制溶液的体积为 22~25 mL，加热搅拌至 CuO 溶解完全，上层溶液为蓝色澄清溶液。趁热减压抽滤，将滤液迅速转入蒸发皿中，水蒸气浴加热蒸发皿，蒸发浓缩至溶液表面出现晶膜，冷却结晶、抽滤，称重。

2. 五水硫酸铜的提纯

称取 6 g 粗硫酸铜置于小烧杯中，加入 40 mL 蒸馏水，加热溶解。将溶液冷却至约 40 ℃，搅拌滴加 3 mL 3% H_2O_2，继续搅拌加热 3~5 min 后，逐滴加入 2.0 mol·L^{-1} $NH_3 \cdot H_2O$ 至溶液的 pH 为 3.0~3.5。继续加热至沸 10 min，趁热抽滤，将滤液转入干净的蒸发皿中，用 1.0 mol·L^{-1} H_2SO_4 调节溶液的 pH 至 1~2，水蒸气浴加热蒸发皿，蒸发浓缩至溶液表面出现晶膜，冷却结晶、抽滤，称重。观察晶体的形状、颜色并计算产率。

3. 五水硫酸铜纯度检验

称取 1 g 精制的硫酸铜晶体置于小烧杯中，加入 10 mL 蒸馏水加热溶解，待溶液冷却至约 40 ℃时，加入 1 mL 1.0 mol·L^{-1} H_2SO_4，然后向其中滴加 2 mL 3% H_2O_2，充分搅拌后，煮沸除去过量的 H_2O_2，待溶液冷却后，在搅拌下逐滴加入 6.0 mol·L^{-1} $NH_3 \cdot H_2O$，直至最初生成的浅蓝色沉淀完全转变为深蓝色溶液为止。常压过滤，并用 6.0 mol·L^{-1} $NH_3 \cdot H_2O$（或蒸馏水）洗涤滤纸，直至蓝色完全洗去，接着用 2.0 mol·L^{-1} HCl 洗涤滤纸（约 3 mL），直至滤纸上的黄色 $Fe(OH)_3$ 沉淀完全洗去，将洗涤液收集到 25 mL 比色管中，向比色管中滴加 1.0 mol·L^{-1} KSCN 2 滴，然后用蒸馏水稀释至比色管刻度线，摇匀，得到溶液（1）。

Fe^{3+} 标准溶液的配制：分别量取 0.01 mg·mL^{-1} 的 Fe^{3+} 溶液 0.50 mL、1.00 mL、2.00 mL 置于 3 个 25 mL 比色管中，并向其中各加入 1.0 mL 3.0 mol·L^{-1} H_2SO_4 和 2 滴 1.0 mol·L^{-1} KSCN，最后用蒸馏水稀释至刻度，配成如表 5-2 所示不同等级的 Fe^{3+} 标准溶液：

表 5-2 Fe^{3+} 标准溶液

规格	Ⅰ级	Ⅱ级	Ⅲ级
Fe^{3+} 含量/(mg·mL^{-1})	0.05	0.2	0.5

用目视比色法将溶液（1）与 Fe^{3+} 标准溶液进行比较，确定产品的级别。

六、思考题

1. 五水硫酸铜提纯实验中为什么要将 Fe^{2+} 氧化为 Fe^{3+}，而且要将溶液的 pH 值调节为 4 左右？
2. 与其他氧化剂相比，采用 H_2O_2 作氧化剂有什么优点？
3. 为何要将除去 Fe^{3+} 后的滤液 pH 值调节至 1~2，再进行蒸发浓缩？

实验十八 8-羟基喹啉锌荧光材料的制备

一、实验目的

1. 制备 8-羟基喹啉锌，了解制备实验的方法。
2. 熟练掌握水浴加热、溶解、过滤、洗涤和结晶等基本操作。
3. 掌握初步检验荧光材料的方法。

二、实验提要

8-羟基喹啉锌是一种发光效率很高，性质非常稳定的荧光材料，其传输电子的能力较好，可以用作电致发光器件中的电子传输材料和发光材料。目前广泛用于有机电致发光显示器件的制备，用它制作的有机电致发光器件的寿命长，亮度高，是一种非常重要的发光材料。在紫外、可见光的激发下发出强烈的蓝绿色荧光，其激发和发射光谱如图 5-3 所示。

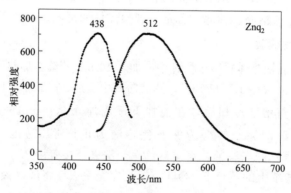

图 5-3 8-羟基喹啉锌的激发和发射光谱

其中，左边的曲线是其粉末样品的激发光谱，右边的曲线是其粉末样品的发射光谱。其制备原理为用锌盐与 8-羟基喹啉反应，在 pH 约等于 6~7 的条件下生成 8-羟基喹啉锌，反应如下：

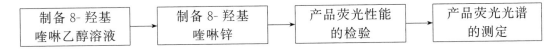

Zn(NO$_3$)$_2$·6H$_2$O 易溶于水,8-羟基喹啉易溶于 95% 的乙醇溶液,生成的 8-羟基喹啉锌不溶于水,微溶于乙醇从溶液中沉淀出来,因此可以合成目标产物。

三、实验流程

制备 8-羟基喹啉乙醇溶液 → 制备 8-羟基喹啉锌 → 产品荧光性能的检验 → 产品荧光光谱的测定

四、实验用品

仪器、用品:紫外灯,电子天平,控温电磁搅拌器,水浴锅,1 只 100 mL、2 只 40 mL 烧杯,25 mL 量筒,布氏漏斗,抽滤瓶,表面皿(比烧杯口大一点),玻璃棒。

试剂、材料:ZnSO$_4$·7H$_2$O(分子量为 287.56),8-羟基喹啉(分子量为 145.16),2.0 mol·L^{-1} NaOH,95% 的乙醇,pH 试纸(1~14),定性滤纸。

五、实验内容

1. 8-羟基喹啉乙醇溶液的制备

称取 0.87 g 8-羟基喹啉放入 40 mL 烧杯中,加入约 12 mL 95% 的乙醇,60 ℃ 水浴加热,电磁搅拌至完全溶解,备用。

2. 8-羟基喹啉锌的制备

称取 0.86 g ZnSO$_4$·7H$_2$O 放入 100 mL 烧杯中,加入 2~3 mL 去离子水,60 ℃ 水浴加热,电磁搅拌至完全溶解。慢慢加入制备好的 8-羟基喹啉乙醇溶液,然后用 NaOH 溶液逐滴调节溶液的 pH 值为 6~7,60 ℃ 继续搅拌 30 min。自然冷却至室温,抽滤,用 3~5 mL 去离子水和 2~3 mL 95% 乙醇洗涤数次,抽干,称量,计算产率。

3. 用紫外灯检验产品

用紫外灯照射合成的样品,看看是否发出强的蓝绿色荧光,可以用数码相机拍照保存。

4. 测定 8-羟基喹啉锌的荧光激发和发射光谱

取 2 mg 8-羟基喹啉锌溶解于 5 mL 95% 的乙醇,测定其荧光激发和发射光谱。

六、思考题

1. 在用 NaOH 调 pH 值之前,溶液呈酸性还是碱性,为什么?
2. 如果用 NaOH 调溶液的 pH 值大于 7,合成材料的荧光强度较强还是较弱,为什么?
3. 实验过程中为什么不能加太多的乙醇洗涤?
4. 实验过程中为什么要逐滴调节溶液的 pH 值,而不能快速调节?

实验十九 离子交换法从海带中提取碘（微型实验）

一、实验目的

1. 掌握用离子交换法从海带中提取碘的原理和方法。
2. 熟悉微型交换柱的安装与操作。
3. 巩固氧化还原反应基本理论，提高综合分析问题和解决问题的能力。

二、实验提要

一般海带中所含的碘以 I^- 状态存在，用水浸泡海带，I^- 及其可溶性有机质如褐藻糖胶等都进入浸泡液中。褐藻糖胶妨碍碘的提取，一般采用加碱的方法使其生成褐藻酸钠沉淀而除去。由于强碱型离子交换树脂对多碘离子 I_3^- 及 I_5^- 的离子交换吸附量（700~800 g·L^{-1} 树脂）远大于对 I^- 的吸附量（150~170 g·L^{-1} 树脂），因此常将海带浸泡液中的 I^- 部分氧化，使其生成 I_3^- 及 I_5^- 后，再用树脂交换吸附。通常采用在酸性条件下加入适量氧化剂（如 Cl_2、$NaClO$、H_2O_2、$NaNO_2$ 等）的方法使 I^- 氧化成多碘离子，反应方程式如下：

$$2I^- + 2NO_2^- + 4H^+ = I_2 + 2NO + 2H_2O$$

$$I_2 + I^- = I_3^-$$

$$R-OH + I_3^- = R-I_3 + OH^-$$

吸附碘的量达到饱和时的树脂呈黑红色，用适当的溶液处理树脂可以将碘洗脱下来。

本次实验所用的强碱型离子交换树脂（717型）对不同阴离子交换选择性大小的顺序为

$$I_3^- > I^- > HSO_4^- > NO_3^- > Br^- > NO_2^- > Cl^- > HCO_3^- > OH^-$$

所以采取先用 Na_2SO_3 将 I_2 还原为 I^-，再用高浓度的 $NaNO_3$ 溶液处理的方法，将被树脂吸附的碘洗脱下来。

$$I_2 + SO_3^{2-} + H_2O = 2I^- + SO_4^{2-} + 2H^+$$

$$R-I_3 + NO_3^- = R-NO_3 + I_3^-$$

I^- 经氧化而得 I_2。粗碘可用升华法或浓硫酸熔融法精制。

由于强碱型离子交换树脂对 I_3^- 吸附能力远大于 NO_3^-，树脂不用再生即可反复使用。

三、实验流程

四、实验用品

仪器、用品：微型离子交换柱（用 ϕ7mm 的玻管自制），乳胶管（4~5 cm），螺旋夹，铁支架，铁夹，试管夹，200 mL、100 mL、50 mL 烧杯，5 mL、20 mL 量筒，玻璃滴管，多用滴管若干支，离心试管，玻璃棒，pH 试纸，脱脂棉（或纱布），强碱型离子交换树脂（717型）。

试剂、材料：40% NaOH，6.0 mol·L^{-1} H$_2$SO$_4$，1.0 mol·L^{-1} HAc，4.0 mol·L^{-1} NaNO$_3$，10% NaNO$_2$，0.1 mol·L^{-1} Na$_2$SO$_3$，0.1 mol·L^{-1} KI，Na$_2$S$_2$O$_3$（0.1 mol·L^{-1}，标定），淀粉（0.2%）。

五、实验内容

1. 微型交换柱的制作

取 1 支 12～15 cm 长的玻璃滴管，将粗端扩展成喇叭口，在底部垫上一些脱脂棉或纱布，装上 4～5 cm 长的乳胶管用螺旋夹夹紧，以铁支架和试管夹垂直固定交换柱。用玻璃滴管吸取已处理过的树脂悬浊液至交换柱中，同时放松螺旋夹使交换柱中的水溶液缓缓流出，树脂即沉降至底部，尽可能使树脂装填紧密，不留气泡。在装柱和实验过程中，交换柱中液面应始终高于树脂柱面，树脂层高 5～7 cm。

2. 海带浸泡液的制备

① 浸泡。取海带适量，加入 13～15 倍的水量浸泡 24～48 h（由实验准备室完成）。

② 除褐藻胶。在海带浸泡液中加入 40% NaOH 溶液，充分搅拌，控制 pH 值在 12 左右，用倾析法分离，清液备用（由实验准备室完成）。

③ 部分氧化。取澄清的海带浸泡液 100 mL，用 6.0 mol·L^{-1} H$_2$SO$_4$ 调节溶液的 pH 值至 1.5～2，用多用滴管逐滴加入 10% NaNO$_2$ 溶液，充分搅拌，溶液颜色由浅黄色逐渐变为棕红色即表明 I$^-$ 已转变为多碘离子（过量氧化剂的加入有什么影响？）。

3. 交换吸附

用多用滴管将处理好的海带浸泡液注入交换柱中，调节螺旋夹，控制流速在 15～20 滴·min^{-1}，用 100 mL 烧杯承接流出液。流出液颜色应为淡黄色或接近无色。若流出液颜色较深，说明吸附不完全（如何检验？），应调节流速或再循环吸附。交换吸附后的溶液可回收用于提取甘露醇。

4. 洗脱

① 逐滴加入 0.1 mol·L^{-1} Na$_2$SO$_3$ 溶液于交换柱中，控制流速 15 滴·min^{-1}，至树脂颜色由棕红色变为无色止。

② 取 20 mL 4.0 mol·L^{-1} NaNO$_3$ 溶液，用多用滴管注入交换柱中，控制流速为 10 滴·min^{-1}，此 NaNO$_3$ 洗脱液可收集于 50 mL 烧杯中。

5. 碘析（在通风橱中操作）

往洗脱液中加入 6.0 mol·L^{-1} H$_2$SO$_4$ 使之酸化，再加入 10% NaNO$_2$ 溶液使碘析出。

6. 离心分离

将含碘沉淀的溶液转入离心试管中离心分离，液体回收，用少量水洗涤沉淀 1～2 遍，得粗碘。（注：碘含量不多时，可将洗脱液置于分液漏斗中，加 10 mL CCl$_4$ 萃取后在紫外可见分光光度计上，$\lambda = 510$ nm，用 1 cm 比色皿测定溶液的透光率。）

7. 用滴定法测定碘的制取量

① 用体积法标定多用滴管。取一支洁净干燥的 5 mL 量筒，小心地把盛水的已拉细的多

用滴管伸入量筒中，滴入水至 1.0 mL 刻度处作起点（注意不要溅湿量筒的上部筒壁）。再用该滴管吸水至吸泡 2/3 处，擦干滴管外壁，排出滴管中的空气，在滴管与桌面垂直的情况下，伸入量筒中，逐滴滴加 20 滴、40 滴、60 滴水，并记下相应的体积，求出液滴的平均体积。

② 用 0.1 mol·L^{-1} KI 溶液溶解粗碘，加入 1.0 mol·L^{-1} HAc 溶液酸化，以 0.2% 淀粉溶液为指示剂，用标定好的滴管吸取已知准确浓度的 $Na_2S_2O_3$ 溶液，逐滴加入碘溶液中，至蓝色刚好消失为终点，记下 $Na_2S_2O_3$ 的滴数。

$$I_2 + 2S_2O_3^{2-} = S_4O_6^{2-} + 2I^-$$

③ 根据 $Na_2S_2O_3$ 的用量，计算碘的产量并粗估海带浸泡液中碘离子的浓度。

六、思考题

1. 洗脱过程为什么要分两步进行？
2. 在酸性介质中将 I$^-$ 氧化成 I$_2$，为什么选 $NaNO_2$ 作氧化剂，而没有用 $KClO_3$、H_2O_2 等？能否找出更好的氧化剂？
3. 还有其他方法和洗脱剂将碘从树脂上洗脱吗？请设计出一种方法。
4. 粗碘在用 KI 溶液溶解前为什么一定要用水洗？不洗将造成什么后果？

实验二十　草酸合铜酸钾的制备

一、实验目的

1. 了解并掌握配合物的制备方法。
2. 了解反应条件的改变对反应产物的影响。
3. 了解动力学产物和热力学产物的概念。
4. 了解配合物晶体生长的多形性。

二、实验提要

草酸根阴离子（$C_2O_4^{2-}$）是配位化学中一种常见的配体，它与金属离子配位时可以表现出不同的配位模式（见图 5-4），从而形成具有多样结构的配合物。由于能够作为桥联配体传递磁耦合，所以草酸根阴离子在分子磁学的研究中备受重视。

$K_2[Cu(C_2O_4)_2]·2H_2O$ (**1**) 和 $K_2[Cu(C_2O_4)_2]·4H_2O$ (**2**) 是两个较常见的草酸配合物，可以作为具有新颖结构和功能的配合物的起始原料。**1** 可以通过 $CuSO_4·5H_2O$ 与 $K_2C_2O_4$ 在 90 ℃反应得到，而 **2** 是在偶然情况下得到的。两个配合物虽然具有较接近的组成，结构却不尽相同（见图 5-5）。**1** 结晶于 $P\bar{1}$ 空间群，为三维骨架结构，晶胞参数为 $a = 8.7092$ Å，$b = 10.3904$ Å，$c = 6.9486$ Å，$\alpha = 121.110°$，$\beta = 82.956°$，$\gamma = 110.848°$，$V = 501.6$ Å^3；**2** 结晶于 $P2_1/n$ 空间群，为二维层状结构，晶胞参数为 $a = $

图 5-4　草酸根阴离子的三种配位模式

3.7770 Å，$b = 14.819$ Å，$c = 10.756$ Å，$\alpha = 90°$，$\beta = 93.180°$，$\gamma = 90°$，$V = 601.1$ Å^3（1 Å＝10^{-10} m）。实验中，通过控制 $K_2[Cu(C_2O_4)_2]$ 溶液的浓度，可以分离出 **1** 和 **2** 两种草酸配合物，浓溶液中可以结晶析出蓝色片状晶体 **1**，稀溶液中可以结晶析出蓝色针状晶体 **2**（两种晶体的外观见图 5-6）。

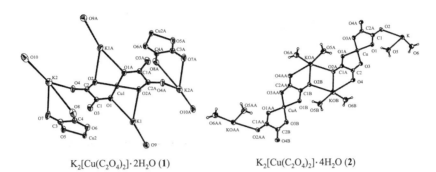

图 5-5　$K_2[Cu(C_2O_4)_2] \cdot 2H_2O$（**1**）和 $K_2[Cu(C_2O_4)_2] \cdot 4H_2O$（**2**）的结构

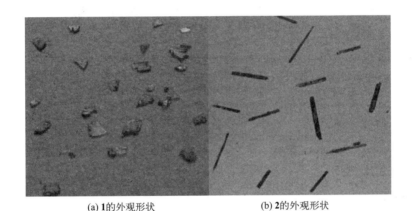

(a) **1** 的外观形状　　　　(b) **2** 的外观形状

图 5-6　$K_2[Cu(C_2O_4)_2] \cdot 2H_2O$（**1**）和 $K_2[Cu(C_2O_4)_2] \cdot 4H_2O$（**2**）的外观形状

除了通过外观区分两种配合物外，还可以通过热重分析（TGA）加以区分（见图 5-7）。TGA 分析表明两种配合物的失水行为不同：**1** 在 100 ℃ 左右失去两分子结晶水，250 ℃ 左右分解；**2** 在 50 ℃ 和 100 ℃ 左右分两个阶段失去结晶水，也在 250 ℃ 左右分解。

值得一提的是：**2** 在空气中或者溶液中可以通过失去结晶水的方式转化成 **1**。

本实验制备两种配合物所涉及的原理及反应式如下：

$H_2C_2O_4$ 与 K_2CO_3 反应生成 KHC_2O_4，接着再与 CuO 在 80 ℃ 反应生成 $K_2[Cu(C_2O_4)_2]$。

$$2H_2C_2O_4 + K_2CO_3 \longrightarrow 2KHC_2O_4 + H_2O + CO_2 \uparrow$$

$$CuO + 2KHC_2O_4 \longrightarrow K_2[Cu(C_2O_4)_2](aq) + H_2O$$

$K_2[Cu(C_2O_4)_2]$ 的稀溶液从 80 ℃ 冷却至室温可得到蓝色针状晶体 $K_2[Cu(C_2O_4)_2] \cdot 4H_2O$（**2**），$K_2[Cu(C_2O_4)_2]$ 的溶液在 80 ℃ 浓缩，然后冷却至室温可得到蓝色片状晶体 $K_2[Cu(C_2O_4)_2] \cdot 2H_2O$（**1**）。

$$K_2[Cu(C_2O_4)_2](浓溶液) \xrightarrow{冷却} K_2[Cu(C_2O_4)_2] \cdot 2H_2O(\textbf{1})(蓝色片状)$$

$$K_2[Cu(C_2O_4)_2](稀溶液) \xrightarrow{冷却} K_2[Cu(C_2O_4)_2] \cdot 4H_2O(\textbf{2})(蓝色针状)$$

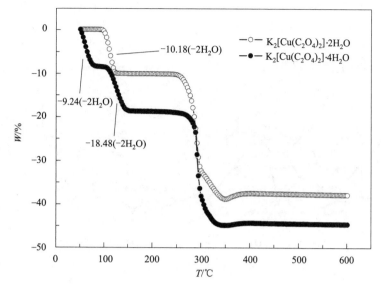

图 5-7　$K_2[Cu(C_2O_4)_2] \cdot 2H_2O(\mathbf{1})$ 和 $K_2[Cu(C_2O_4)_2] \cdot 4H_2O(\mathbf{2})$ 的热重分析图

三、实验流程

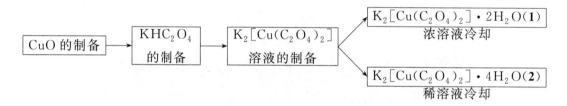

四、实验用品

仪器、用品：电子天平，磁力搅拌器，磁子，水浴锅，烧杯，量筒，布氏漏斗，抽滤瓶，玻璃棒。

试剂、材料：$H_2C_2O_4 \cdot 2H_2O$，K_2CO_3，$CuSO_4 \cdot 5H_2O$，NaOH，滤纸。

五、实验内容

1. CuO 的制备

向盛有 40 mL 水的 150 mL 烧杯中加入 2.0 g $CuSO_4 \cdot 5H_2O$，待固体完全溶解后，边搅拌边向溶液中加入 10 mL NaOH 水溶液（含 0.8 g NaOH）。然后缓慢并温和加热至蓝色沉淀变为黑色，继续加热 15 min，然后立即趁热过滤，黑色的 CuO 固体用去离子水洗涤两次，待用。

2. KHC_2O_4 溶液的制备

在一个 250 mL 的烧杯中，将 3.0 g $H_2C_2O_4 \cdot 2H_2O$ 溶于 40 mL 水，并将溶液加热至 85 ℃，然后将 2.2 g K_2CO_3 分成几小份并分批加入溶液中，反应得到的澄清溶液留至下一步反应使用。

3. $K_2[Cu(C_2O_4)_2]$ 的溶液的制备

将第 2 步所得的溶液加热至 80 ℃，然后在此温度下剧烈搅拌的情况下加入第 1 步所得的 CuO，待反应完全后趁热过滤（滤去不溶性杂质，布氏漏斗及抽滤瓶应先预热）。所得滤液（约 50 mL）转移至 100 mL 烧杯中，准备下面结晶过程使用。

4. $K_2[Cu(C_2O_4)_2] \cdot 4H_2O$（**2**）的制备

将第 3 步所得的滤液在水浴上小心浓缩至 40 mL，然后冷却至室温，可以析出深蓝色针状晶体，由于此晶体容易变质，所以晶体析出后需要马上过滤。

5. $K_2[Cu(C_2O_4)_2] \cdot 2H_2O$（**1**）的制备

重复第 1 至第 3 步实验，并将第 3 步所得的滤液在水浴上小心浓缩至 10 mL，然后冷却至室温，可以析出深蓝色片状晶体，晶体析出后马上过滤。

6. 产物外形的观察

将得到的产物 **1** 和 **2** 放在显微镜下面观察，仔细分辨它们在外观上的不同。

六、思考题

1. 如何解释不同条件下相同的 $K_2[Cu(C_2O_4)_2]$ 的溶液能够生成不同的产物？
2. 根据实验中的观察判断两种配合物的稳定性。

实验二十一 微波水解法合成纳米二氧化锡

一、实验目的

1. 了解恒温水解法及微波水解法制备纳米材料的原理与方法。
2. 加深对水解反应影响因素的认识。
3. 熟悉离心机、酸度计的使用。
4. 学习纳米材料分离的基本操作。

二、实验提要

纳米材料是指晶粒和晶界等显微结构能达到纳米级尺度水平（≤100 nm）的材料，是材料科学的重要研究方向之一。由于纳米材料的粒径很小，比表面积很大，表面原子数甚至会超过体原子数。因此纳米材料常表现出与本体材料不同的性质，在催化、光学、磁性、力学和电学等方面具有许多特异性能，在材料、信息、环境、能源、医药和化工等领域具有重要的应用价值。制备氧化物纳米材料的方法有很多，化学沉淀法、热分解法、固相反应法、溶胶-凝胶法、气相沉积法、水解法等。

水解法是合成纳米材料的传统方法，通过控制一定的温度和 pH 值条件，使一定浓度的金属盐水解，生成氢氧化物或氧化物沉淀。若条件适当可得到颗粒均匀的多晶态溶胶，其颗粒尺寸在纳米级。但恒温水解耗时较长，水解得到的溶胶浓度小而导致产量低，难以满足生产需要。微波水解法，是用微波加热使金属离子水解。微波加热可在短时间内提供足够的能量，促进金属离子的水解。另外，微波使分子或离子发生极化，对提高反应速率起到了相当重要的作用。微波水解制备纳米材料的特点是：能获得高浓度的溶胶、水解时间短、可大幅度提高纳米材料的生产效率。

水解反应是一个吸热反应。升温使水解反应的速率加快，浓度增大也可使反应速率加快。pH 值增大，水解程度与水解速率皆增大。经常利用水解反应来进行物质的分离、鉴定和提纯，许多高纯度的金属氧化物，如 Bi_2O_3、Al_2O_3、Fe_2O_3 等都是通过水解沉淀来提纯的。

二氧化锡是一种重要的气敏材料，用二氧化锡制备的气体传感器广泛应用于可燃气体等的泄漏检测、报警和监控领域。二氧化锡的合成常使用化学沉淀法、微乳液法、恒温水解法、水热法、低温固相反应法等，但这些方法的反应时间或分离纯化的时间较长，需要大量的人力和试剂。在微波条件下，水解法是快速、有效制备二氧化锡纳米材料的方法。在 450 W 的普通家用微波炉中，水解 50 mL 四氯化锡溶液仅需 2~3 min，大大节约了能耗和反应时间。水解的基本反应如下：

$SnCl_4$ 水解过程中，由于 Sn^{4+} 转化为 H_2SnO_3 或 SnO_2 胶体颗粒，溶液的颜色和浊度发生变化，随着时间增加 Sn^{4+} 量逐渐减少，SnO_2 粒径也逐渐增大，溶液颜色也趋于一个稳定值，可用肉眼或分光光度计进行动态监测。

本实验以 $SnCl_4$ 为例，试验 $SnCl_4$ 的浓度、溶液的温度、反应时间与 pH 值等对水解反应的影响，比较恒温水解法与微波水解法的不同。

三、实验流程

仪器的清洗 → 各种因素对水解速率的影响 → 恒温水解与微波法制备的对比 → 计算表征

四、实验用品

仪器、用品：微波炉，酸度计，离心机，烘箱，台秤，台式烘箱（或多孔水浴锅），多用滴管，250 mL 具塞锥形瓶（或 50 mL 烧杯），离心试管。

试剂、材料：$1.0\ mol·L^{-1}\ SnCl_4$，$1.0\ mol·L^{-1}$ 盐酸，$1.0\ mol·L^{-1}\ NH_3·H_2O$，$1.0\ mol·L^{-1}\ (NH_4)_2SO_4$。

五、实验内容

1. 玻璃仪器的清洗

实验中所用一切玻璃器皿均需严格清洗，洗净，烘干备用。若玻璃仪器未清洗干净，或者水解液浓度过大，水解时间太长，生成的沉淀的颗粒尺寸不均匀，粒径也比较大。

2. 微波功率对水解速率的影响

配制 pH=1.0、$0.05\ mol·L^{-1}$ 的 $SnCl_4$ 溶液三份，在不同微波功率下加热，每隔 30 s 观察溶液中的变化，并记录下来。以大量稳定的乳白色二氧化锡溶胶颗粒形成作为反应的终点。

3. 浓度对水解速率的影响

控制 $SnCl_4$ 溶液的 pH＝1.0，固定微波炉的功率。分别试验 $0.01\ mol \cdot L^{-1}$、$0.1\ mol \cdot L^{-1}$ $SnCl_4$ 溶液的水解情况，并与上述 $0.05\ mol \cdot L^{-1}$ 时的情况作对照。记录实验现象。以大量稳定的乳白色二氧化锡溶胶颗粒形成作为反应的终点。

4. pH 对水解速率和程度的影响

试验微波水解功率为 450 W、$0.05\ mol \cdot L^{-1}\ SnCl_4$ 溶液分别在 pH 值为 0.9、1.0、1.1 时的水解速率和程度，离心分离，记录实验现象。以大量稳定的乳白色二氧化锡溶胶颗粒形成作为反应的终点，以离心分离后固体物含量的相对多少判断水解程度的高低。

5. 恒温水解与微波法制备的对比

配制 3 份 pH＝1.0、$0.05\ mol \cdot L^{-1}\ SnCl_4$ 溶液，分别在 60 ℃、70 ℃、80 ℃保温，每隔 1～3 min 观察溶液中的变化，并记录下来。以大量稳定的乳白色二氧化锡溶胶颗粒形成作为反应的终点。

观察不同温度所需反应时间，与微波法对比。

6. 沉淀的分离

取上述水解液 1 份，迅速用冷水冷却，分为 2 份，一份用高速离心机离心分离，一份加入 $(NH_4)_2SO_4$ 使溶胶沉淀后用普通离心机离心分离。沉淀用去离子水洗至无 Cl^- 为止（怎样检验?）。比较两种分离方法的效率。

7. 水解程度的计算

取洁净干燥的试管 1～2 个，在天平上准确称量。将上述水解产物之一加入试管中离心分离。若一次不够，离心后再加，如此反复直到离心分离完全为止。用去离子水洗涤 3 次后，将试管及沉淀物在烘箱或微波炉中烘干、称重，计算产率。用实际沉淀量除以理论应得到的沉淀量计算水解程度。

8. 水解产物的表征

取分离干燥后的产物，用 X 射线衍射仪确定其为偏锡酸还是二氧化锡，用透射电子显微镜观察其颗粒大小和形貌。

六、数据记录与处理

将实验现象及数据记录在表 5-3 和表 5-4 中。

表 5-3　微波水解合成 SnO_2 前驱物的实验条件及现象

序号	浓度/(mol·L^{-1})	pH	加热功率/W	加热时间/min	实验现象
1					
2					
3					
4					
5					
6					
7					

注：加热方式为加热 30 s，保温 30 s。

表 5-4　恒温水解合成 SnO_2 前驱物的实验条件及现象

序号	温度/℃	浓度/(mol·L^{-1})	pH	实验现象	时间/min
1					
2					
3					

七、思考题

1. 影响水解的因素有哪些？如何影响？
2. 水解器皿在使用前为什么要清洗干净？若清洗不净会带来什么后果？
3. 如何精密控制水解液的 pH 值？为什么可用分光光度计监控水解程度？
4. 二氧化锡溶胶的分离有哪些方法？哪种效果较好？本次实验中加入 $(NH_4)_2SO_4$ 的作用是什么？
5. 参考二氧化锡的恒温水解设计氧化铁、氧化锌等纳米材料的合成。

实验二十二　无水氯化亚锡的制备

一、实验目的

1. 了解制备无水金属卤化物的一般方法。
2. 掌握无机制备的几种基本操作。
3. 学习显微熔点测定仪的使用方法。

二、实验提要

1. 制备无水二氯化锡的方法

无水金属卤化物的制备方法一般有四种：直接合成、水合卤化物的脱水、卤化物卤化、卤素的交换。

制备 $SnCl_2$ 常用醋酐、$SOCl_2$ 为脱水剂，使水合二氯化锡脱水或直接将 Sn 与干燥 HCl 气体加热进行反应。

由于水合二氯化锡在高温下脱水，生成锡氧化物或卤氧化物，所以加热脱水方法不适用于制备无水二氯化锡。

2. 水合二氯化锡的制备

通常有两种方法。

（1）锡与热浓 HCl 加热保温至溶液密度为 1.9～2.0 g·cm^{-3} 止。

（2）锡与稀盐酸（水∶酸＝10∶1）和 Cl_2 反应（保持 Sn 过量），加热保温至溶液密度为 1.9～2.0 g·cm^{-3} 止。

为了提高反应速率，应选用锡箔或锡花。

为了防止 Sn(Ⅱ) 氧化，反应时保持金属锡过量，蒸发时可在 CO_2 气流下进行。

3. 氯化亚锡的结构

在 $SnCl_2·2H_2O$ 中 Sn(Ⅱ) 的配位数为 3，即 Sn(Ⅱ) 中的孤对电子没有用于成键，而处在四面体的第 4 个角上，所以 $SnCl_2 \cdot 2H_2O$ 是具有三角锥形结构的分子，如图 5-8(a) 所示。第 2 个水分子没有配位，在 80 ℃ 以上容易失去这个水分子，在 37 ℃ 以下蒸发结晶可得 $SnCl_2 \cdot 2H_2O$。无水 $SnCl_2$ 是一种由共三角锥（$SnCl_3$）顶点的链构成的层状结构，如图 5-8(b) 所示。

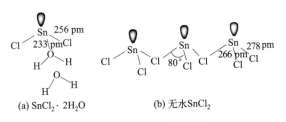

(a) $SnCl_2 \cdot 2H_2O$　　　　(b) 无水 $SnCl_2$

图 5-8　氯化亚锡的结构

三、实验流程

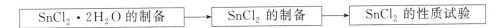

四、实验用品

仪器、用品：X4 显微熔点测定仪，天平，烧杯，表面皿，抽滤瓶，布氏漏斗，试管。

试剂、材料：锡箔（或锡花），浓 HCl，浓 HNO_3，乙酸酐，无水乙醚。

五、实验内容

1. $SnCl_2$ 的制备

（1）$SnCl_2 \cdot 2H_2O$ 的制备。称取 12 g 锡箔（或锡花）放入烧杯中，加入 50 mL 浓 HCl，用表面皿盖住，加热煮沸，并逐滴加入 1 mL 浓 HNO_3。将所得溶液过滤。滤液转移到蒸发皿中，加热蒸发，待溶液温度达到 120 ℃ 时，用表面皿盖住，放置冷却等其结晶，减压过滤。将晶体放在两片滤纸间压干、称重。计算产率。

（2）无水 $SnCl_2$ 的制备。将上述所得晶体 $SnCl_2 \cdot 2H_2O$ 加入过量的乙酸酐，即得无水 $SnCl_2$。减压过滤，用少量乙醚冲洗 3 次。称重，放在干燥器中保存。计算 $SnCl_2$ 的产率。

2. $SnCl_2$ 的性质试验

（1）测定 $SnCl_2$ 的熔点。

（2）取少量产品滴加蒸馏水，观察现象，解释并写出反应方程式。

（3）用产品制 $Sn(OH)_2$ 沉淀少许，并试验它的酸碱性，写出反应方程式。

（4）用两种比较普通的方法试验 $Sn(II)$ 的还原性，写出反应方程式。

六、思考题

1. 锡与盐酸反应过程中，为什么要加入硝酸？
2. 本实验中，为防止 Sn^{2+} 氧化，应采取哪些措施？

3. 配制 $SnCl_2$ 溶液,如欲装瓶存放一段时间,为什么既要加盐酸,又要加锡粒?

实验二十三　无水三氯化铬的制备

一、实验目的

1. 掌握高温气-固相反应合成化合物的实验方法,制备无水三氯化铬。
2. 熟悉管式炉、温度控制器及气体钢瓶的使用。
3. 了解无水过渡金属氯化物制备的一般方法。

二、实验提要

过渡金属氯化物从水溶液中结晶时都会带有结晶水或配位水分子,它们与水分子的亲和力很强。若直接加热脱水会使氯化物水解,不能用这种方法制备它们的无水氯化物。制备无水氯化物常有以下两种方法:

(1) 水合氯化物在干燥的 HCl 气氛下加热脱水,防止水解,制得纯净的无水氯化物。利用对水分子具有更强亲和力的物质与水合氯化物反应,夺取其中的水,以制取相应的无水氯化物。如利用氯化亚砜与水合三氯化铁共热制取无水三氯化铁。

$$FeCl_3 \cdot 6H_2O + 6SOCl_2 \xrightarrow{\triangle} FeCl_3 + 12HCl\uparrow + 6SO_2\uparrow$$

(2) 高价金属氯化物的还原或热分解。金属或金属氧化物与氯化剂(Cl_2、HCl、CCl_4 等)作用制备无水氯化物。

$$ZrO_2 + 2Cl_2 + 2C \xrightarrow{\triangle} ZrCl_4 + 2CO\uparrow$$

利用三氧化二铬与四氯化碳在高温、惰性气氛(氮气)的条件下反应,制得无水三氯化铬。

$$Cr_2O_3 + 3CCl_4 \xrightarrow{\triangle} 2CrCl_3 + 3COCl_2 \tag{5-1}$$

但反应的同时也有二氯化铬生成。

$$Cr_2O_3 + 3/2CCl_4 \xrightarrow{\triangle} 2CrCl_2 + 3/2CO_2 + Cl_2\uparrow \tag{5-2}$$

为了减少二氯化铬的生成,进行热力学、动力学分析:式(5-1)与式(5-2)的 $\Delta_r G_m$ 都为负值,均为自发反应,式(5-1)与式(5-2)的 $\Delta_r S_m$ 也都为正值,且 $\Delta S_2 > \Delta S_1$。根据吉布斯公式

$$\Delta_r G_m = \Delta_r H_m - T\Delta_r S_m$$

提高反应温度虽然 ΔG_1、ΔG_2 的负值都将增大,但是 ΔG_2 负值的增大趋势要大于 ΔG_1 负值的增大趋势,所以升高温度有利于式(5-2)的进行,生成二氯化铬的趋势增大,因此反应温度不能过高。如果温度太低,反应速度将变得很慢,也不利于三氯化铬的合成。综合热力学、动力学两方面考虑,反应温度控制在 750 ℃附近为宜。

本实验采用的高温气-固相反应是应用非常广泛的一种合成方法。其操作一般是将固体原料放在耐高温的惰性容器(如瓷舟等)中,再将容器放入耐高温的陶瓷管或石英管中,反应管用管式电炉加热,并通入经过净化、干燥的反应气体,使之与管内的固体物料进行反应。反应管后常安装吸收气体装置,吸收没有参与反应或者反应生成的有害气体,同时也可以防止产品吸收空气。

三、实验流程

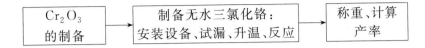

四、实验用品

仪器、用品：管式电炉，调压变压器，氮气钢瓶，减压阀，洗气瓶，三口烧瓶，电热套，石英管，电热烘箱，烧杯，白瓷板，布氏漏斗，抽滤瓶等。

试剂、材料：$(NH_4)_2Cr_2O_7$，CCl_4 等。

五、实验内容

1. Cr_2O_3 的制备

称取 2.5 g $(NH_4)_2Cr_2O_7$ 堆放在白瓷板上，将玻璃棒的一端用天然气灯加热后去接触 $(NH_4)_2Cr_2O_7$，引发它进行分解反应。待全部反应后，冷却，转移到烧杯中，用去离子水多次浸泡、洗涤（倾泻法）以除去可溶性杂质，直至洗涤后的溶液变为无色。减压过滤，将所得 Cr_2O_3 转移到蒸发皿中，放入 110 ℃ 的烘箱中烘干备用。

2. 无水三氯化铬的制备

装入反应物，安装设备。称取 1.5 g 备用的 Cr_2O_3，将其装入透明的石英反应管中部（可用形状如剖开一半的纸桶装入），再把反应管插入管式炉中。量取 100 mL CCl_4 倒入三口烧瓶中。按照图 5-9 安装好仪器设备（最好安装在通风柜中，没有条件的也要将废气排放管引出室外）。

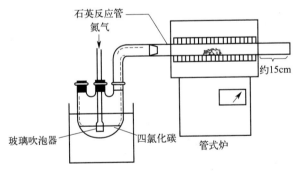

图 5-9 实验装置示意图

开启氮气钢瓶。逆时针方向慢慢打开钢瓶阀门，高压表指示出钢瓶内气体的压力，顺时针方向转动减压阀手柄慢慢打开减压阀阀门，控制浓硫酸洗气瓶液面不断冒出小气泡（可连接气体流量计控制氮气流量维持在 0.2 L·min^{-1}）。稳定后方可连接到反应系统中。

试漏。塞紧所有的塞子，插紧连接的橡皮管。可以在连接处涂抹肥皂水等，在通氮气时检查是否漏气。

升温、反应。用石棉绳将试管炉两端的炉口及热电偶孔封严，以提高加热效率。将管式炉控制器的加热设定温度调到 750 ℃，将调压变压器调到 220 V，开始给管式炉升温。当温度接近 400 ℃ 时，电热套开始加热（以 100 V 给 CCl_4 升温），控制 CCl_4 温度在 60～70 ℃

(以 30～40 V 给 CCl₄ 保温)。当炉温升至 700 ℃时将调压变压器调到 120 V，慢慢给管式炉升温至 750 ℃。控制器自动保温，氯化反应继续 2 h。

终止反应。2 h 后，停止加热 CCl₄ 并关上管式炉控制器的电源，继续通入氮气。待炉温降至接近室温时，关闭氮气钢瓶（先关上钢瓶的主阀门，待氮气钢瓶的气压表降为零后，再逆时针方向转动松开减压阀手柄，关闭减压阀）。拿出热电偶，拨开石英管两端的塞子抽出石英管，倒出紫色鳞片状的产品。

称量、计算产率。

六、思考题

1. 管式炉的加热温度为什么要控制为 750 ℃？
2. 能否用 $CrCl_3 \cdot 6H_2O$ 为原料，通过直接加热的方法制备无水 $CrCl_3$？
3. 实验过程中用什么溶液吸收产生的有毒气体？

Experiment 24 Preparation of Potassium Nitrate

Purpose

1. Understand the principles and methods of preparation of soluble salt taking advantage of solubility difference at different temperatures.
2. Practice the operation of dissolution, filtration, and crystallization.

Principle

Preparation procedure

There are four ions, Na^+, K^+, Cl^- and NO_3^- existing in a mixed solution of KCl and $NaNO_3$. These four ions can assemble four salts, KNO_3, KCl, $NaNO_3$ and NaCl by different combination, which form a complex cross-system in the solution. This is a multiphase equilibrium and will be discussed in detail in physical chemistry. Here we take advantage of solubility difference at different temperature to prepare NaCl and KNO_3 from the mixed solution of KCl and $NaNO_3$.

Table 5-5 lists the solubility of the four salts in water (solubility will be somewhat different in the mixed solution because of the physical interaction).

Table 5-5 The solubility of KNO_3, KCl, $NaNO_3$ and NaCl in aqueous solution

$g \cdot (100g\ H_2O)^{-1}$

T/ ℃	0	20	40	60	80	100
KNO_3	13.3	31.6	63.9	110.0	169.0	246.0
KCl	27.6	34.0	40.0	45.5	51.5	56.7
$NaNO_3$	73.0	87.6	102.0	122.0	148.0	180.0
NaCl	35.7	36.0	36.6	37.3	38.4	39.8

As shown in Table 5-5, at 20 ℃, NaNO$_3$ is impossible to separate out due to its highest solubility among the four compounds. In contrast to the rapidly increasing solubility of KNO$_3$, the solubility of NaCl is essentially constant. NaCl will separate out from the mixed solution by evaporation due to its lower solubility at high temperature. The NaCl crystals is obtained by filtration. As the filtrate is cooled, KNO$_3$ will separate out due to its falling sharply solubility with the decreasing temperature.

Materials

Instruments: 25 mL beaker, 10 mL graduated cylinder, recirculating water vacuum pump, electronic balance, watch glass, filter paper, weighing paper.

Reagents: NaNO$_3$, KCl, deionized water.

Procedures

5.0 g NaNO$_3$ and 4.4 g KCl are transferred into a 25 mL beaker, then add 8.0 mL deionized water. Heat the beaker until the mixture dissolves. Caution: heat gently with continuous stirring to avoid splash! Evaporate the solution until two third of the original volume left. At this moment, crystals appear (what is the crystals?), and then collect the crystals by suction filtration (Büchner funnel should be preheated on a steam or in an oven). Transfer the filtrate into a 25 mL beaker. (Prompt action is required to avoid crystallization in the filtration device! You should dissolve the crystals using the minimum amount of hot water, if crystallization happened in the filtering flask.) Allow the solution cool to room temperature, and another batch of crystals appear (what is this one). Again, collect the crystals by suction filtration. Transfer the crystals on a watch glass and dried them in the air. Record the weight of dried product and calculate the percent yield.

Data

Weight of NaNO$_3$ _____ g

Weight of KCl _____ g

Results

Crude product yield of KNO$_3$ _____ %

Recovery percentage _____ %

Post-lab Questions

Why can one crystallize KNO$_3$ from KCl and NaNO$_3$ solution? Calculate the mole concentration of the saturated solutions investigated at the temperature when crystallization occurs.

Experiment 25   Purification and Solubility of Potassium Nitrate

Purpose

1. Purify chemicals by recrystallization.
2. Measure the solubility of a soluble salt.
3. Practice the operation of dissolution, filtration, and crystallization.

Principle

Solubility of soluble salt

There are two methods to measure the solubility: analytical method and composition-determination method. The principle of analytical method is to ascertain the content of soluble salt components in saturated solution at a given temperature by means of analytical chemistry, thus the solubility can be calculated based on analytical data under this temperature. This method is accurate; however, the operation procedure is tedious and time-consuming. The principle of composition-determination is to record the precipitate (crystallize) temperature of crystals from a known-content soluble salt solution, thereby the salt solubility at this temperature can be estimated. According to the second method, we can obtain a series of data by continuous changing the amount of solute from high to low temperature using the same device and the fixed volume of water.

The change of solubility with temperature varies from salt to salt. In this experiment, you will determine the solubility of KNO_3 under a given range of temperatures, and establish the relationship between temperature and the solubility using solubility curve. Based on the solubility curve of KNO_3, you can purify a sample of KNO_3 that is contaminated with a colored salt.

Materials

Instruments: 250 mL beaker, 10 mL graduated cylinder, 2 mL pipette, recirculating water vacuum pump, electronic balance, Büchner funnel (20 mm), watch glass, filter paper, weighing paper, graph paper, ruler, pencil.

Reagents: KNO_3, colored KNO_3 doped with $Cu(NO_3)_2$, $0.1\ mol \cdot L^{-1}$ $AgNO_3$, $2.0\ mol \cdot L^{-1}$ HNO_3, deionized water.

Procedures

1. The solubility of KNO_3

Transfer 2 g KNO_3 into a test tube containing 5 mL deionized water. Heat the test tube gently in a hot water bath with the thermometer in the solution until all the KNO_3 dissolved. Raise the test tube containing the hot KNO_3 solution out of the hot water bath and allow it to cool while gently stirring with the thermometer. When crystals first appear, record the temperature.

Repeat the entire process using the following combinations: 4 g KNO_3 + 5 mL deionized water, 6 g KNO_3 + 5 mL deionized water, 8 g KNO_3 + 5 mL deionized water. Record the temperatures at which the crystals are first visible in the solution.

Plot a solubility (vertical axis) curve of KNO_3 versus the temperature (horizontal axis).

2. Purification

10 g colored KNO_3 contaminated with $Cu(NO_3)_2$ is transferred into a beaker. As the purity of the doped KNO_3 is 75%, estimate the minimum amount of water required to dissolve 7.5 g of KNO_3 at 75 ℃ by considering the solubility curve. Add calculated amount of water into the beaker, and heat the beaker until the solid dissolves. Allow the solution cool to room temperature, then cool the beaker in an ice-water bath. Collect the crystals by suction filtration, and rinse with a few drops of cold water (0 ℃) until the crystals are colorless. Transfer the crystals on a weighed paper and dry them in the air. Record the weight of dried product and calculate the percent recovery yield. The instructor will tell you the original composition of KNO_3 contaminated with $Cu(NO_3)_2$, and you can give an estimation on your purification.

Data

Temperature at which crystals appear:
With 2 g KNO_3 per 5 mL H_2O _____ ℃
With 4 g KNO_3 per 5 mL H_2O _____ ℃
With 6 g KNO_3 per 5 mL H_2O _____ ℃
With 8 g KNO_3 per 5 mL H_2O _____ ℃
Mass of product recovered _____ g

Results

Plot a solubility curve of KNO_3 showing molality of the saturated solution versus temperature (horizontal axis).

Crude product yield of KNO_3 _____ %
Weight of KNO_3 contaminated with $Cu(NO_3)_2$ _____ g
Percent recovery yield _____ %

Post-lab Questions

1. How much difference in solubility between KNO_3 and $Cu(NO_3)_2$ in absolute magni-

tude? How is the feasibility to separate KNO_3 from $Cu(NO_3)_2$ by crystallization?

2. Suppose that the solubility of KNO_3 decreased with temperature increases, how would you modify the procedures?

3. What modifications should you make to improve recovery percentage of KNO_3 in this experiment?

4. Make a plot of the logarithm of the solubility (mol·L^{-1}) of KNO_3 as a function of the reciprocal of the absolute temperature. The slope of this graph gives $-\Delta H/R$, where R is the constant of gas, ΔH (J·mol^{-1}) is the enthalpy of solution.

第六章
元素及其化合物的性质实验

 基本要求

本章实验的主要内容是常见元素单质及其化合物的性质,通过性质实验获得感性认识,并通过思考、对比、归纳和总结,从感性认识上升到理性认识,从而达到掌握元素单质及其化合物重要性质的要求。

性质实验看起来容易做,例如,将 $0.10\ mol \cdot L^{-1}$ 的 $KClO_3$ 溶液与 $0.10\ mol \cdot L^{-1}$ 的 KI 溶液等体积混合,酸化后就可以看到实验现象。其实并不尽然,把两种溶液任意混合常常得不出正确的实验结果。因为反应条件十分重要,温度、浓度、介质和催化剂,甚至反应物添加的次序都会影响实验结果。

因此实验中请注意以下问题:

(1) 试液的用量要适当。试液太少,可能实验现象不明显;但试液取多了,浓度不易控制,实验现象也会不明显,同时还会造成试剂的浪费。

(2) 反应在试管中进行时,一定要将溶液混合均匀。

(3) 沉淀要完全,除了沉淀剂的量要取够外,还要根据沉淀对象,控制沉淀条件。一是严格控制沉淀时的 pH,把该沉淀的全部沉淀下来;二是进行沉淀时要避免胶体的形成。如发现上层溶液混浊,与沉淀难以分离,可在沸水浴中加热 5 min 以上,使胶体凝聚而沉降,最后在冷却过程中使沉淀完全。

 理论概述

一、p 区重要非金属元素及其化合物的性质

p 区非金属元素的价电子构型为 $ns^2np^{1\sim6}$。价电子在原子最外层的 ns、np 轨道上。同一周期元素随价电子数的增多,电离能增加,非金属性逐渐增强;同族元素,从上到下电离能降低,非金属性减弱。

卤素的价电子构型为 ns^2np^5,是典型的非金属元素。除负一价的卤素离子 X^- 外,卤素的其他价态均有较强的氧化性。卤素单质在常温下都以双原子分子的形式存在,它们都是强氧化剂,能发生置换和歧化等反应。卤素单质的氧化性顺序是 $F_2 > Cl_2 > Br_2 > I_2$,卤素离子的还原能力为 $I^- > Br^- > Cl^- > F^-$。

p区重要非金属化合物的某些主要性质列于表6-1和表6-2中。

表6-1　p区重要非金属化合物的某些主要性质Ⅰ

物质	主要性质	反应举例
过氧化氢	(1)弱酸性,与碱发生中和反应 (2)不稳定性,易分解成H_2O和O_2 (3)既有氧化性,又有还原性,但以氧化性为主	$Ba(OH)_2+H_2O_2 = BaO_2+2H_2O$ $2H_2O_2 = 2H_2O+O_2$ $PbS+4H_2O_2 = PbSO_4+4H_2O$ $2MnO_4^-+5H_2O_2+6H^+ = 2Mn^{2+}+5O_2\uparrow+8H_2O$
硫化氢	有毒、强还原性	$H_2S+2Fe^{3+} = 2Fe^{2+}+S\downarrow+2H^+$ $H_2S+4Cl_2+4H_2O = H_2SO_4+8HCl$
硫化物	除碱金属的硫化物外,大多数硫化物难溶于水,并具有特征颜色。根据在酸中的溶解情况,可将硫化物分为四类: (1)可溶于稀HCl的硫化物; (2)难溶于稀HCl,能溶于浓HCl的硫化物; (3)难溶于浓HCl,能溶于HNO_3的硫化物; (4)难溶于HNO_3,只溶于王水的硫化物	(1)ZnS(白色)、MnS(肉色)、FeS(黑色)等 (2)CdS(黄色)、PbS(黑色)等 (3)CuS(黑色)、Ag_2S(黑色)等 (4)HgS(黑色)

表6-2　p区重要非金属化合物的某些主要性质Ⅱ

族	物质	氧化数	主要性质	反应举例
ⅦA	次氯酸盐	+1	强氧化性	$ClO^-+HCl(浓)+H^+ = Cl_2\uparrow+H_2O$
	氯酸盐	+5	在酸性介质中有强氧化性	$ClO_3^-+6I^-+6H^+ = Cl^-+3I_2+3H_2O$
ⅥA	亚硫酸及其盐	+4	(1)亚硫酸热稳定性差,易分解 (2)既有氧化性又有还原性,但以还原性为主	(1)$H_2SO_3 = SO_2\uparrow+H_2O$ (2)$2MnO_4^-+5SO_3^{2-}+6H^+ = 2Mn^{2+}+5SO_4^{2-}+3H_2O$ $SO_3^{2-}+2H_2S+2H^+ = 3S\downarrow+3H_2O$
ⅥA	硫代硫酸及其盐	+2	(1)硫代硫酸极不稳定,易分解 (2)具有还原性,为中强还原剂,与强氧化剂(例如Cl_2、Br_2等)作用被氧化成硫酸盐;与较弱氧化剂(例如I_2等)作用被氧化成连四硫酸盐 (3)硫代硫酸根有很强的配位能力,与许多金属离子形成配合物	(1)$S_2O_3^{2-}+2H^+ = S\downarrow+SO_2\uparrow+H_2O$ (2)$S_2O_3^{2-}+4Cl_2+5H_2O = 2SO_4^{2-}+8Cl^-+10H^+$ $2S_2O_3^{2-}+I_2 = S_4O_6^{2-}+2I^-$ (3)$AgBr+2S_2O_3^{2-} = [Ag(S_2O_3)_2]^{3-}+Br^-$
ⅥA	过二硫酸及其盐 (结构中含有—O—O—键)	+6	(1)过硫酸盐的热稳定性差,受热易分解 (2)具有强氧化性	(1)$2S_2O_8^{2-} \xrightarrow{\triangle} 2SO_4^{2-}+O_2\uparrow+2SO_3\uparrow$ (2)$2Mn^{2+}+5S_2O_8^{2-}+8H_2O = 2MnO_4^-+10SO_4^{2-}+16H^+$
ⅤA	亚硝酸及其盐	+3	(1)亚硝酸极不稳定,易分解 (2)既有氧化性,又有还原性,以氧化性为主。亚硝酸盐溶液在酸性介质中才显示氧化性	(1)$2HNO_2 \longrightarrow N_2O_3(蓝色)+H_2O \longrightarrow NO\uparrow+NO_2\uparrow(棕色)$ (2)$2NO_2^-+2I^-+4H^+ = 2NO\uparrow+I_2+2H_2O$ $2MnO_4^-+5NO_2^-+6H^+ = 2Mn^{2+}+5NO_3^-+3H_2O$

二、p区重要金属元素及其化合物的性质

p区重要金属化合物的某些主要性质列于表6-3～表6-5中。

表 6-3　Sb(Ⅲ)、Bi(Ⅲ)、Sn(Ⅱ) 的还原性和 Bi(Ⅴ)、Pb(Ⅳ) 的氧化性

族	氧化还原性递变规律	反应举例
ⅤA	低价还原性减弱 → Sb(Ⅲ)　　　Bi(Ⅲ) Sb(Ⅴ)　　　Bi(Ⅴ) 高价氧化性增强 →	(1) Sb(Ⅲ) 的氧化还原性 $2Sb^{3+} + 3Sn = 2Sb\downarrow(黑色) + 3Sn^{2+}$ $[Sb(OH)_4]^- + 2[Ag(NH_3)_2]^+ + 2OH^- =$ 　　　　　　　　$[Sb(OH)_6]^- + 2Ag\downarrow(黑色) + 4NH_3$ 可用此反应鉴定 Sb^{3+} (2) Bi(Ⅲ) 的还原性和 Bi(Ⅴ) 的氧化性 $2Bi(OH)_3 + 3Sn(OH)_4^{2-} = 2Bi\downarrow(黑色) + 3Sn(OH)_6^{2-}$ 可用此反应鉴定 Bi(Ⅲ) 或 Sn(Ⅱ) $5NaBiO_3 + 2Mn^{2+} + 14H^+ = 5Na^+ + 5Bi^{3+} + 2MnO_4^-(紫红色) + 7H_2O$ 可用此反应鉴定 Mn^{2+}
ⅣA	低价还原性减弱 → Sn(Ⅱ)　　　Pb(Ⅱ) Sn(Ⅳ)　　　Pb(Ⅳ) 高价氧化性增强 →	(1) Sn(Ⅱ) 的还原性 $2HgCl_2 + Sn^{2+} + 4Cl^- = Hg_2Cl_2\downarrow(白色) + SnCl_6^{2-}$ $Hg_2Cl_2 + Sn^{2+}(过量) + 4Cl^- = 2Hg\downarrow(黑色) + SnCl_6^{2-}$ 可用此反应鉴定 Sn^{2+} 和 Hg^{2+} (2) Pb(Ⅳ) 的氧化性 $PbO_2 + 4HCl(浓) = PbCl_2 + Cl_2\uparrow + 2H_2O$ $5PbO_2 + 2Mn^{2+} + 4H^+ = 5Pb^{2+} + 2MnO_4^-(紫红色) + 2H_2O$

表 6-4　锑、铋、锡、铅氢氧化物的酸碱性

锑、铋氢氧化物的酸碱性	锡、铅氢氧化物的酸碱性
碱性增强 ↓ $Sb(OH)_3$(白色)　　　H_3SbO_4(白色) 　　两性　　　　　　　两性偏酸 $Bi(OH)_3$(白色)　　　Bi_2O_5(红色) 　　弱碱性　　　　　　弱酸性 ↓ Bi_2O_5 不稳定，易分解为 $Bi_2O_3 + O_2$ 　　　　　酸性增强 →	碱性增强 ↓ $Sn(OH)_2$(白色)　　　$Sn(OH)_4$(白色) 　　两性　　　　　两性，以酸性为主 $Pb(OH)_2$(白色)　　　$Pb(OH)_4$(棕色) 　　两性偏碱　　　　　两性偏酸 　　　　　酸性增强 →

表 6-5　部分铅盐的颜色和溶解性

难溶性铅盐	$PbCl_2$	PbI_2	$PbSO_4$	$PbCrO_4$	$PbCO_3$	PbS
颜色	白色	黄色	白色	黄色	白色	黑色
可溶于	热水、浓 HCl	过量 KI	NH_4Ac	稀 HNO_3 等	稀酸	稀 HNO_3

三、d 区重要化合物的性质

1. 铬的重要化合物性质简介

铬的化合物的性质主要包括：

（1）同一氧化数不同离子间存在的酸碱转化

铬的氧化物和氢氧化物的酸碱性：

$$CrO \quad\quad\quad Cr_2O_3(绿色) \quad\quad\quad CrO_3(橙红色)$$
$$Cr(OH)_2 \quad Cr(OH)_3(灰绿色) \quad H_2CrO_4(黄色) 或 H_2Cr_2O_7(橙红色)$$
$$\text{碱性} \quad\quad\quad\quad \text{两性} \quad\quad\quad\quad\quad\quad\quad \text{酸性}$$

酸性增强 →

（2）不同氧化数的离子间的氧化还原转化

从铬的电势图可知：

$E_A^\ominus/\text{V} \quad \text{Cr}_2\text{O}_7^{2-} \xrightarrow{1.33} \text{Cr}^{3+} \xrightarrow{-0.74} \text{Cr}$

$E_B^\ominus/\text{V} \quad \text{CrO}_4^{2-} \xrightarrow{-0.12} \text{Cr(OH)}_4^{-} \xrightarrow{-1.2} \text{Cr}$

Cr(Ⅲ)只有在碱性介质中才体现出它的还原性。例如：

$$2[\text{Cr(OH)}_4]^- + 3\text{H}_2\text{O}_2 + 2\text{OH}^- = 2\text{CrO}_4^{2-} + 8\text{H}_2\text{O}$$

Cr^{3+} 比较稳定，只能被强氧化剂氧化成 $\text{Cr}_2\text{O}_7^{2-}$。

$$10\text{Cr}^{3+} + 6\text{MnO}_4^- + 11\text{H}_2\text{O} = 5\text{Cr}_2\text{O}_7^{2-} + 6\text{Mn}^{2+} + 22\text{H}^+$$

而 Cr(Ⅵ) 的氧化性主要体现在酸性介质中。例如：

$$\text{Cr}_2\text{O}_7^{2-} + 3\text{H}_2\text{O}_2 + 8\text{H}^+ = 2\text{Cr}^{3+} + 3\text{O}_2\uparrow + 7\text{H}_2\text{O}$$

2. 锰的重要化合物性质简介

（1）锰的氧化物和氢氧化物的酸碱性

$$\begin{array}{ccccc} \text{MnO} & \text{Mn}_2\text{O}_3 & \text{MnO}_2 & \text{MnO}_3 & \text{Mn}_2\text{O}_7 \\ \text{Mn(OH)}_2 & \text{Mn(OH)}_3 & \text{Mn(OH)}_4 & \text{H}_2\text{MnO}_4 & \text{HMnO}_4 \end{array}$$

$\xrightarrow{\text{酸性增强}}$

（2）锰的化合物的氧化还原性

锰的化合物具有多种氧化数，在一定条件下可以相互转化，因此氧化还原性是锰的化合物的最主要特征。

3. 铁、钴、镍的重要化合物的性质简介

从表 6-6 可知，还原性依 Fe(OH)_2、Co(OH)_2、Ni(OH)_2 的顺序递减。

表 6-6　M(OH)₂ 的还原性

M(OH)₂	空气中	中强氧化剂（如 H₂O₂）	强氧化剂（如 Cl₂,Br₂）	反应实例
Fe(OH)₂ 白色	Fe(OH)₃ 反应迅速	Fe(OH)₃	Fe(OH)₃	$4\text{Fe(OH)}_2 + \text{O}_2 + 2\text{H}_2\text{O} = 4\text{Fe(OH)}_3$
Co(OH)₂ 粉红色	CoO(OH) 反应缓慢	CoO(OH)	CoO(OH)	$2\text{Co(OH)}_2 + \text{H}_2\text{O}_2 = 2\text{CoO(OH)} + 2\text{H}_2\text{O}$
Ni(OH)₂ 绿色	不作用	不作用	NiO(OH)	$2\text{Ni(OH)}_2 + \text{Cl}_2 + 2\text{OH}^- = 2\text{NiO(OH)} + 2\text{Cl}^- + 2\text{H}_2\text{O}$

从表 6-7 可知，氧化性依 Fe(OH)_3、CoO(OH)、NiO(OH) 顺序递增。

表 6-7　M(OH)₃ 的氧化性

M(OH)₃	浓盐酸中	反应实例
Fe(OH)₃ 红棕色	Fe³⁺	$\text{Fe(OH)}_3 + 3\text{H}^+ = \text{Fe}^{3+} + 3\text{H}_2\text{O}$
CoO(OH) 褐色	$[\text{CoCl}_4]^{2-} + \text{Cl}_2$	$2\text{CoO(OH)} + 6\text{H}^+ + 10\text{Cl}^- = 2[\text{CoCl}_4]^{2-} + \text{Cl}_2\uparrow + 4\text{H}_2\text{O}$
NiO(OH) 黑色	$[\text{NiCl}_4]^{2-} + \text{Cl}_2$	$2\text{NiO(OH)} + 6\text{H}^+ + 10\text{Cl}^- = 2[\text{NiCl}_4]^{2-} + \text{Cl}_2\uparrow + 4\text{H}_2\text{O}$

4. ds 区重要化合物的性质

ds 区重要化合物的主要性质见表 6-8。

表 6-8 ds 区重要化合物的性质

	离子	Cu^{2+}	Ag^+	Zn^{2+}	Cd^{2+}	Hg^{2+}	Hg_2^{2+}
试剂	适量 NaOH	$Cu(OH)_2\downarrow$ 浅蓝色	$Ag_2O\downarrow$ 暗棕色	$Zn(OH)_2\downarrow$ 白色	$Cd(OH)_2$ 白色	$HgO\downarrow$ 黄色	$HgO+Hg\downarrow$ 黑色
	过量 NaOH	$[Cu(OH)_4]^{2-}$ 需浓碱 亮蓝色	不变	$[Zn(OH)_4]^{2-}$ 无色	不变	不变	不变
	适量 $NH_3\cdot H_2O$	碱式盐↓ 浅蓝色	$Ag_2O\downarrow$	$Zn(OH)_2\downarrow$	$Cd(OH)_2\downarrow$	$Hg(NH_2)Cl\downarrow$ 白色	$Hg(NH_2)Cl\downarrow$ $+Hg\downarrow$ 黑色
	过量 $NH_3\cdot H_2O$	$[Cu(NH_3)_4]^{2+}$ 深蓝色	$[Ag(NH_3)_2]^+$ 无色	$[Zn(NH_3)_4]^{2+}$ 无色	$[Cd(NH_3)_4]^{2+}$ 无色	不变	不变
	适量 KI	$CuI\downarrow +I_2$ 白色	$AgI\downarrow$ 黄色	—	—	$HgI_2\downarrow$ 棕红色	$Hg_2I_2\downarrow$ 浅绿色
	过量 KI	不变	不变	—	—	$[HgI_4]^{2-}$ 无色	$[HgI_4]^{2-}+Hg\downarrow$ 黑色

实验二十六　p 区重要非金属元素及其化合物

一、实验目的

1. 学习氯气、次氯酸盐和氯酸盐的制备方法。
2. 掌握卤素单质的氧化性和卤素离子的还原性。
3. 掌握次氯酸盐和氯酸盐强氧化性的区别。
4. 掌握 H_2O_2 的某些重要性质。
5. 掌握不同价态硫的化合物的主要性质。
6. 掌握亚硝酸盐的主要性质。

二、实验提要

卤素单质都是氧化剂，它们的氧化性按下列顺序排列：

$$F_2>Cl_2>Br_2>I_2$$

实验室中可用 $KMnO_4$ 和浓盐酸制备氯气；氯氧化 Br^- 和 I^-，分别得到 Br_2 和 I_2。如果用 CCl_4 萃取，Br_2 在 CCl_4 中呈橙色，I_2 在 CCl_4 中呈紫红色。

卤离子的还原性则按相反顺序排列：

$$I^->Br^->Cl^->F^-$$

氯与冷的 NaOH 溶液反应生成次氯酸钠，它是一种强氧化剂。氯与热的 KOH（80 ℃以上）溶液反应生成氯酸钾，它在中性介质中，不显氧化性，但在酸性介质中表现出明显的氧化性。

H_2O_2 中氧的氧化数为 -1，所以 H_2O_2 既有氧化性又有还原性。

硫的化合物中，H_2S 具有强还原性，而过二硫酸盐具有强氧化性，如：

$$H_2S+2Fe^{3+}\Longrightarrow 2Fe^{2+}+S\downarrow +2H^+$$

$$2Mn^{2+} + 5S_2O_8^{2-} + 8H_2O = 2MnO_4^- + 10SO_4^{2-} + 16H^+$$

硫的氧化数为+6～-2，其中有些化合物既有氧化性又有还原性，以还原性为主。如：

$$2S_2O_3^{2-} + I_2 = S_4O_6^{2-} + 2I^-$$

$$S_2O_3^{2-} + 4Cl_2 + 5H_2O = 2SO_4^{2-} + 8Cl^- + 10H^+$$

在水溶液中不存在 $H_2S_2O_3$ 和 H_2SO_3，而只存在 $S_2O_3^{2-}$ 和 SO_3^{2-} 的盐溶液。这些盐溶液遇酸即分解：

$$S_2O_3^{2-} + 2H^+ = S\downarrow + SO_2\uparrow + H_2O$$

$$SO_3^{2-} + 2H^+ = SO_2\uparrow + H_2O$$

大多数金属硫化物溶解度小且有特征的颜色。

HNO_2 极不稳定，常温下即发生歧化分解：

$$2HNO_2 \longrightarrow \underset{\text{浅蓝色}}{NO\uparrow} + \underset{\text{棕色}}{NO_2\uparrow} + H_2O$$

亚硝酸及其盐既有氧化性又有还原性。

三、实验用品

仪器、用品：氯气发生装置一套，试管及试管架，铁架台，石棉网，煤气灯，小烧杯。

试剂、材料：$6.0\ mol \cdot L^{-1}$ KOH，$2.0\ mol \cdot L^{-1}$ NaOH，H_2SO_4（浓，$3.0\ mol \cdot L^{-1}$，$1.0\ mol \cdot L^{-1}$），HCl（浓，$9.0\ mol \cdot L^{-1}$，$6.0\ mol \cdot L^{-1}$，$2.0\ mol \cdot L^{-1}$），$0.1\ mol \cdot L^{-1}$ KBr，KI（$0.2\ mol \cdot L^{-1}$，$0.1\ mol \cdot L^{-1}$），浓HNO_3，王水，$0.01\ mol \cdot L^{-1}$ $KMnO_4$，$0.5\ mol \cdot L^{-1}$ $K_2Cr_2O_7$，$1.0\ mol \cdot L^{-1}$ Na_2SO_3，$0.2\ mol \cdot L^{-1}$ $Na_2S_2O_3$，$1.0\ mol \cdot L^{-1}$ $NaNO_2$，$MnSO_4$（$0.2\ mol \cdot L^{-1}$，$0.002\ mol \cdot L^{-1}$），$0.1\ mol \cdot L^{-1}$ $FeCl_3$，品红溶液，氯水，$0.1\ mol \cdot L^{-1}$ $BaCl_2$，$0.1\ mol \cdot L^{-1}$ $ZnSO_4$，$0.1\ mol \cdot L^{-1}$ $CdSO_4$，$0.1\ mol \cdot L^{-1}$ $CuSO_4$，溴水，CCl_4，$0.1\ mol \cdot L^{-1}$ $Hg(NO_3)_2$，$0.1\ mol \cdot L^{-1}$ $AgNO_3$，碘水，饱和 H_2S 水溶液（或硫代乙酰胺），$3\%\ H_2O_2$，MnO_2 粉末，NaCl（s），KBr（s），KI（s），$K_2S_2O_8$（s），pH 试纸，淀粉碘化钾试纸，醋酸铅试纸。

四、实验内容

1. 次氯酸钠和次氯酸钾的制备（通风橱中进行）

按图 6-1 装置仪器，在锥形瓶中放置 3 g MnO_2，安全漏斗伸入试管底。在试管 3 中加入 4 mL $6.0\ mol \cdot L^{-1}$ KOH 溶液（在热水浴中），试管 4 中加入 4 mL $2.0\ mol \cdot L^{-1}$ NaOH（在冰水中）。检查装置气密性，由漏斗加入 15 mL $9.0\ mol \cdot L^{-1}$ HCl 溶液，缓慢加热，控制氯气均匀产生。热水浴温度控制在 50~55 ℃，当试管 3 中溶液由无色慢慢变为黄色，再由黄色突然变为无色时，继续通氯气至溶液呈极淡的黄色，停止加热。打开废气控制夹 5，关控制夹 6。

将试管 3 拆下，用自来水或冰水冷至晶体不再增加时过滤，用极少量的去离子水洗涤晶体，水浴烘干。检验母液中有无 Cl^- 存在。

保留晶体和试管 4 中的溶液留做下面实验中使用。

待氯气不再发生时拆除氯气发生器，将剩余物用水冲稀后倒入盛有消石灰的缸中，洗净

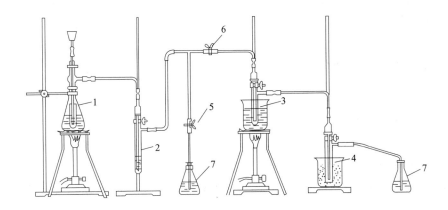

图 6-1　次氯酸钠、氯酸钾的制备
1—切口橡皮塞；2—洗气瓶（具支试管）；3,4—反应管（具支试管）；5—废气控制夹（关）；
6—控制夹（关）；7—废气、尾气吸收器

仪器。

2. 卤素及其化合物的基本性质

（1）**卤素的氧化性**

在一支小试管中，滴入3滴 0.1 mol·L^{-1} KBr 溶液、5滴 CCl$_4$，再加入氯水，边加边振荡，观察 CCl$_4$ 层出现的橙黄色或橙红色（Br$_2$ 溶于有机溶剂 CCl$_4$ 中，浓度小时呈橙黄色，浓度大时呈橙红色）。

在一支小试管中，滴入3滴 0.1 mol·L^{-1} KI 溶液、5滴 CCl$_4$，再加入氯水，边加边振荡，观察 CCl$_4$ 层出现的紫红色（I$_2$ 溶于有机溶剂 CCl$_4$ 中呈紫红色，溶于水中呈红棕色或黄棕色）。

在一支小试管中，滴入3滴 0.1 mol·L^{-1} KI 溶液、5滴 CCl$_4$，再加入溴水，边加边振荡，观察 CCl$_4$ 层出现颜色。

根据以上实验比较卤素氧化性的相对大小。

（2）**卤素离子的还原性**

在三支小试管中分别加入少量（黄豆大小）的 NaCl、KBr、KI 固体，然后加入数滴浓硫酸，观察试管中颜色的变化。分别用 pH 试纸、淀粉碘化钾试纸、醋酸铅试纸检验所产生的气体（注：气体有毒！实验现象出现后马上用水冲稀试管中的溶液，终止反应）。

根据现象分析产物，比较 HCl、HBr、HI 的还原性，写出反应方程式。

（3）**次氯酸盐的氧化性**

取四支试管分别加入 0.5 mL 制得的次氯酸钠溶液。在第一支试管中加入 4~5 滴 0.2 mol·L^{-1} KI 溶液，2滴 1.0 mol·L^{-1} 的 H$_2$SO$_4$ 溶液；在第二支试管中加入 4~5 滴 0.2 mol·L^{-1} MnSO$_4$ 溶液；在第三支试管中加入 4~5 滴浓盐酸；在第四支试管中加入 2滴品红溶液。

观察以上实验现象，写出有关的反应方程式。

（4）**氯酸钾的氧化性**

取少量氯酸钾晶体加水溶解配成 KClO$_3$ 溶液。向 0.5 mL 0.2 mol·L^{-1} KI 溶液中滴入

几滴自制的 $KClO_3$ 溶液,观察有何现象。再用 3.0 mol·L^{-1} 的 H_2SO_4 酸化,观察溶液颜色的变化,继续往该溶液中滴加 $KClO_3$ 溶液,又有何变化?解释实验现象,写出相应的反应方程式。

3. H_2O_2 的性质(设计实验)

用 3% H_2O_2、0.01 mol·L^{-1} $KMnO_4$、3.0 mol·L^{-1} 的 H_2SO_4、0.1 mol·L^{-1} KI、H_2S 水溶液、MnO_2(s)设计一组实验,验证 H_2O_2 的易分解和氧化还原性。

4. 硫的化合物的性质

(1) 硫化氢的还原性

分别在两支试管里加几滴 0.01 mol·L^{-1} $KMnO_4$ 溶液(加数滴稀硫酸酸化)和 0.1 mol·L^{-1} $FeCl_3$ 溶液,然后各加入 1 mL 饱和 H_2S 水溶液,观察有什么现象?写出反应方程式。

(2) 金属硫化物的生成和溶解

取四支离心试管,分别加入 0.1 mol·L^{-1} $ZnSO_4$、0.1 mol·L^{-1} $CdSO_4$、0.1 mol·L^{-1} $CuSO_4$、0.1 mol·L^{-1} $Hg(NO_3)_2$ 溶液 1 mL,然后分别向各试管中加入 1 mL 饱和 H_2S 水溶液,离心分离沉淀,弃去上层清液,观察沉淀的颜色。并将后三种沉淀各分成两份。

取上述所得各种沉淀,分别进行下列实验:

在 ZnS 沉淀中加入 2.0 mol·L^{-1} HCl 溶液;

在 CdS 沉淀中分别加入 6.0 mol·L^{-1} HCl 溶液和浓 HCl 溶液;

在 CuS 沉淀中分别加入浓 HCl 溶液和浓硝酸溶液;

在 HgS 沉淀中分别加入浓硝酸和王水。

总结几种硫化物的溶解情况,并写出反应方程式。

(3) 亚硫酸盐的性质

往试管中加 2 mL 1.0 mol·L^{-1} Na_2SO_3 溶液,用 3.0 mol·L^{-1} H_2SO_4 酸化,观察有无气体产生。用湿润的 pH 试纸移近管口,有何现象?然后将溶液分两份,一份滴加饱和 H_2S 水溶液,另一份滴加 0.50 mol·L^{-1} $K_2Cr_2O_7$ 溶液,观察实验现象,说明亚硫酸盐的性质。写出有关的反应方程式。

(4) 硫代硫酸盐的性质

用 0.2 mol·L^{-1} $Na_2S_2O_3$ 溶液,进行下列实验:

① 取少量 $Na_2S_2O_3$ 溶液,用稀 H_2SO_4 酸化;

② 取 0.5 mL 碘水,滴加 $Na_2S_2O_3$ 溶液;

③ 取 0.5 mL $Na_2S_2O_3$ 溶液,加 2 滴 2.0 mol·L^{-1} NaOH 溶液,滴加氯水。检验产物中有无 SO_4^{2-} 存在;

④ 在 4 滴 0.1 mol·L^{-1} $AgNO_3$ 溶液中,加 1~2 滴 $Na_2S_2O_3$ 溶液,观察沉淀的产生及沉淀颜色的变化;另取 4 滴 $AgNO_3$ 溶液,连续滴加 $Na_2S_2O_3$ 溶液,又有何现象?

根据以上实验,总结硫代硫酸及其盐的性质。

(5) 过二硫酸盐的氧化性

在试管中加入 3 mL 1.0 mol·L^{-1} H_2SO_4 溶液、3 mL 去离子水、3 滴 0.002 mol·

L^{-1} $MnSO_4$ 溶液，混合均匀后分为两份。

在第一份溶液中加入少量过二硫酸钾固体，第二份溶液中加入 1 滴 0.1 mol·L^{-1} $AgNO_3$ 溶液和少量过二硫酸钾固体。将两支试管同时放入热水浴中加热，观察溶液的颜色有何变化？写出反应方程式。

比较以上实验结果并加以解释。

5. 亚硝酸及其盐的性质

（1）亚硝酸盐的氧化还原性

分别试验 1.0 mol·L^{-1} $NaNO_2$ 溶液与酸化的 0.01 mol·L^{-1} $KMnO_4$、0.1 mol·L^{-1} KI 溶液的反应。

（2）亚硝酸的分解

在 1.0 mol·L^{-1} $NaNO_2$ 溶液中滴加稀 H_2SO_4，边振荡边观察实验现象。

由实验总结出亚硝酸及其盐的性质。

五、思考题

1. H_2O_2 能否把黑色的 PbS 转化为白色的 $PbSO_4$？通过实验进行回答，如能进行，写出反应方程式。

2. 在卤素离子还原性实验中，使用 pH 试纸、淀粉碘化钾试纸、醋酸铅试纸的目的分别是什么？

3. 用 pH 试纸检验气体时，必须将 pH 试纸用去离子水润湿，为什么？检验挥发性气体时，必须将检验的试纸悬放在试管口上方，为什么？

4. 为什么亚硫酸盐中常含有硫酸盐？怎样检验亚硫酸盐中的 SO_4^{2-}？

5. 在 $NaNO_2$ 与 $KMnO_4$、KI 反应中是否需要加酸酸化？为什么？若要加酸，应选用什么酸好？为什么？

实验二十七　p 区重要金属化合物

一、实验目的

1. 掌握锑、铋、锡、铅氢氧化物的酸碱性和铅盐的难溶性。
2. 掌握 Sn(Ⅱ) 的还原性和 Pb(Ⅳ)、Bi(Ⅴ) 的氧化性。
3. 了解锑、铋、锡、铅的硫化物及锑、锡的硫代酸盐的性质。

二、实验提要

1. 锑、铋、锡、铅氢氧化物的酸碱性

对主族元素而言，同一周期，从左往右它们的氢氧化物的碱性逐渐减弱；同一族元素从上往下，氢氧化物的碱性逐渐增强；而对同一元素，高氧化数的氢氧化物酸性强于低氧化数的氢氧化物，因此，锑、铋、锡、铅氢氧化物的酸碱性的关系如表 6-4 所示。

2. Sn(Ⅱ)的还原性和Pb(Ⅳ)、Bi(Ⅴ)的氧化性

在p区金属化合物中，Sn(Ⅱ)的化合物是常用的还原剂。从标准电极电势看，Sn(Ⅱ)无论在酸性还是碱性介质中均显示出还原性。

$$Sn^{4+} + 2e^- \rightleftharpoons Sn^{2+} \qquad E^{\ominus} = +0.15V$$
$$[Sn(OH)_6]^{2-} + 2e^- \rightleftharpoons [Sn(OH)_4]^{2-} + 2OH^- \qquad E^{\ominus} = -0.96V$$

在碱性介质中Sn(Ⅱ)的还原性比酸性介质中强。例如，$[Sn(OH)_4]^{2-}$可将$Bi(OH)_3$还原为黑色的Bi，这是检验Bi^{3+}的特征反应，而Sn^{2+}不能。

$$2Bi(OH)_3 + 3[Sn(OH)_4]^{2-} \rightleftharpoons 2Bi\downarrow(黑色) + 3[Sn(OH)_6]^{2-}$$

$SnCl_2$能与$HgCl_2$反应，生成物的颜色先白后灰，最后变成黑色，这是鉴定Sn^{2+}的特征反应。

$$SnCl_2 + 2HgCl_2 = SnCl_4 + Hg_2Cl_2\downarrow(白色)$$
$$SnCl_2 + Hg_2Cl_2 = SnCl_4 + 2Hg\downarrow(黑色)$$

Pb(Ⅳ)、Bi(Ⅴ)都具有强氧化性，如PbO_2、$NaBiO_3$在酸性介质中可将还原性较弱的Mn^{2+}氧化成紫红色的MnO_4^-。

$$5PbO_2 + 2Mn^{2+} + 4H^+ = 5Pb^{2+} + 2MnO_4^- + 2H_2O$$
$$5NaBiO_3 + 2Mn^{2+} + 14H^+ = 5Bi^{3+} + 5Na^+ + 2MnO_4^- + 7H_2O$$

3. 铅盐的溶解性

铅盐的溶解性见表6-5。

4. 锑、铋、锡、铅的硫化物及锑、锡的硫代酸盐的性质

锑、铋、锡、铅的硫化物均难溶于水，且有特征的颜色：

硫化物	SnS	SnS_2	PbS	Sb_2S_3	Sb_2S_5	Bi_2S_3
颜色	棕色	黄色	黑色	橙红色	橙红色	黑色
酸碱性	碱性	两性偏酸	碱性	两性	两性偏酸	碱性
可溶于	$(NH_4)_2S_2$	$(NH_4)_2S$	稀HNO_3	$(NH_4)_2S$	$(NH_4)_2S$	稀HNO_3

上述硫化物的酸碱性与它们的氧化物相似，偏酸性的SnS_2、Sb_2S_3、Sb_2S_5可溶于碱性的Na_2S[或$(NH_4)_2S$]中，生成硫代酸盐，例如：

$$SnS_2 + (NH_4)_2S = (NH_4)_2SnS_3$$

硫代酸盐不稳定，遇酸分解又产生硫化物沉淀，例如：

$$SnS_3^{2-} + 2H^+ \xrightarrow{\triangle} SnS_2\downarrow + H_2S\uparrow$$

显碱性的SnS不溶于$(NH_4)_2S$中，但可溶于$(NH_4)_2S_x$，这是由于S_x^{2-}具有氧化性，将SnS氧化为Sn(Ⅳ)而溶解了：

$$SnS + S_2^{2-} = SnS_3^{2-}$$

PbS能溶于浓HCl或HNO_3中：

$$PbS + 4HCl = H_2[PbCl_4] + H_2S\uparrow$$
$$3PbS + 8HNO_3 = 3Pb(NO_3)_2 + 2NO + 3S\downarrow + 4H_2O$$

三、实验用品

仪器、用品：试管及试管架，铁架台，石棉网，煤气灯，小烧杯，离心机。

试剂、材料：2.0 mol·L^{-1} H$_2$SO$_4$，HCl（浓，2.0 mol·L^{-1}），HNO$_3$（6.0 mol·L^{-1}，2.0 mol·L^{-1}），NaOH（6.0 mol·L^{-1}，2.0 mol·L^{-1}），0.1 mol·L^{-1} K$_2$CrO$_4$，1.0 mol·L^{-1} Na$_2$S，1.0 mol·L^{-1} (NH$_4$)$_2$S$_2$，饱和 NaAc 溶液，0.1 mol·L^{-1} MnSO$_4$，0.1 mol·L^{-1} SbCl$_3$，0.1 mol·L^{-1} BiCl$_3$，0.1 mol·L^{-1} Bi(NO$_3$)$_2$，0.1 mol·L^{-1} SnCl$_2$，0.1 mol·L^{-1} SnCl$_4$，0.1 mol·L^{-1} Pb(NO$_3$)$_2$，0.1 mol·L^{-1} HgCl$_2$，KI（0.1 mol·L^{-1}，2.0 mol·L^{-1}），饱和 H$_2$S 溶液，PbO$_2$（s），NaBiO$_3$（s），醋酸铅试纸。

四、实验内容

1. 锑、铋、锡、铅氢氧化物的生成和酸碱性

向 0.5 mL 0.1 mol·L^{-1} SbCl$_3$ 溶液中滴加 2.0 mol·L^{-1} NaOH，制备少量 Sb(OH)$_3$ 沉淀，观察沉淀的颜色。将沉淀分为两份，分别试验它在 2.0 mol·L^{-1} HCl 和 2.0 mol·L^{-1} NaOH 溶液中的溶解情况，写出离子反应方程式。

用同样的方法制备 Bi(OH)$_3$ 沉淀，并试验它在 2.0 mol·L^{-1} HCl、2.0 mol·L^{-1} NaOH 和 6.0 mol·L^{-1} NaOH 溶液中的溶解情况，写出离子反应方程式。

制备少量 Sn(OH)$_2$、Pb(OH)$_2$ 沉淀，并试验它们在酸、碱中的溶解情况［试验 Pb(OH)$_2$ 碱性时该用什么酸？为什么？］，写出离子反应方程式。

根据试验结果，比较 Sb(OH)$_3$ 和 Bi(OH)$_3$、Sn(OH)$_2$ 和 Pb(OH)$_2$ 酸碱性的强弱。

2. Sn(Ⅱ)的还原性和 Pb(Ⅳ)、Bi(Ⅴ)的氧化性

（1）Sn(Ⅱ)的还原性

取 3～5 滴 0.1 mol·L^{-1} HgCl$_2$ 溶液，逐滴加入 0.1 mol·L^{-1} SnCl$_2$ 溶液，观察沉淀的颜色变化，写出反应方程式。

取 3～5 滴 0.1 mol·L^{-1} SnCl$_2$ 溶液，加入过量的 2.0 mol·L^{-1} NaOH 溶液（至沉淀溶解），然后，滴加 3～5 滴 0.1 mol·L^{-1} BiCl$_3$ 溶液，观察黑色沉淀的生成，写出反应方程式。

（2）Pb(Ⅳ)的氧化性

取少量 PbO$_2$ 固体，加入 0.5 mL 浓盐酸，检验生成的是什么气体（用什么方法检验）？写出反应方程式。

取 2 滴 0.1 mol·L^{-1} MnSO$_4$ 溶液，加入 2 mL 2.0 mol·L^{-1} HNO$_3$ 溶液酸化，再加少量 PbO$_2$ 固体，在水浴中加热，观察溶液颜色的变化，写出反应方程式。

（3）Bi(Ⅴ)的氧化性

取 2 滴 0.1 mol·L^{-1} MnSO$_4$ 溶液，加入 1 mL 6.0 mol·L^{-1} HNO$_3$ 溶液酸化，再加少量 NaBiO$_3$ 固体，观察溶液颜色的变化，写出反应方程式。

3. 难溶铅盐的生成和溶解性

取 3～5 滴 0.1 mol·L^{-1} Pb(NO$_3$)$_2$ 溶液 4 份，分别加入 3～5 滴 2.0 mol·L^{-1} HCl、2.0 mol·L^{-1} H$_2$SO$_4$、0.1 mol·L^{-1} KI、0.1 mol·L^{-1} K$_2$CrO$_4$ 溶液，观察沉淀的生成，并记录沉淀的颜色，写出反应方程式。

试验 PbCl$_2$ 沉淀在热水和浓盐酸中的溶解情况，写出有关的反应方程式。

试验 PbI_2 沉淀在过量 $2.0\ mol \cdot L^{-1}$ KI 溶液中的溶解情况，写出有关的反应方程式。

试验 $PbSO_4$ 沉淀在 $6.0\ mol \cdot L^{-1}$ NaOH 溶液和饱和 NaAc 溶液中的溶解情况。写出有关的反应方程式。

试验 $PbCrO_4$ 沉淀在 $6.0\ mol \cdot L^{-1}$ HNO_3 溶液中的溶解情况。写出反应方程式。

4. 锑、铋、锡、铅的硫化物及锑、锡硫代酸盐的性质

在 5 支离心试管中分别取 3～5 滴 $0.1\ mol \cdot L^{-1}$ $SnCl_2$、$SnCl_4$、$SbCl_3$、$Pb(NO_3)_2$、$Bi(NO_3)_3$ 溶液，加入饱和 H_2S 溶液（或用 5% 硫代乙酰胺代替，但须水浴加热），观察并记录沉淀的颜色。离心分离，洗涤沉淀，分别试验沉淀在 $1.0\ mol \cdot L^{-1}$ Na_2S、$1.0\ mol \cdot L^{-1}$ $(NH_4)_2S_2$ 和 $6.0\ mol \cdot L^{-1}$ HNO_3 溶液中是否溶解，若沉淀溶解，再用 $2.0\ mol \cdot L^{-1}$ HCl 酸化，又有什么现象产生？将实验结果记录在下表中。

硫化物	SnS	SnS_2	PbS	Sb_2S_3	Bi_2S_3
颜色					
加 Na_2S 溶解情况					
加 $(NH_4)_2S_2$ 溶解情况					
加 $6.0\ mol \cdot L^{-1}$ HNO_3					
溶解物再加 $2.0\ mol \cdot L^{-1}$ HCl					

根据实验现象，比较各种硫化物在性质上的差异，写出有关的反应方程式。

五、思考题

1. 检验 $NaBiO_3$ 氧化性的实验中，为什么要选用 HNO_3 酸化？如选用 Mn^{2+} 作还原剂，Mn^{2+} 的用量对反应有何影响？
2. 实验室配制 $SnCl_2$ 溶液时，为什么既要加盐酸又要加锡粒？
3. 在试验 $Pb(OH)_2$ 的碱性时，应使用何种酸？为什么？
4. 试验 SnS 与 Na_2S 作用时，Na_2S 溶液为什么要新配制的？
5. 哪些硫化物能溶于 Na_2S 或 $(NH_4)_2S$ 溶液中？哪些硫化物能溶于 Na_2S_x 或 $(NH_4)_2S$ 溶液中？哪些硫化物不溶于 Na_2S 或 $(NH_4)_2S$ 溶液中？
6. 难溶铅盐的溶解条件是什么？本实验中哪些是降低了 Pb^{2+} 浓度？哪些是降低了酸根离子浓度？

实验二十八　d 区重要金属化合物（一）

一、实验目的

1. 掌握铬和锰的各种氧化数化合物的生成和性质。
2. 掌握铬和锰各种氧化数化合物之间的转化条件。

二、实验提要

铬和锰分别是 ⅥB 和 ⅦB 元素。铬的化合物中，其氧化数有 +2、+3、+6，其中以

+3、+6 为常见，而 Cr(Ⅵ) 总是以 CrO_4^{2-}、$Cr_2O_7^{2-}$ 和 CrO_3 等形式存在。

锰的化合物中锰的氧化数可以从 +2～+7，其中以 +2、+4、+7 为最常见。

Cr(Ⅲ) 的氢氧化物具有两性。在酸性溶液中，$Cr_2O_7^{2-}$ 为强氧化剂，易被还原为 Cr^{3+}，而在碱性溶液中，CrO_2^- 为较强还原剂，易被氧化成 CrO_4^{2-}。

Cr(Ⅵ) 的酸根离子在溶液中存在以下平衡：

$$2CrO_4^{2-}（黄色）+2H^+ \rightleftharpoons Cr_2O_7^{2-}（橙色）+H_2O$$

上述平衡在酸性介质中向右移动，碱性介质中向左移动。

在酸性介质中 $Cr_2O_7^{2-}$ 与 H_2O_2 反应而生成蓝色过氧化铬 CrO_5，此反应可用来检验 Cr(Ⅵ) 与 H_2O_2。

Mn(Ⅱ) 在碱性溶液中易被空气氧化成棕色的 MnO_2 的水合物 $MnO(OH)_2$，但在酸性溶液中相当稳定，必须用强氧化剂，如 PbO_2、$NaBiO_3$ 等才能将其氧化为 MnO_4^-。

在中性或弱酸性溶液中 MnO_4^- 和 Mn^{2+} 反应生成棕色的 MnO_2 沉淀，在碱性溶液中，MnO_4^- 和 MnO_2 反应生成绿色的 MnO_4^{2-}。MnO_4^{2-} 只能在强碱性条件下存在，在酸性、中性、弱碱性溶液中，都会歧化为 MnO_4^- 和 MnO_2。

$KMnO_4$ 是强氧化剂，在酸性、中性、碱性介质中和少量还原剂作用分别被还原成 Mn^{2+}、MnO_2、MnO_4^{2-}。

在酸性溶液中，Mn^{2+} 可被 $NaBiO_3$ 氧化成紫红色的 MnO_4^-，这个反应可用来鉴定 Mn^{2+}。

三、实验用品

仪器、用品：试管及试管架，铁架台，石棉网，煤气灯，小烧杯。

试剂、材料：H_2SO_4（3.0 mol·L^{-1}，1.0 mol·L^{-1}），HCl（浓，2.0 mol·L^{-1}），6.0 mol·L^{-1} HNO_3，NaOH（6.0 mol·L^{-1}，1.0 mol·L^{-1}，0.1 mol·L^{-1}），2.0 mol·L^{-1} HAc，0.1 mol·L^{-1} K_2CrO_4，0.1 mol·L^{-1} $K_2Cr_2O_7$，$KMnO_4$（0.1 mol·L^{-1}，0.01 mol·L^{-1}），Na_2SO_3（0.5 mol·L^{-1}，1.0 mol·L^{-1}），0.1 mol·L^{-1} $BaCl_2$，0.1 mol·L^{-1} $Cr_2(SO_4)_3$，0.1 mol·L^{-1} $MnSO_4$，0.1 mol·L^{-1} $AgNO_3$，0.1 mol·L^{-1} $Pb(NO_3)_2$，3% H_2O_2，戊醇，Na_2SO_3(s)，MnO_2（粉末），$NaBiO_3$(s)，醋酸铅试纸。

四、实验内容

1. 铬的化合物的生成和性质

(1) $Cr(OH)_3$ 的两性

以氯化铬或铬钾矾在试管中制备少量 $Cr(OH)_3$，并试验其两性。

(2) CrO_4^{2-} 和 $Cr_2O_7^{2-}$ 之间的转化

取少量 CrO_4^{2-} 溶液，加入你认为合适的试剂使其转化为 $Cr_2O_7^{2-}$；

在上述 $Cr_2O_7^{2-}$ 溶液中，加入你认为合适的试剂使其转化为 CrO_4^{2-}。

(3) Cr(Ⅲ) 与 Cr(Ⅵ) 之间的转化

① 取 2 滴 0.1 mol·L^{-1} $Cr_2(SO_4)_3$ 溶液，逐滴加入 1.0 mol·L^{-1} NaOH 溶液，观察

生成物的颜色和状态。加入过量 6.0 mol·L^{-1} NaOH，观察实验变化。在溶液中加入足量 3% H_2O_2 溶液，微热，溶液的颜色如何变化？继续加热煮沸以赶走氧气。取出溶液 5 滴，用稀 HAc 酸化，加入 1 mL 戊醇，滴加 3% H_2O_2，振荡，观察上下层溶液的颜色变化，解释实验现象，写出反应方程式。

以上反应可用来鉴定 Cr(Ⅲ)。

② 在酸化的 0.1 mol·L^{-1} $Cr_2O_7^{2-}$ 溶液中，加入少许 Na_2SO_3 固体，观察实验现象，写出反应方程式。

(4) 重铬酸盐和铬酸盐的溶解性

分别在 CrO_4^{2-} 和 $Cr_2O_7^{2-}$ 溶液中各加入少量 $Pb(NO_3)_2$、$BaCl_2$、$AgNO_3$ 溶液，观察产物的颜色和状态，写出反应方程式。

2. 锰的化合物的生成和性质

(1) $Mn(OH)_2$ 的生成和性质

取 10 mL 0.1 mol·L^{-1} $MnSO_4$ 溶液，分成三份。

第一份：滴加 0.1 mol·L^{-1} NaOH 溶液，观察沉淀的颜色；振荡试管，观察沉淀的颜色有何变化。

第二份：滴加 0.1 mol·L^{-1} NaOH 溶液，产生沉淀后再加入过量 6.0 mol·L^{-1} NaOH 溶液，观察沉淀是否溶解。

第三份：滴加 0.1 mol·L^{-1} NaOH 溶液，迅速加入 2.0 mol·L^{-1} 盐酸溶液，观察沉淀是否溶解。

写出上述有关的反应方程式，总结 $Mn(OH)_2$ 具有的性质。

(2) Mn(Ⅱ) 的还原性

在 2 滴 0.1 mol·L^{-1} $MnSO_4$ 溶液中，加入 6.0 mol·L^{-1} HNO_3 溶液，再加入少许固体 $NaBiO_3$，水浴加热，观察溶液颜色的变化，写出反应方程式。

(3) MnO_2 的生成和性质

① 0.1 mol·L^{-1} $KMnO_4$ 溶液中逐滴加入 0.2 mol·L^{-1} $MnSO_4$ 溶液，观察沉淀的颜色。往沉淀中加入 3.0 mol·L^{-1} H_2SO_4 溶液和 0.1 mol·L^{-1} Na_2SO_3 溶液，沉淀是否溶解？写出有关的反应方程式。

② 取少量固体 MnO_2，加入 1 mL 浓盐酸，静置片刻，观察溶液的颜色，加热，溶液的颜色有何变化？设法检验所产生的气体，写出反应方程式。

(4) $KMnO_4$ 的氧化性

分别试验高锰酸钾溶液和亚硫酸钠溶液（新配制）在酸性（1.0 mol·L^{-1} H_2SO_4）、近中性（去离子水）、碱性（6.0 mol·L^{-1} NaOH）介质中的反应，根据实验结果说明 $KMnO_4$ 在不同介质中的还原产物分别是什么。

(5) MnO_4^{2-} 的生成和性质

① 取 0.5 mL 0.01 mol·L^{-1} $KMnO_4$ 溶液，加入数滴 6.0 mol·L^{-1} NaOH 溶液，再加入少量固体 MnO_2，观察溶液颜色的变化。离心分离，保留上层溶液用于下面的实验。

② 取上述实验所得的 K_2MnO_4 溶液，盛于 2 支试管中。在一支试管中加少量水，另一支试管中加少量 3.0 mol·L^{-1} H_2SO_4，观察实验现象，写出离子反应方程式。说明 MnO_4^{2-} 稳定存在的介质条件。

五、思考题

1. 根据实验，设计下列转化反应的条件（介质、氧化剂或还原剂）：
① $Cr(Ⅵ) \longrightarrow Cr(Ⅲ)$
② $Cr(Ⅲ) \longrightarrow Cr(Ⅵ)$

2. 在实验内容 1 的（3）①中，当 $Cr(Ⅲ)$ 转化为 $Cr(Ⅵ)$ 后，为什么要煮沸后才可以加酸？为什么要用醋酸酸化？

3. $KMnO_4$ 在不同的介质中还原产物不同，在实验中，你认为试剂加入的先后顺序对实验结果有无影响？为什么？

4. 用示意图表示锰的各种氧化数之间的转化条件（介质、氧化剂或还原剂）。

实验二十九　d 区重要金属化合物（二）

一、实验目的

1. 掌握 $Fe(Ⅱ)$、$Co(Ⅱ)$、$Ni(Ⅱ)$ 化合物的还原性和 $Fe(Ⅲ)$、$Co(Ⅲ)$、$Ni(Ⅲ)$ 化合物的氧化性及其递变规律。

2. 掌握 Fe、Co、Ni 的主要配位化合物的性质。

3. 了解 Fe^{2+}、Fe^{3+}、Co^{2+}、Ni^{2+} 的分离与鉴定。

二、实验提要

铁、钴、镍是周期表中第ⅧB元素，常见的盐是 $Fe(Ⅲ)$、$Fe(Ⅱ)$、$Co(Ⅱ)$、$Ni(Ⅱ)$ 盐，其中硝酸盐、硫酸盐和卤化物易溶于水，这些金属阳离子的水合离子的颜色会发生变化。例如：Fe^{2+} 由白色变为浅绿色，Co^{2+} 由蓝色变为粉红色，而 Ni^{2+} 由黄色变为亮绿色。它们的盐从水中析出时，生成含结晶水的晶体，随着结晶水分子数量的改变，其颜色也会发生变化。例如：

$$CoCl_2 \cdot 6H_2O \xrightarrow{50\ ℃} CoCl_2 \cdot 2H_2O \xrightarrow{90\ ℃} CoCl_2 \cdot H_2O \xrightarrow{120\ ℃} CoCl_2$$
　　　紫红色　　　　　　蓝紫色　　　　　　　蓝色　　　　　　粉红色

一般情况下，+3 铁有弱氧化性，+2 铁有还原性，+6 铁具有强氧化性，不稳定，Fe^{2+} 和 Fe^{3+} 比较容易相互转化。钴有+3 和+2 的氧化数，+2 氧化数是简单钴化合物的最稳定的氧化数，+3 氧化数在配合物中（如钴氨、钴氰等配合物）中稳定。镍的氧化数有+2、+3 和+4 等几种，但镍的稳定氧化数是+2。本实验只讨论这 3 种元素在最常见的+2、+3 氧化数化合物的化学性质。

这 3 种元素的 $M(OH)_3$ 和 $M(OH)_2$ 均为碱，一般情况下，它们的可溶性盐均发生水解，+3 价盐比+2 价盐更容易水解。

$M(Ⅲ)$ 在酸性介质中是氧化剂，随着原子序数增加，这 3 种元素三价离子的氧化性依次增强。

这 3 种元素的阳离子有空轨道，能形成很多配合物。利用配合物的生成和颜色的改变，进行离子的鉴定和分离。

Fe^{2+} 和赤血盐 $K_3[Fe(CN)_6]$、Fe^{3+} 和黄血盐 $K_4[Fe(CN)_6]$ 作用,均可获得蓝色的 $KFe[Fe(CN)_6]$ 沉淀。Fe^{3+} 在弱酸性介质中可与 KSCN 作用形成血红色配离子 $[Fe(SCN)_n]^{3-n}$,利用上述反应可鉴定 Fe^{2+} 和 Fe^{3+}。

Co^{2+} 与 KSCN 作用生成蓝色配离子 $[Co(SCN)_4]^{2-}$,该配离子在某些有机溶剂中较稳定,利用该反应可鉴定 Co^{2+}。

Ni^{2+} 在弱碱性($NH_3 \cdot H_2O$)介质中与丁二酮肟生成鲜红色螯合物沉淀,这是鉴定 Ni^{2+} 的灵敏反应。

$$2\ \text{丁二酮肟} + Ni^{2+} \longrightarrow \text{二(丁二酮肟)合镍(鲜红色沉淀)} + 2H^+$$

三、实验用品

仪器、用品:试管及试管架,铁架台,石棉网,煤气灯,小烧杯,点滴板。

试剂、材料:$1.0\ mol \cdot L^{-1} H_2SO_4$,HCl(浓,$2.0\ mol \cdot L^{-1}$),NaOH($6.0\ mol \cdot L^{-1}$,$0.1\ mol \cdot L^{-1}$),$6.0\ mol \cdot L^{-1} NH_3 \cdot H_2O$,$0.01\ mol \cdot L^{-1} KMnO_4$,$0.1\ mol \cdot L^{-1} KI$,$0.01\ mol \cdot L^{-1} K_3[Fe(CN)_6]$,$0.01\ mol \cdot L^{-1} K_4[Fe(CN)_6]$,饱和 KSCN,$1.0\ mol \cdot L^{-1} NH_4F$,$0.1\ mol \cdot L^{-1} FeSO_4$,$0.1\ mol \cdot L^{-1} FeCl_3$,$0.1\ mol \cdot L^{-1} CoCl_2$,$0.1\ mol \cdot L^{-1} Ni(NO_3)_2$,$0.1\ mol \cdot L^{-1} NiSO_4$,$CCl_4$,溴水,3% H_2O_2,1%丁二酮肟,丙酮,$(NH_4)_2Fe(SO_4)_2$(s),醋酸铅试纸。

四、实验内容

1. Fe(Ⅱ)、Co(Ⅱ)、Ni(Ⅱ) 化合物的还原性

(1) Fe(Ⅱ) 化合物的还原性

① 设计并完成实验,证明 $FeSO_4$ 在酸性介质中能被 $KMnO_4$ 氧化,观察实验现象并写出离子反应方程式。

② 在一支试管中,加入 1 mL 去离子水和几滴稀 H_2SO_4,煮沸以赶去空气(为什么?),待冷却后,加入少量 $(NH_4)_2Fe(SO_4)_2 \cdot 6H_2O$ 固体,使其溶解,制得 $(NH_4)_2Fe(SO_4)_2$ 溶液。

在另一支试管中加入 3 mL $6.0\ mol \cdot L^{-1}$ NaOH 溶液,煮沸赶去空气。待冷却后用滴管吸取 NaOH 溶液,插入 $(NH_4)_2Fe(SO_4)_2$ 溶液至试管底部,慢慢放出 NaOH 溶液,注意整个操作都要避免将空气带入溶液。观察白色 $Fe(OH)_2$ 沉淀的生成。摇动放置一段时间,观察沉淀颜色的变化,写出离子反应方程式。

(2) Co(Ⅱ) 化合物的还原性

在试管中加入 0.5 mL $0.1\ mol \cdot L^{-1} CoCl_2$ 溶液,滴加 $6.0\ mol \cdot L^{-1}$ NaOH 溶液,观察实验现象。将沉淀分装于两支试管中,一支试管中的沉淀放置片刻,观察沉淀颜色的变化;在另一支试管中加入数滴 3% H_2O_2 溶液,观察沉淀颜色的变化,将 CoO(OH) 沉淀保留作 2②实验用。写出离子反应方程式。

(3) Ni(Ⅱ)化合物的还原性

在两支试管中分别制备少量 $Ni(OH)_2$ 的沉淀，观察沉淀的颜色。然后在一支试管中加入 3% H_2O_2 溶液，在另一支试管中加入几滴溴水，观察沉淀颜色的变化有何不同。将 NiO(OH) 沉淀保留作实验 2③用。写出离子反应方程式。

2. Fe(Ⅲ)、Co(Ⅲ)、Ni(Ⅲ) 化合物的氧化性

① 自制少量 $Fe(OH)_3$ 沉淀（选用什么试剂？），然后加入浓 HCl，观察实验现象（有无 Cl_2 产生？应该怎样检验？）。再加入 0.5 mL CCl_4 和 1 滴 0.1 mol·L^{-1} KI 溶液，观察 CCl_4 层颜色的变化。写出有关反应的离子方程式。

② 向实验 1(2) 制得的 CoO(OH) 沉淀中，加入少量浓 HCl，观察实验现象，并检验所产生的气体。写出离子反应方程式。

③ 向实验 1(3) 制得的 NiO(OH) 沉淀中，加入少量浓 HCl，观察实验现象，并检验所产生的气体。写出离子反应方程式。

根据实验比较 $Fe(OH)_2$、$Co(OH)_2$、$Ni(OH)_2$ 还原性的强弱和 $Fe(OH)_3$、CoO(OH)、NiO(OH) 氧化性的强弱。

3. 铁、钴、镍的配合物

① 设计一组利用生成配合物的实验来鉴定下列离子，观察实验现象并写出各自的离子反应方程式：

a. Fe^{2+}；b. Fe^{3+}；c. Fe^{3+} 和 Co^{2+} 混合液中的 Co^{2+}。

提示：应注意，由于 $[Co(SCN)_4]^{2-}$ 在水溶液中不稳定，鉴定时要加饱和 KSCN 溶液或固体 KSCN，并用丙酮萃取；Fe^{3+} 对 Co^{2+} 鉴定反应有干扰，应选用试剂将 Fe^{3+} 掩蔽起来。

② 在点滴板上加 1 滴 0.1 mol·L^{-1} $NiSO_4$ 溶液、1 滴 6.0 mol·L^{-1} $NH_3·H_2O$，再加入 1 滴 1% 丁二酮肟，观察鲜红色沉淀的生成。

③ 取 0.5 mL 0.1 mol·L^{-1} $FeCl_3$ 溶液，滴加 6.0 mol·L^{-1} $NH_3·H_2O$ 直至过量，观察沉淀是否溶解。

④ 在两支试管中分别加入 0.5 mL 浓度均为 0.1 mol·L^{-1} $CoCl_2$ 溶液和 $NiSO_4$ 溶液，然后再分别加入过量的 6.0 mol·L^{-1} $NH_3·H_2O$，观察实验现象。静置片刻，观察溶液颜色有无变化。写出有关的离子反应方程式。

根据实验比较 $[Co(NH_3)_6]^{2+}$、$[Co(NH_3)_6]^{3+}$ 稳定性的相对大小。

五、思考题

1. 如何选择合适的实验方法使 $FeCl_2$ 变为 $FeCl_3$，使 $FeCl_3$ 变为 $FeCl_2$ 而不引进杂质？
2. 实验室中硅胶变色的原理是什么？
3. 配制 $(NH_4)_2Fe(SO_4)_2$ 溶液，为何去离子水必须煮沸？
4. 为什么 Co(Ⅱ) 离子在水溶液中可呈不同的颜色（粉红色、浅紫色或蓝紫色）？
5. 用氧化剂 Br_2 氧化制备 CoO(OH)、NiO(OH) 的过程中，应把制得沉淀后的溶液加热至沸，为什么？分离后所得沉淀需用水洗涤，洗去什么？如不这样做对其性质试验将会带

来哪些影响？

Experiment 30 Important Metal Compounds of ds Block Elements

Purpose

1. Grasp the reactions of Cu^{2+}, Ag^+, Zn^{2+}, Cd^{2+}, Hg^{2+}, Hg_2^{2+} with NaOH or $NH_3 \cdot H_2O$, respectively.

2. Grasp the important coordination compounds of Cu^{2+}, Ag^+, Zn^{2+}, Cd^{2+}, Hg^{2+}, Hg_2^{2+} and their properties.

3. Master the interconvert conditions of Cu(Ⅰ) and Cu(Ⅱ) or Hg(Ⅰ) and Hg(Ⅱ).

4. Grasp the identification reactions of Cu^{2+}, Ag^+, Zn^{2+}, Hg^{2+}.

Principle

Cu, Ag and Zn, Cd, Hg are ⅠB group and ⅡB group elements respectively.

1. Hydroxide (or oxide) of Cu, Ag and Zn, Cd, Hg

Hydroxide (or oxide) of Cu, Ag and Zn, Cd, Hg are insoluble in water. Hydroxide of Ag and Hg are very unstable and easy to lose water molecules and then become Ag_2O, HgO, Hg_2O ($Hg+HgO$). $Cu(OH)_2$ is also not stable and easy to lose one water to become CuO, especially when heated or stored for a long time. $Cu(OH)_2$ and $Zn(OH)_2$ are amphoteric compounds, while $Cd(OH)_2$ is an alkaline compound and only slowly dissolves in hot stronger alkaline solutions. Ag_2O, HgO, Hg_2O ($Hg+HgO$) are all insoluble in alkaline solutions.

2. Interconversion between Cu(Ⅰ) and Cu(Ⅱ)

$$E_A^{\ominus}/V \qquad Cu^{2+} \xrightarrow{0.153} Cu^+ \xrightarrow{0.521} Cu$$

As shown above:

① Disproportionation reaction can occur for Cu(Ⅰ) ion in solutions, so Cu^+ is unstable in solution. It can only exist in some insoluble compounds such as Cu_2O, Cu_2S, CuCl etc, or in some very stable coordination compounds such as $[Cu(CN)_2]^-$ etc.

② As Cu(Ⅱ) converts into Cu(Ⅰ), reducing agent is necessary together with formation of insoluble Cu(Ⅰ) compounds or stable coordination compounds. For example, Cu powder can reduce $CuCl_2$ in hot, concentrated HCl or NaCl-HCl solution to form $[CuCl_2]^-$ complex. Insoluble CuCl will been obtained by dilution of the above solution with water. The reactions are given as follows:

$$Cu^{2+}(blue) + Cu + 4Cl^- = 2[CuCl_2]^-(colorless)$$

$$[CuCl_2]^- = 2CuCl\downarrow(white) + 2Cl^-$$

$$Cu^{2+} + Cu + 2Cl^- = 2CuCl$$

The complex ($[CuCl_2]^-$) or the precipitate (CuCl) greatly decrease the concentration of Cu(Ⅰ), and the electric potential of the redox pair change as follows.

$$E_A^\ominus/V \qquad Cu^{2+} \xrightarrow{0.51} CuCl \xrightarrow{0.17} Cu$$

3. Interconversion between Hg(Ⅰ) and Hg(Ⅱ)

$$E_A^\ominus/V \qquad Hg^{2+} \xrightarrow{0.920} Hg_2^{2+} \xrightarrow{0.797} Hg$$

① Disproportionation reaction for Hg_2^{2+} can not occur spontaneously, and it is stable in solution. Hg(Ⅰ) compound can be prepared by the redox reaction between metal Hg and Hg(Ⅱ) compounds directly.

② As Hg^{2+} form insoluble compounds or coordination compounds, the Hg^{2+} concentration decrease greatly together with the value of $E^\ominus_{Hg^{2+}/Hg_2^{2+}}$ lower than 0.797 V, Hg(Ⅰ) ion can convert into Hg(Ⅱ) ion by the disproportionation reaction of Hg_2^{2+}.

$$Hg_2Cl_2 + 2NH_3 \cdot H_2O = Hg(NH_2)Cl\downarrow + Hg\downarrow + NH_4Cl + 2H_2O$$
$$2Hg_2(NO_3)_2 + 4NH_3 \cdot H_2O = HgO \cdot (NH_2)HgNO_3\downarrow + 2Hg\downarrow + 3NH_4NO_3 + 3H_2O$$
$$Hg_2^{2+} + S^{2-} = HgS\downarrow + Hg\downarrow$$
$$Hg_2^{2+} + 2OH^- = HgO\downarrow + Hg\downarrow + H_2O$$
$$Hg_2I_2 + 2I^- = [HgI_4]^{2-} + Hg\downarrow$$

As $[HgI_4]^{2-}$ reacts with NH_4^+ in alkaline solution, red-brown precipitate can be observed. It can be used to identify NH_4^+ in solutions.

$$NH_4^+ + 2[HgI_4]^{2-} + 4OH^- = \left[O\begin{matrix}Hg\\ \\Hg\end{matrix}NH_2\right]I\downarrow + 7I^- + 3H_2O$$

4. Silver halide

Silver halide compounds are insoluble in water, but they are soluble when they form stable coordination compounds, for example:

$$AgCl + 2NH_3 = [Ag(NH_3)_2]^+ + Cl^-$$
$$AgBr + 2S_2O_3^{2-} = [Ag(S_2O_3)_2]^{3-} + Br^-$$
$$AgI + 2CN^- = [Ag(CN)_2]^- + I^-$$

Materials

Instruments: test tube, test tube rack, retort stand, bunsen burner, beaker.

Reagents: HCl (concentrated, 2.0 mol·L^{-1}), 2.0 mol·L^{-1} HNO$_3$, NaOH (40%, 6.0 mol·L^{-1}, 0.1 mol·L^{-1}), NH$_3$·H$_2$O (6.0 mol·L^{-1}, 2.0 mol·L^{-1}), 0.1 mol·L^{-1} KBr, 0.1 mol·L^{-1} KI, saturated NaCl, 0.1 mol·L^{-1} NH$_4$Cl, 0.1 mol·L^{-1} CuSO$_4$, 1.0 mol·L^{-1} CuCl$_2$, 0.1 mol·L^{-1} ZnSO$_4$, 0.1 mol·L^{-1} AgNO$_3$, 0.1 mol·L^{-1} CdSO$_4$, 0.1 mol·L^{-1} Hg(NO$_3$)$_2$, 1.0 mol·L^{-1} Na$_2$S, 0.1 mol·L^{-1} Hg$_2$(NO$_3$)$_2$, 0.1 mol·L^{-1} Na$_2$S$_2$O$_3$, starch solution, copper powder.

Procedures

1. Preparation of oxides

① Prepare a small amount of $Cu(OH)_2$ precipitate, and observe the color of the precipitate. Then, put $Cu(OH)_2$ precipitate in three test tubes, respectively. $2.0\ mol \cdot L^{-1}$ HCl is dropped into one of the test tubes; $6.0\ mol \cdot L^{-1}$ NaOH into another; and the third test tube is heated in a water bath. Observe the experimental phenomena and write the ionic reaction equations.

② Prepare a small amount of $Zn(OH)_2$ precipitate and prove its amphoteric properties by experiments. Observe the experimental phenomena and write the ionic reaction equations.

③ Put a small amount of $AgNO_3$, $CdSO_4$, $Hg(NO_3)_2$, $Hg_2(NO_3)_2$ solution into four test tubes respectively. Gradually add $2.0\ mol \cdot L^{-1}$ NaOH into each of them dropwisely. Observe the color of all precipitate, and then continue to drop excessive solution of $6.0\ mol \cdot L^{-1}$ NaOH into the four test tubes. Observe carefully whether the precipitate dissolved or not. Write the ionic reaction equations.

According to the experimental results, compare the thermal stability of Cu(Ⅱ), Ag(Ⅰ), Hg(Ⅱ), Hg(Ⅰ) hydroxides and give out the conclusion.

2. Preparation and properties of coordination compounds

(1) Preparation and properties of ammine complexes

① Put a small amount of $CuSO_4$, $ZnSO_4$, $CdSO_4$ solution into three test tubes respectively. Gradually add $2.0\ mol \cdot L^{-1} NH_3 \cdot H_2O$ into each of them (not excess) dropwisely. Observe the color of the precipitates. Continue to add excessive $6.0\ mol \cdot L^{-1} NH_3 \cdot H_2O$ into the three test tubes and observe the experimental phenomena. Reserve $[Cu(NH_3)_4]^{2+}$ solution for the following experiments. Finally, write the ionic reaction equations.

② Put a small amount of $Hg(NO_3)_2$, $Hg_2(NO_3)_2$ solution into two test tubes respectively. Gradually add $NH_3 \cdot H_2O$ into each of th tubes dropwisely until excess $NH_3 \cdot H_2O$ is added. Observe the experimental phenomena and write out ionic reaction equations.

③ Divide the prepared $[Cu(NH_3)_4]^{2+}$ solution into three test tubes respectively. Add two drops of $2.0\ mol \cdot L^{-1}$ NaOH into one test tube; $0.1\ mol \cdot L^{-1} Na_2S$ into another test tube and $2.0\ mol \cdot L^{-1}$ HCl into the third test tube dropwsely. Observe the experimental phenomena and write out ionic reaction equations.

(2) Coordination compounds of silver

① Prepare a small amount of AgCl precipitate, and then put it in two test tubes respectively. Add $2.0\ mol \cdot L^{-1} NH_3 \cdot H_2O$ dropwisely into one test tube, $0.1\ mol \cdot L^{-1} Na_2S_2O_3$ into another test tube. Observe the solubility of AgCl precipitate and write out ionic reaction equations.

② Prepare a small amount of AgBr and AgI precipitate respectively. Test their solubilities in the solutions of $NH_3 \cdot H_2O$ and $Na_2S_2O_3$ respectively. Write the ionic reaction equations.

According to the experimental results, compare the solubilities of AgX and give out the conclusion.

(3) Coordination compounds of mercury

① Put two drops of 0.1 mol·L^{-1} Hg(NO$_3$)$_2$ solution into a test tube, then add several drops of 0.1 mol·L^{-1} KI solution. Observe the color of precipitate, and then continue to add excessive KI solution. Observe the experimental phenomena and write the ionic reaction equations.

Nessler reagent can be prepared by adding several drops of 40% NaOH solution into the solution of [HgI$_4$]$^{2-}$ obtained in the above experiment of ①. Then put one drop NH$_4$Cl solution on a spot plate, and then add one or two drops Nessler reagent prepared above. Observe the experimental phenomena and write the ionic reaction equations.

② The reaction method of is similar to that of ① except 0.1 mol·L^{-1} Hg(NO$_3$) was replaced by 0.1 mol·L^{-1} Hg$_2$(NO$_3$)$_2$. Observe the experimental phenomena, write the ionic reaction equations. Summarize the differences of the experimental phenomena of Hg(NO$_3$)$_2$ or Hg$_2$(NO$_3$)$_2$ reaction with KI by comparing the experiment ① and ②.

(4) Formation of cuprous halide

① Preparation and properties of cuprous chloride. Put a small amount of copper powder into a test tube, then add ten drops of 1.0 mol·L^{-1} CuCl$_2$, eight drops of saturated NaCl and two drops concentrated HCl solution into the tube respectively. Heat the test tube until the solution becomes colorless. Pour all solution into 50 mL water in a small beaker (Attention: do not pour the excessive copper powder into the small beaker). Observe the white precipitate.

Put a small amount of 2.0 mol·L^{-1} NH$_3$·H$_2$O, concentrated HCl solutions into two test tubes respectively. Then, add a small amount CuCl precipitate into each of the solutions by a pipette with exhausted air. Observe the experimental phenomena and write the ionic reaction equations.

② Preparation of cuprous iodide. Put 0.5 mL 0.1 mol·L^{-1} CuSO$_4$ solution into a test tube, then, add 0.1 mol·L^{-1} KI solution dropwisely into this tube. Centrifuge the precipitate. One drop of the supernatant from the centrifuge tube was added into another test tube, then dilute it with water, and then add starch solution into it to test whether there is I$_2$ generated in solution. Wash the precipitate, and then observe the color of precipitate. Write the ionic reaction equations.

Post-lab Questions

1. How to stabilize Cu(Ⅰ) or Cu(Ⅱ)? How can they interconvert?

2. The products generated from CuCl reaction with NH$_3$·H$_2$O or concentrated HCl are usually blue or yellow, why?

3. Why can it generate CuI precipitate when the solution of KI was added into the solution of CuSO$_4$, while it can not generate CuCl precipitate just KCl replacing KI?

4. How to prepare and stock Hg$_2$(NO$_3$)$_2$ solution?

实验三十一 常见阴离子的分离和鉴定

一、实验目的

1. 学习掌握常见阴离子的分离和鉴定方法,培养学生分析、判断的能力。
2. 熟悉常见阴离子的有关分析特性。

二、实验提要

阴离子主要是由非金属元素组成的简单离子和复杂离子,常见的重要的阴离子有 Cl^-、Br^-、I^-、S^{2-}、SO_3^{2-}、$S_2O_3^{2-}$、SO_4^{2-}、NO_2^-、NO_3^-、PO_4^{3-}、CO_3^{2-}、$Cr_2O_7^{2-}$、MnO_4^-、ClO_3^- 等,其中有些阴离子具有还原性,有些阴离子具有氧化性,它们互不相溶,很少有多种阴离子共存的情况。阴离子彼此干扰较小,很多阴离子有特征反应,因此通常用分别分析的方法。为了简化分析步骤,利用各种阴离子的沉淀性质、氧化还原性质、与酸反应性质等,做初步试验,分析判断溶液中不可能存在的阴离子,然后对可能存在的阴离子进行个别检验。只有在鉴定某些阴离子发生相互干扰时,例如 Cl^-、Br^-、I^- 共存,S^{2-}、SO_3^{2-}、$S_2O_3^{2-}$ 共存,才做适当的系统分离。

阴离子的分析特性主要有:

(1) 与酸反应放出气体或产生沉淀,利用产生气体的物理化学性质(表 6-9),可初步推断阴离子 CO_3^{2-}、S^{2-}、SO_3^{2-}、$S_2O_3^{2-}$、NO_2^- 是否存在。

表 6-9 常见阴离子与酸反应的现象与推断

观察到的现象(有气泡产生)			可能的结果		说明
气体颜色	气体气味	气体的性质	气体组成	阴离子	
无色	无臭	气体使石灰水变浑浊	CO_2	CO_3^{2-}	SO_2 也能使石灰水变浑浊
无色	刺激性气味	使碘-淀粉溶液或稀 $KMnO_4$ 溶液褪色	SO_2	SO_3^{2-}、$S_2O_3^{2-}$（同时析出 S）	H_2S 也能使碘-淀粉溶液或稀 $KMnO_4$ 溶液褪色
无色	臭鸡蛋气味	使 $PbAc_2$ 试纸变黑	H_2S	S^{2-}	
棕色	刺激性臭味		$NO、NO_2$	NO_2^-	

(2) 除碱金属盐和 NO_3^-、ClO_3^-、ClO_4^-、Ac^- 等阴离子形成的盐易溶于水外,其余的盐类大多数是难溶的。目前一般多采用钡盐和银盐的溶解度差别,将常见的阴离子分成三组,见表 6-10。由此可确定整组离子是否存在。

表 6-10 常见阴离子的分组

组别	试剂	组内阴离子	特性
第一组	$BaCl_2$（中性或弱碱性）	CO_3^{2-}、SO_4^{2-}、SO_3^{2-}、$S_2O_3^{2-}$、PO_4^{3-}	钡盐难溶于水(除 $BaSO_4$ 外其他钡盐溶于酸)
第二组	$AgNO_3$（稀、冷 HNO_3）	S^{2-}、Cl^-、Br^-、I^-	银盐难溶于水和稀 HNO_3（Ag_2S 溶于热 HNO_3）
第三组	无	NO_2^-、NO_3^-、Ac^-	钡盐和银盐都溶于水

(3) 除 Ac^-、CO_3^{2-}、SO_4^{2-} 和 PO_4^{3-} 外,绝大多数阴离子具有不同程度的氧化还原性,

在溶液中可能相互作用，改变离子原来的存在形式。在酸性溶液中，强还原性的阴离子 S^{2-}、SO_3^{2-}、$S_2O_3^{2-}$ 可被 I_2 氧化。利用加入碘-淀粉溶液后是否褪色，可判断这些阴离子是否存在。用强氧化剂 $KMnO_4$ 与之作用，若红色消失，还可能有 Br^-、I^- 弱还原阴离子存在。若红色不消失，则上述还原性阴离子都不存在。Cl^- 的还原性更弱，只有在 Cl^- 和 H^+ 浓度较大时，才能将 $KMnO_4$ 还原。在酸性溶液中氧化性阴离子 NO_2^- 可氧化 I^- 成为 I_2 使淀粉溶液变蓝，用 CCl_4 萃取后，CCl_4 层显紫红色，而 NO_3^- 只有浓度大时才有类似反应。

三、实验用品

仪器、用品：离心机，离心管，试管，点滴板。

试剂、材料：HCl（2.0 mol·L^{-1}，6.0 mol·L^{-1}，浓），H_2SO_4（3.0 mol·L^{-1}，6.0 mol·L^{-1}，浓），HNO_3（2.0 mol·L^{-1}，6.0 mol·L^{-1}，浓），2.0 mol·L^{-1} HAc，NaOH（2.0 mol·L^{-1}，6.0 mol·L^{-1}），$NH_3·H_2O$（2.0 mol·L^{-1}，6.0 mol·L^{-1}，浓），$BaCl_2$（1.0 mol·L^{-1}，浓，0.1 mol·L^{-1}），0.1 mol·L^{-1} $AgNO_3$，0.1 mol·L^{-1} NaCl，0.1 mol·L^{-1} KBr，0.1 mol·L^{-1} KI，0.1 mol·L^{-1} $NaNO_3$，0.1 mol·L^{-1} Na_3PO_4，0.1 mol·L^{-1} $Na_2S_2O_3$，0.01 mol·L^{-1} KI，0.01 mol·L^{-1} $KMnO_4$，0.1 mol·L^{-1} Na_2S，0.1 mol·L^{-1} $NaNO_2$，0.1 mol·L^{-1} $K_4[Fe(CN)_6]$，饱和 NH_4Cl 溶液，饱和 $ZnSO_4$ 溶液，1.0 mol·L^{-1} Na_2CO_3，二苯胺的浓 H_2SO_4 溶液，$Na_2[Fe(CN)_5NO]$ 溶液，$Ca(OH)_2$ 溶液，3% H_2O_2 溶液，新配制的 NaClO 溶液，0.1 mol·L^{-1} $(NH_4)_2MoO_4$ 溶液，$PbCO_3$（固），$FeSO_4·7H_2O$（固），Ag_2SO_4（固），Na_2SO_3（固），$NaNO_2$（固），CCl_4，氯水，碘-淀粉溶液，钼酸铵试剂，醋酸铅试纸，重铬酸钾试纸，淀粉碘化钾试纸，锌粉，尿素。

四、实验内容

1. 初步试验

（1）稀 H_2SO_4 试验

取 10 滴试液加几滴 3.0 mol·L^{-1} H_2SO_4 并在水浴中加热，若有气泡产生，表示可能含有 CO_3^{2-}、S^{2-}、SO_3^{2-}、$S_2O_3^{2-}$、NO_2^- 等阴离子，应注意气体的颜色和气味，并用相应的试纸鉴别，从而判断存在哪一种或哪几种阴离子。若没有气泡产生，则表示 S^{2-}、SO_3^{2-}、$S_2O_3^{2-}$、NO_2^- 等离子不存在。

（2）$BaCl_2$ 试验

取 5 滴试液加入 2 滴 1.0 mol·L^{-1} $BaCl_2$ 溶液，若生成沉淀，则表示可能有 SO_4^{2-}、SO_3^{2-}、$S_2O_3^{2-}$、PO_4^{3-}、CO_3^{2-} 等离子存在。然后离心分离，在沉淀中加入 6.0 mol·L^{-1} HCl 数滴，沉淀不溶解，则表示有 SO_4^{2-} 存在。若没有沉淀生成，则上述阴离子不存在。

（3）$AgNO_3$ 试验

取 5 滴试液加入 2 滴 0.1 mol·L^{-1} $AgNO_3$ 溶液，若立即生成黑色沉淀表示有 S^{2-} 存在，若生成白色沉淀，且很快变黄、棕、黑，表示有 $S_2O_3^{2-}$ 存在，离心分离，在沉淀中加入数滴 6.0 mol·L^{-1} HNO_3，必要时加热，若沉淀不溶或部分溶解，表示可能有 Cl^-、Br^-、I^- 存在。

(4) 还原性阴离子试验

① 取 5 滴试液,用 3.0 mol·L^{-1} H$_2$SO$_4$ 酸化,并滴加 0.01 mol·L^{-1} KMnO$_4$ 溶液,观察紫色是否褪去,若紫色褪去,哪些阴离子可能存在?写出反应方程式。

② 取 5 滴试液,用 2.0 mol·L^{-1} NaOH 溶液调至碱性,并滴加 0.01 mol·L^{-1} KMnO$_4$ 溶液,观察紫色是否褪去,若紫色褪去,哪些阴离子可能存在?写出反应方程式。

③ 取 5 滴试液,用 3.0 mol·L^{-1} H$_2$SO$_4$ 酸化,并滴加碘-淀粉溶液,若蓝色褪去,哪些阴离子可能存在?写出反应方程式。

(5) 氧化性阴离子试验

取 5 滴试液,用 3.0 mol·L^{-1} H$_2$SO$_4$ 酸化,加入 4 滴 CCl$_4$,再加 0.1 mol·L^{-1} KI 溶液 2 滴,观察 CCl$_4$ 层变化,若 CCl$_4$ 层显紫色,是否说明 NO$_2^-$ 可能存在?写出反应方程式。

综上所述,阴离子的初步试验分以上五个方面,试将结果填入表 6-11。

表 6-11 阴离子初步试验结果

阴离子	稀 H$_2$SO$_4$ 试验	BaCl$_2$ 试验	AgNO$_3$ 试验	还原性离子试验			氧化性阴离子试验	综合判断
				KMnO$_4$ 酸性	KMnO$_4$ 碱性	碘-淀粉		
SO$_3^{2-}$								
SO$_4^{2-}$								
S$_2$O$_3^{2-}$								
S^{2-}								
Cl$^-$								
Br$^-$								
I$^-$								
NO$_3^-$								
NO$_2^-$								
PO$_4^{3-}$								

2. 常见阴离子的鉴定

(1) Cl$^-$ 的鉴定

取 5 滴含 Cl$^-$ 试液(0.1 mol·L^{-1} NaCl),加入稀 HNO$_3$ 酸化后,滴入 0.1 mol·L^{-1} AgNO$_3$ 溶液生成白色沉淀,该白色沉淀溶于 NH$_3$·H$_2$O 中。当再用 HNO$_3$ 酸化时,又析出白色沉淀,表示有 Cl$^-$ 存在。SCN$^-$ 也能与 Ag$^+$ 生成白色沉淀 AgSCN,因此,当 SCN$^-$ 存在时会干扰 Cl$^-$ 的鉴定。但在 NH$_3$·H$_2$O(2.0 mol·L^{-1})溶液中,AgSCN 难溶,AgCl 易溶,并生成 [Ag(NH$_3$)$_2$]$^+$,则可将 SCN$^-$ 分离除去,在清液中加入 HNO$_3$,提高酸度,使 AgCl 沉淀再次析出。

(2) Br$^-$、I$^-$ 的鉴定

在 2 支试管中分别取 5 滴 0.1 mol·L^{-1} KBr、0.1 mol·L^{-1} KI 试液,各加入 10 滴 CCl$_4$,再逐滴加入饱和氯水,并振荡。若 CCl$_4$ 层呈橙色,表示有 Br$^-$;若 CCl$_4$ 层呈紫红色,表示有 I$^-$(注:在进行 Br$^-$ 的个别鉴定时,若试液中有 S^{2-}、SO$_3^{2-}$、I$^-$ 等还原性阴离子存在时,氯水先氧化这些还原性阴离子,所以氯水应适当过量)。

(3) NO$_2^-$ 的鉴定

取 5 滴含 NO$_2^-$ 试液,用 3.0 mol·L^{-1} H$_2$SO$_4$ 酸化,再加入 3 滴 0.1 mol·L^{-1} KI 和 10 滴 CCl$_4$,振荡,若 CCl$_4$ 层呈紫红色,表示有 NO$_2^-$ 存在。

(4) NO_3^- 的鉴定

① 向盛有 0.1 mol·L^{-1} NaNO$_3$ 溶液的试管中加入 3.0 mol·L^{-1} H$_2$SO$_4$ 酸化，沿试管壁慢慢加入 0.5 mL 二苯胺的浓 H$_2$SO$_4$ 溶液。若在两种溶液的界面处出现蓝色环，则表示有 NO_3^- 存在。

② 在点滴板上滴加一滴试液，加入一颗硫酸亚铁晶体，沿晶体边缘滴加浓 H$_2$SO$_4$ 溶液。如硫酸亚铁晶体四周形成棕色圆环，则表示有 NO_3^- 存在（注：NO_2^- 对鉴定有干扰，可加 0.1 g 尿素和数滴稀 H$_2$SO$_4$，煮沸试液使 NO_2^- 分解）。

(5) $S_2O_3^{2-}$ 的鉴定

① 取 5 滴 0.1 mol·L^{-1} Na$_2$S$_2$O$_3$，加几滴 0.1 mol·L^{-1} AgNO$_3$，生成白色沉淀。颜色逐渐由白→黄→棕→黑，则表示有 $S_2O_3^{2-}$ 存在。

② 取 5 滴 0.1 mol·L^{-1} Na$_2$S$_2$O$_3$，加数滴 2 mol·L^{-1} HCl 加热，若溶液变浑浊，则表示有 $S_2O_3^{2-}$ 存在。

(6) SO_3^{2-} 的鉴定

取 5 滴 0.1 mol·L^{-1} Na$_2$SO$_3$，加入 3 滴碘-淀粉溶液，用 2.0 mol·L^{-1} HCl 酸化。若蓝紫色褪去，表示有 SO_3^{2-} 存在（但试液中要保证无 S^{2-} 和 $S_2O_3^{2-}$）。

(7) S^{2-} 的鉴定

① 取 5 滴 0.1 mol·L^{-1} Na$_2$S，加数滴 2 mol·L^{-1} HCl，若产生的气体使 PbAc$_2$ 试液变黑，表示有 S^{2-} 存在。

② 取 0.1 mol·L^{-1} Na$_2$S 滴于点滴板上，加 1 滴 Na$_2$[Fe(CN)$_5$NO] 溶液，显示特殊的紫红色，表示有 S^{2-}。

(8) SO_4^{2-} 的鉴定

取 5 滴含 SO_4^{2-} 的试液，加入几滴 0.1 mol·L^{-1} BaCl$_2$ 溶液。如有白色沉淀产生，加入稀 HCl，沉淀不溶，表示有 SO_4^{2-} 存在。为避免 $S_2O_3^{2-}$ 对鉴定的影响，应先加 HCl 酸化，除去沉淀后，再进行 SO_4^{2-} 的检出。

(9) PO_4^{3-} 的鉴定

取 3 滴 0.1 mol·L^{-1} Na$_3$PO$_4$，加入 6 滴浓 HNO$_3$ 和 10 滴 0.1 mol·L^{-1} (NH$_4$)$_2$MoO$_4$ 溶液，微热，若生成黄色沉淀，表示有 PO_4^{3-} 存在。如果试液中存在 SO_3^{2-}、$S_2O_3^{2-}$ 等还原性离子，则六价钼会被还原成低价钼蓝，所以应在加入浓 HNO$_3$ 后，立即加热煮沸，然后等温度降至 40~50 ℃，加钼酸铵试剂，以鉴定 PO_4^{3-}。

(10) CO_3^{2-} 的鉴定

将试液酸化后产生的 CO$_2$ 气体导入 Ca(OH)$_2$ 溶液，使之变浑浊。S^{2-} 和 SO_3^{2-} 等离子对鉴定有干扰，可在酸化前加入 H$_2$O$_2$ 溶液，使 S^{2-} 和 SO_3^{2-} 氧化为 SO_4^{2-}，消除干扰。试管中取 5 滴试液，加入 5 滴 3% H$_2$O$_2$ 溶液，置于水浴上加热 3 min，如果检验溶液中无 S^{2-} 和 SO_3^{2-} 存在，可向溶液中一次加入 20 滴 6.0 mol·L^{-1} HCl 溶液，并立即插入吸有 Ca(OH)$_2$ 溶液的带塞滴管，使滴管口悬挂 1 滴溶液，观察溶液是否变浑浊。

以上鉴定方法只适于不存在其他干扰离子的情况，若是混合离子的试液，一般应先进行分离，再用以上方法鉴定。常见阴离子的检出总结于表 6-12。

表 6-12　常见阴离子的检出

离子	试剂	现象	条件
SO_4^{2-}	$HCl+BaCl_2$	白色沉淀 $BaSO_4$	酸性介质
CO_3^{2-}	$Ba(OH)_2$	$Ba(OH)_2$ 溶液浑浊，$BaCO_3↓$	酸化试液
PO_4^{3-}	$(NH_4)_2MoO_4$	磷钼酸铵黄色沉淀	HNO_3 介质，过量试剂
S^{2-}	HCl	$Pb(Ac)_2$ 试纸变黑，PbS↓	酸性介质
	$Na_2[Fe(CN)_6NO]$	紫色 $Na_4[Fe(CN)_6NOS]$	碱性介质
$S_2O_3^{2-}$	HCl	溶液变浑	酸性，加热
SO_3^{2-}	$BaCl_2+H_2O_2$	白色沉淀	酸性介质
Cl^-	银氨溶液+HNO_3	白色沉淀	
Br^-	氯水+CCl_4	CCl_4 层黄色或橙黄色（Br_2）	
I^-	氯水+CCl_4	CCl_4 层紫色（I_2）	
NO_2^-	$KI+CCl_4$	CCl_4 层紫色	HAc 介质
	对氨基苯磺酸+α-萘胺	红色染料	HAc 介质
NO_3^-	二苯胺	蓝色环	酸性介质
	$FeSO_4(s)+H_2SO_4$	棕色环	

3. 几种干扰性阴离子共同存在时的分离和鉴定

(1) S^{2-}、SO_3^{2-}、$S_2O_3^{2-}$ 混合液的分离鉴定

① S^{2-} 的检出。取 1 滴试液于点滴板上，加 1 滴 $Na_2[Fe(CN)_5NO]$ 溶液，显示特殊的紫红色，表示有 S^{2-}。

② 除去 S^{2-}。S^{2-} 对其他阴离子有干扰必须除去。取 10 滴试液于离心试管中，加少量 $PbCO_3$ 固体，充分搅拌后，离心分离，弃去沉淀。取 1 滴清液用 $Na_2[Fe(CN)_5NO]$ 检验 S^{2-} 是否除尽。

③ $S_2O_3^{2-}$ 的检出。取 1 滴除去 S^{2-} 试液于点滴板上，加几滴 $0.1\ mol \cdot L^{-1}\ AgNO_3$，生成白色沉淀，颜色逐渐由白→黄→棕→黑，表示有 $S_2O_3^{2-}$。

④ SO_3^{2-} 的检出。在点滴板上滴入 2 滴饱和 $ZnSO_2$，然后加 1 滴 $K_4[Fe(CN)_6]$ 和 1 滴 1‰ $Na_2[Fe(CN)_5NO]$，并用 $NH_3 \cdot H_2O$ 将溶液调至中性，再滴加 1 滴除去 S^{2-} 后剩余的试液，若出现红色沉淀，表示有 SO_3^{2-}。

(2) Cl^-、Br^-、I^- 混合液的分离鉴定

① AgCl、AgBr、AgI 沉淀。取 1 mL 含 Cl^-、Br^-、I^- 混合液于离心试管中，加 2 滴 $6\ mol \cdot L^{-1}\ HNO_3$ 酸化，再加 $0.1\ mol \cdot L^{-1}\ AgNO_3$ 至沉淀完全，在水浴中加热 2 min，使卤化银聚沉。离心分离，弃去溶液，再用去离子水将沉淀洗涤 2 次，弃去洗涤液。

② Cl^- 的分离和检出。在沉淀上加 1 mL $2\ mol \cdot L^{-1}\ NH_3 \cdot H_2O$，搅拌 1 min，离心分离，沉淀用水洗涤一次。清液用 $6.0\ mol \cdot L^{-1}\ HNO_3$ 酸化，如有白色浑浊，表示有 Cl^-。

③ Br^-、I^- 的溶出与检出。在上一步的沉淀中加 6 滴水和少量锌粉，搅拌 2～3 min，离心分离，弃去沉淀，溶液做检出 Br^-、I^- 用。将得到的清液分成两份，一份中加入 4～5 滴 CCl_4，加入少量 $NaNO_2$ 固体、1 滴 $1.0\ mol \cdot L^{-1}\ H_2SO_4$，摇匀后，$CCl_4$ 层出现紫红色，表示有 I^- 存在。另一份清液中加入 4 滴 CCl_4、4～5 滴 $6.0\ mol \cdot L^{-1}\ H_2SO_4$，加入新配制的 NaClO 溶液，充分摇匀，$CCl_4$ 层出现紫红色，表示有 I^- 存在。再滴加新鲜的 NaClO 溶液，

充分摇匀，CCl_4 层紫色褪去，出现橘黄色又转变成黄色，表示有 Br^- 存在。

（3）NO_2^-、NO_3^- 混合液的分离鉴定

取 4 滴试液，用 HAc 酸化，加 $0.1\ mol \cdot L^{-1}$ KI 和 CCl_4 振荡，有机层显紫红色，表示有 NO_2^-。另取 6 滴试液，加入尿素并加热，去除 NO_2^-。经检验确定无 NO_2^- 时，在溶液中加入少量 $FeSO_4$ 固体，振荡溶解后，将试管倾斜，从管壁慢慢滴入 1mL 浓 H_2SO_4。若硫酸层与水溶液层的界面处有"棕色环"出现，表示有 NO_3^-。

为了提高分析的正确性，应进行空白试验和对照试验。空白试验是以去离子水代替试液，在相同条件下进行试验，以便确定试液中是否真正含有被鉴定的离子。对照试验是用已知含有鉴定离子的试液，在相同条件下进行试验，以便与未知试液的试验结果进行比较。

五、思考题

1. 阴离子的初步试验有哪些内容？为什么通过初步试验可以判断阴离子是否存在？
2. 在鉴定 SO_3^{2-} 和 $S_2O_3^{2-}$ 时，怎样除去 S^{2-} 的干扰？
3. 在鉴定 NO_3^- 时，怎样除去 NO_2^- 的干扰？
4. 为什么用 $AgNO_3$ 鉴定卤素离子，要同时加些 HNO_3，有什么作用？

实验三十二　常见阳离子的分离和鉴定

一、实验目的

1. 熟悉常见阳离子与常用试剂的反应。
2. 掌握常见阳离子鉴定与分离的原理与方法。

二、实验提要

常见的重要阳离子有 NH_4^+、Na^+、K^+、Mg^{2+}、Ca^{2+}、Ba^{2+}、Al^{3+}、Pb^{2+}、Sn^{2+}、Sb^{3+}、Cu^{2+}、Cd^{2+}、Zn^{2+}、Co^{2+}、Ni^{2+}、Fe^{3+}、Mn^{2+}、Hg^{2+}、Cr^{3+} 等 20 多种，由于阳离子在个别定性检出时相互之间容易发生干扰，所以阳离子的分析一般都是利用阳离子的某些共同特性，先分成若干组，然后再根据阳离子的个别特性加以鉴定。

凡是能使一组阳离子在适当的反应条件下生成沉淀，从而与其他组阳离子分离的试剂称为组试剂。利用不同的组试剂把阳离子逐组分离，再进行鉴定的方法称为阳离子的系统分析。

阳离子的系统分析方法有多种。本实验结合学生学到的无机化学理论知识以及元素和化合物性质等知识，将多种阳离子先分为六组。

第一组（易溶组）：NH_4^+、Na^+、K^+、Mg^{2+}；

第二组（氯化物组）：Ag^+、Pb^{2+}、Hg_2^{2+}；

第三组（硫酸盐组）：Ba^{2+}、Ca^{2+}、Pb^{2+}；

第四组（氨合物组）：Cu^{2+}、Cd^{2+}、Zn^{2+}、Co^{2+}、Ni^{2+}；

第五组（两性组）：Al^{3+}、Cr^{3+}、$Sb(Ⅲ、V)$、$Sn(Ⅱ、Ⅳ)$；

第六组（氢氧化物组）：Fe^{2+}、Fe^{3+}、Bi^{3+}、Mn^{2+}、Hg^{2+}。

分离方法见阳离子系统分析图（图6-2）。

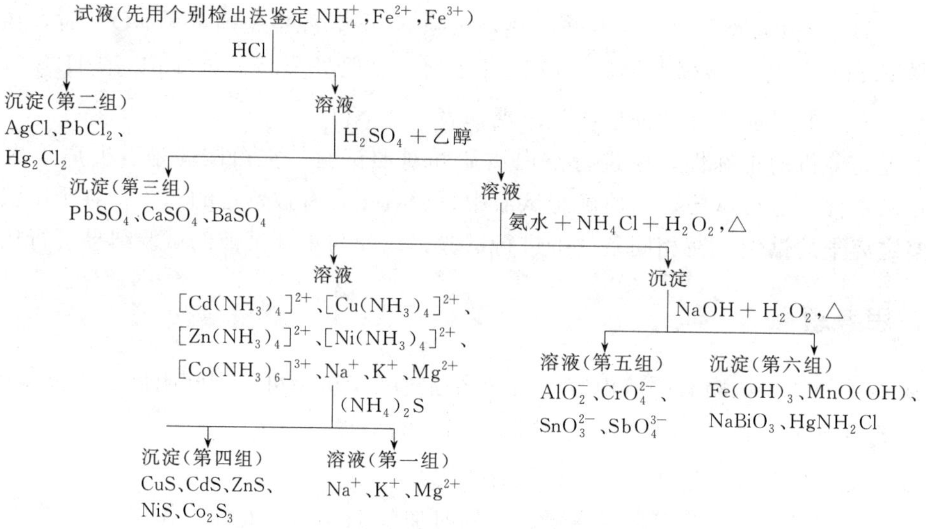

```
试液（先用个别检出法鉴定 NH₄⁺, Fe²⁺, Fe³⁺）
                │ HCl
        ┌───────┴───────┐
    沉淀(第二组)        溶液
    AgCl、PbCl₂、         │ H₂SO₄ + 乙醇
    Hg₂Cl₂          ┌────┴────┐
                 沉淀(第三组)  溶液
                 PbSO₄、CaSO₄、BaSO₄  │ 氨水 + NH₄Cl + H₂O₂, △
                                ┌────┴────┐
                              溶液        沉淀
                    [Cd(NH₃)₄]²⁺、[Cu(NH₃)₄]²⁺、    │ NaOH + H₂O₂, △
                    [Zn(NH₃)₄]²⁺、[Ni(NH₃)₄]²⁺、  ┌──┴──┐
                    [Co(NH₃)₆]³⁺、Na⁺、K⁺、Mg²⁺   溶液(第五组)  沉淀(第六组)
                            │ (NH₄)₂S           AlO₂⁻、CrO₄²⁻、  Fe(OH)₃、MnO(OH)、
                    ┌───────┴───────┐           SnO₃²⁻、SbO₄³⁻   NaBiO₃、HgNH₂Cl
                沉淀(第四组)   溶液(第一组)
                CuS、CdS、ZnS、  Na⁺、K⁺、Mg²⁺
                NiS、Co₂S₃
```

图 6-2 阳离子系统分析图

在阳离子系统分析基础上，再根据各组离子的特性，加以分离和鉴定。

1. 第一组（易溶组）阳离子的分析

本组阳离子主要有 NH_4^+、K^+、Na^+、Mg^{2+} 等，它们的盐多数易溶于水，没有一种共同的试剂可作为组试剂，所以采用个别鉴定方法将它们检出。

（1）NH_4^+ 的鉴定

取两块表面皿，一块表面皿内滴入2滴试液与2~3滴40% NaOH 溶液，另一块表面皿贴上红色石蕊试纸，然后将两块表面皿扣在一起做成气室，若红色石蕊试纸变蓝，则表示有 NH_4^+ 存在。

（2）K^+ 的鉴定

取3~4滴试液，加入1~2滴 $6.0\ mol\cdot L^{-1}$ HAc 酸化，再加入4~5滴饱和 $Na_3[Co(NO_2)_6]$ 溶液，用玻璃棒搅拌，并摩擦试管内壁，片刻后如有黄色沉淀生成，则表明有 K^+ 存在，NH_4^+ 与 $Na_3[Co(NO_2)_6]$ 作用也能生成黄色沉淀，干扰 K^+ 的鉴定，应预先用灼烧法除去。

（3）Na^+ 的鉴定

取3~4滴试液，加入1滴 $6.0\ mol\cdot L^{-1}$ HAc 及7~8滴乙酸铀酰锌溶液，用玻璃棒在试管内壁摩擦，如有黄色晶体沉淀生成，则表示有 Na^+ 存在。

（4）Mg^{2+} 的鉴定

取1滴试液，加入 $6.0\ mol\cdot L^{-1}$ NaOH 及镁试剂各1~2滴，搅拌均匀后，如有天蓝色沉淀生成，则表示有 Mg^{2+} 存在。

2. 第二组（氯化物组）阳离子的分析

本组阳离子主要有 Ag^+、Hg_2^{2+}、Pb^{2+} 等，它们的氯化物都不溶于水，但 $PbCl_2$ 可溶于 NH_4Ac 和热水中，$AgCl$ 可溶于过量的 $NH_3\cdot H_2O$ 中。因此，这3种离子检出时，可先把它们沉淀成氯化物，然后再进行鉴定。氯化物组系统分析见图 6-3。

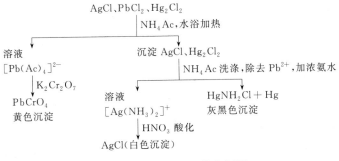

图 6-3 氯化物组系统分析图

取 20 滴未知液，加入 2.0 mol·L^{-1} HCl 至沉淀完全（若无沉淀，表示无本组离子），离心分离（注意离心液保留作其他离子的分离与鉴定）。沉淀用 1.0 mol·L^{-1} HCl 洗涤两次，然后按氯化物组分析图进行分析和鉴定。

3. 第三组（硫酸盐组）阳离子的分析

本组阳离子有 Ba^{2+}、Ca^{2+}、Pb^{2+} 等，它们的硫酸盐都不溶于水，其中 $CaSO_4$ 溶解度稍大，所以 Ca^{2+} 只有在浓的 Na_2SO_4 溶液中才生成 $CaSO_4$ 沉淀，但加入乙醇溶解度可明显降低。用饱和 Na_2CO_3 溶液加热处理这些硫酸盐，则可转化为碳酸盐。

$$MSO_4(s) + CO_3^{2-} \rightleftharpoons MCO_3 \downarrow + SO_4^{2-}$$

$BaSO_4$ 需用饱和 Na_2CO_3 溶液反复加热处理，这些碳酸盐溶于 HAc 中。硫酸盐组阳离子还与可溶性草酸盐作用，生成白色草酸盐沉淀，其中 BaC_2O_4 溶解度较大，溶于 HAc。Ca^{2+} 在 EDTA 存在时，仍可与 $C_2O_4^{2-}$ 作用生成 CaC_2O_4 沉淀，而 Pb^{2+} 因与 EDTA 作用生成稳定的配合物而不产生沉淀，借此可使 Ca^{2+} 与 Pb^{2+} 分离。

取分离第二组的 20 滴保留液在水浴中加热，加入 1.0 mol·L^{-1} H_2SO_4 至沉淀完全后，再过量数滴（若无沉淀，表示无本组阳离子），然后加入数滴 95% 乙醇，静置冷却后离心分离（离心液保留作其他组阳离子分析），沉淀用混合溶液（10 滴 1.0 mol·L^{-1} H_2SO_4 和 3~4 滴乙醇）洗涤 1~2 次，弃去洗涤液，然后按图 6-4 硫酸盐组分析图进行分析和鉴定。

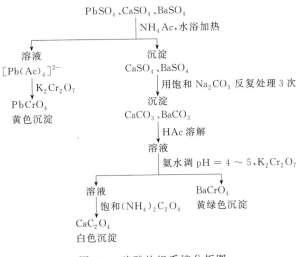

图 6-4 硫酸盐组系统分析图

4. 第四组（氨合物组）阳离子的分析

本组阳离子主要有 Cu^{2+}、Cd^{2+}、Zn^{2+}、Co^{2+}、Ni^{2+} 等，它们和过量的氨水都能生成相应的氨合物，而 Fe^{3+}、Al^{3+}、Mn^{2+}、Cr^{3+}、Bi^{3+}、Sb^{3+}、Sn^{2+}、Sn^{4+}、Hg^{2+} 等离子在过量氨水中因生成氢氧化物沉淀与本组阳离子分离。Hg^{2+} 在大量 NH_4^+ 存在时，将和氨水形成 $[Hg(NH_3)_4]^{2+}$ 而进入氨合物组。$Al(OH)_3$ 是典型的两性氢氧化物，能部分溶解在过量氨水中，因此加入铵盐可使 OH^- 浓度降低，从而防止 $Al(OH)_3$ 的溶解。但是降低了 OH^- 浓度，将使 Mn^{2+} 不能形成氢氧化物沉淀，故需在溶液中加入 H_2O_2，把 Mn^{2+} 氧化生成溶解度小的 $MnO(OH)_2$ 棕色沉淀。所以本组阳离子分离条件应为：在适量 NH_4Cl 存在时，加入过量氨水和适量 H_2O_2，此时本组阳离子因形成氨合物而与其他离子分离。

取 20 滴分离第三组后的保留溶液，加入 2 滴 $3.0 \text{ mol} \cdot L^{-1}$ NH_4Cl，3～4 滴 3% H_2O_2，用浓氨水碱化后，在水浴中加热，再加浓氨水直至沉淀不再生成，再过量 4～5 滴，取出，冷却后离心分离（沉淀保留作其他组阳离子的分析），离心液按图 6-5 氨合物组分析图进行分析和鉴定。

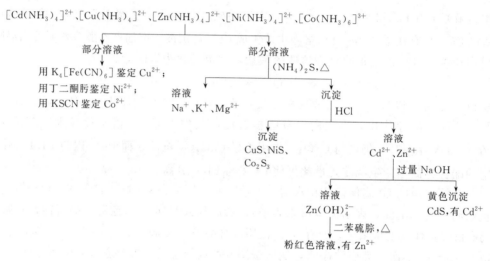

图 6-5 氨合物组系统分析图

在分离第四组阳离子后保留的沉淀中加入 3～4 滴 3% H_2O_2 溶液，15 滴 $6.0 \text{ mol} \cdot L^{-1}$ $NaOH$ 溶液，在沸水浴中加热搅拌 3～5 min，使 CrO_2^- 氧化为 CrO_4^{2-} 离心分离，离心液作鉴定第五组阳离子用，沉淀作鉴定第六组阳离子用。其分析步骤如图 6-6 所示。

5. 第五组（两性组）阳离子的分析

第五组（两性组）阳离子有 Al^{3+}、Cr^{3+}、$Sb(Ⅲ、Ⅴ)$、$Sn(Ⅱ、Ⅳ)$ 等离子。第六组（氢氧化物组）阳离子有 Fe^{2+}、Fe^{3+}、Bi^{3+}、Mn^{2+}、Hg^{2+} 等离子。这两组阳离子主要存在分离第四组后的沉淀中，利用 Al、Cr、Sb、Sn 的氢氧化物具有两性，可用过量的碱将这两组离子分离。

(1) Cr^{3+} 的鉴定

取 3 滴离心液，加 5 滴乙醚，逐滴加入浓 HNO_3 酸化，加 2～3 滴 3% H_2O_2，振荡，乙醚层出现蓝色表示有 Cr^{3+} 存在。

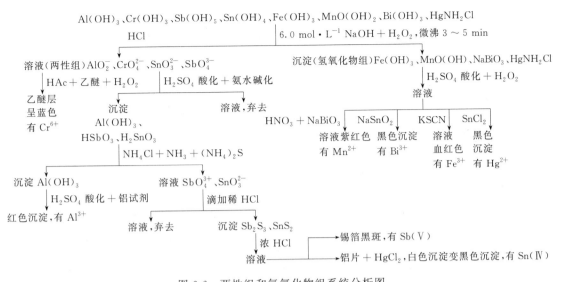

图 6-6 两性组和氢氧化物组系统分析图

(2) Al^{3+} 的鉴定

将剩余离心液用 H_2SO_4 酸化，然后用氨水碱化，离心分离，弃离心液，沉淀用 0.1 mol·L^{-1} NH_4Cl 洗涤，加入 3.0 mol·L^{-1} NH_4Cl 及浓氨水各 2 滴、7～8 滴 $(NH_4)_2S$ 溶液，在水浴中加热至沉淀凝聚，离心分离（沉淀是什么？离心液是什么？）。

沉淀用含有数滴 0.1 mol·L^{-1} NH_4Cl 的溶液洗涤 1～2 次，加入 2～3 滴 H_2SO_4，加热使沉淀溶解，然后加入 3 滴 3.0 mol·L^{-1} NaAc 溶液、2 滴铝试剂，搅拌，在沸水浴中加热 1～2 min，如果有红色絮状沉淀出现，表示有 Al^{3+} 存在。

离心液用 HCl 逐滴中和至呈酸性后，离心分离，弃去离心液（沉淀是什么？）。在沉淀中加入 15 滴浓 HCl，在沸水中加热充分搅拌，除尽 H_2S 后，离心分离，弃去不溶物（可能是硫）。

(3) Sn(Ⅳ) 离子的鉴定

取 10 滴上述离心液，加入铝片或少许镁粉，在水浴上加热，使之完全溶解，再加 1 滴浓 HCl，加 2 滴 $HgCl_2$，搅拌，若有白色或灰黑色沉淀析出，表示有 Sn(Ⅳ) 存在。

(4) Sb(Ⅴ) 离子的鉴定

取 1 滴上述离心液，滴在光亮的锡箔上，2～3 min 后如果锡箔上出现黑色斑点，表示有 Sb(Ⅴ) 存在。

6. 第六组（氢氧化物组）阳离子的分析

取第五组实验中所得的沉淀，加入 10 滴 3.0 mol·L^{-1} H_2SO_4、2～3 滴 3% H_2O_2，在充分搅拌下加热 3～5 min，以溶解沉淀和破坏过量的 H_2O_2。离心分离，弃去不溶物，离心液供下列 Mn^{2+}、Bi^{3+}、Fe^{3+} 和 Hg^{2+} 的鉴定。

(1) Mn^{2+} 的鉴定

取 2 滴离心液，加入数滴 HNO_3，加入少量 $NaBiO_3$ 固体（约火柴头大小）。搅拌、离心沉降，如果溶液呈紫红色，表示有 Mn^{2+} 存在。

(2) Bi^{3+} 的鉴定

取 2 滴离心液，加入数滴亚锡酸钠溶液，如果有黑色沉淀出现表示有 Bi^{3+} 存在。

（3）Hg^{2+} 的鉴定

取 2 滴离心液，加入数滴新配制的 $SnCl_2$，若有白色或灰黑色沉淀析出，表示有 Hg^{2+} 存在。

（4）Fe^{3+} 的鉴定

取 1 滴离心液，加入 1 滴 KSCN 溶液，若溶液呈血红色，表示有 Fe^{3+} 存在。

三、实验用品

仪器、用品：离心机，离心管，试管。

试剂、材料：3% H_2O_2，饱和 H_2S，$NaBiO_3$（固），2.0 mol·L^{-1} HCl，HNO_3（6.0 mol·L^{-1}，浓），6.0 mol·L^{-1} HAc，H_2SO_4（1.0 mol·L^{-1}，3.0 mol·L^{-1}），NH_3·H_2O（6.0 mol·L^{-1}，浓），6.0 mol·L^{-1} NaOH，0.1 mol·L^{-1} $K_2Cr_2O_7$，0.1 mol·L^{-1} K_2CrO_4，0.1 mol·L^{-1} $K_4[Fe(CN)_6]$，0.1 mol·L^{-1} $SnCl_2$，0.1 mol·L^{-1} KSCN，0.1 mol·L^{-1} $HgCl_2$，饱和 KSCN，饱和 Na_2CO_3，3.0 mol·L^{-1} NH_4Ac，3.0 mol·L^{-1} NaAc，3.0 mol·L^{-1} NH_4Cl，6.0 mol·L^{-1} $(NH_4)_2S$，铝、锡片，乙醇（95%），戊醇，丁二肟，二苯硫脲，乙醚，丙酮，铝试剂，镁试剂，pH 试纸。

四、实验内容

根据实验原理，分别鉴定所述 16～22 种常见阳离子，观察实验现象，写出反应方程式。配制下列各组溶液，并设计合理的分离鉴定步骤，记录每步的实验现象。

① K^+、Na^+、NH_4^+、Mg^{2+}；
② Cr^{3+}、Al^{3+}、Zn^{2+}、Cd^{2+}；
③ Fe^{3+}、Co^{2+}、Ni^{2+}、Mn^{2+}；
④ Ag^+、Hg^{2+}、Cu^{2+}、Pb^{2+}；
⑤ Ba^{2+}、Sn^{4+}、Sb^{3+}、Bi^{3+}。

自行设计若干种混合离子溶液的分离方案，并验证。

五、思考题

1. 本实验将常见阳离子分为六组，各组有哪些离子？
2. 如果未知液呈碱性，哪些离子可能不存在？
3. 在分离五、六组离子时，为何要加过量 NaOH、H_2O_2，以及加热？
4. 用 NH_4SCN 法鉴定 Co^{2+} 时，Fe^{3+} 的存在有无干扰，应如何消除？
5. 从氨合物组中鉴定 Co^{2+} 时，为什么要加 HCl 酸化，同时还要加入数滴 $SnCl_2$ 溶液？

第七章

综合实验和设计实验

 基本要求

通过前面各章的学习和训练,学生已具备一定的理论基础和实践知识。在实际生产和科研工作中,从基本原料开始,包括合成、分离、提纯到产品检测的一系列复杂问题,需要学生综合运用所学的各门学科的知识,应用多种方法去解决问题。本章选择部分典型的综合实验和设计实验,进一步培养学生的综合能力。其中,有些实验要求学生运用学过的知识,查阅资料,独立设计实验方案(包括实验方法、步骤、主要仪器、试剂等),经教师审阅后独立地完成实验。本章实验可用于较高层次的培养要求。

实验三十三　三草酸合铁(Ⅲ)酸钾的制备及其组成的测定

Ⅰ. 三草酸合铁(Ⅲ)酸钾的制备

一、实验目的

1. 掌握三草酸合铁(Ⅲ)酸钾的制备方法。
2. 巩固加热、倾析、过滤和结晶等操作技术。

二、实验提要

三草酸合铁(Ⅲ)酸钾 $K_3[Fe(C_2O_4)_3]\cdot 3H_2O$,中心离子为六配位的 Fe^{3+},配体为双齿的草酸根配体 $C_2O_4^{2-}$,配离子为 $[Fe(C_2O_4)_3]^{3-}$。晶体外观呈翠绿色菱形片状,单斜晶系,$P2_1/c$ 空间群,易溶于水[溶解度:0 ℃,4.7 g·(100 g H$_2$O)$^{-1}$;100 ℃,117.7 g·(100 g H$_2$O)$^{-1}$],难溶于冷的乙醇。110 ℃失去全部结晶水,230 ℃时晶体分解。

三草酸合铁(Ⅲ)酸钾对光敏感,易分解生成黄色草酸亚铁,发生如下反应:

$$2K_3[Fe(C_2O_4)_3] \xrightarrow{光} 3K_2C_2O_4 + 2FeC_2O_4 + 2CO_2\uparrow$$

这种感光性质可用于制晒图纸。它是制备负载型活性铁催化剂的主要原料,也是一些有机反应的良好催化剂,具有一定的工业应用价值。

三草酸合铁(Ⅲ)酸钾有多种制备方法。本实验的制备方法以硫酸亚铁铵为原料,通过三步反应将原料转化为目标产物。

第一步,硫酸亚铁铵与过量的草酸($H_2C_2O_4$)反应,制得草酸亚铁(FeC_2O_4),反应式为:
$$(NH_4)_2Fe(SO_4)_2 \cdot 6H_2O + H_2C_2O_4 \rightleftharpoons FeC_2O_4 \cdot 2H_2O + (NH_4)_2SO_4 + H_2SO_4 + 4H_2O$$

$FeC_2O_4 \cdot 2H_2O$ 容易形成胶体,加热溶液以破坏胶体的形成,促进沉淀颗粒的聚集和长大,使其沉淀析出。

第二步,在制备的 FeC_2O_4 沉淀中加入草酸钾,此时溶液转变为弱碱性,接着加入过氧化氢,将 Fe^{2+} 氧化成 Fe^{3+},反应式为:
$$HO_2^- + H_2O + 2Fe^{2+} \rightleftharpoons 2Fe^{3+} + 3OH^-$$

此反应可分解为氧化和还原两个过程:

氧化过程:$2Fe^{2+} - 2e^- \rightleftharpoons 2Fe^{3+}$ $E^{\ominus}(Fe^{3+}/Fe^{2+}) = 0.771$ V

还原过程:$HO_2^- + H_2O + 2e^- \rightleftharpoons 3OH^-$ $E^{\ominus}(HO_2^-/OH^-) = 0.878$ V

当溶液中的 OH^- 浓度足够高时,以上反应得到的 Fe^{3+} 便会与 OH^- 结合生成氢氧化铁沉淀,反应式为:
$$Fe^{3+} + 3OH^- \rightleftharpoons Fe(OH)_3 \downarrow$$

第三步,继续加入 $H_2C_2O_4$,$Fe(OH)_3$ 溶解,转化为可溶于水的 $K_3[Fe(C_2O_4)_3]$,反应式为:
$$3K_2C_2O_4 + 2Fe(OH)_3 + 3H_2C_2O_4 \longrightarrow 2K_3[Fe(C_2O_4)_3] + 6H_2O$$

上述反应生成的翠绿色溶液经过进一步的结晶过程,得到 $K_3[Fe(C_2O_4)_3] \cdot 3H_2O$ 晶体。在结晶过程中,控制溶剂挥发的速度可以得到尺寸较大的晶体;另外,加入乙醇可促进结晶的析出。

后几步的总反应式为:
$$2FeC_2O_4 \cdot 2H_2O + 3K_2C_2O_4 + H_2O_2 + H_2C_2O_4 \rightleftharpoons 2K_3[Fe(C_2O_4)_3] \cdot 3H_2O$$

三、实验流程

$(NH_4)_2Fe(SO_4)_2$ $\xrightarrow{\text{草酸}}$ FeC_2O_4 沉淀 $\xrightarrow{\text{1. 草酸钾,2. } H_2O_2,\text{ 3. 草酸}}$ $K_3[Fe(C_2O_4)_3]$ 溶液 $\xrightarrow{\text{静置1周}}$ $K_3[Fe(C_2O_4)_3] \cdot 3H_2O$ 结晶

四、实验用品

仪器、用品:烧杯,量筒,三角漏斗,布氏漏斗,抽滤瓶,温度计(0~100 ℃),定性滤纸。

试剂、材料:$(NH_4)_2Fe(SO_4)_2 \cdot 6H_2O$(分子量为392.14),1.0 mol·$L^{-1}$ H_2SO_4,二水合草酸($H_2C_2O_4 \cdot 2H_2O$,分子量为126.07),一水合草酸钾($K_2C_2O_4 \cdot H_2O$,分子量为184.23),3% H_2O_2,95%乙醇。

五、实验内容

1. 草酸亚铁的制备

称取5.0 g(40 mmol)$H_2C_2O_4 \cdot 2H_2O$ 置于100 mL 烧杯中,加入40 mL 去离子水,

搅拌，并加热至近沸，当大部分固体溶解时，得到浓度约为 1.0 mol·L^{-1} 的 $H_2C_2O_4$ 溶液。

称取 5.0 g（13 mmol）$(NH_4)_2Fe(SO_4)_2·6H_2O$ 置于 100 mL 烧杯中，加入 15 mL 去离子水和 1.0 mL 1.0 mol·L^{-1} H_2SO_4，加热使固体溶解，得到淡绿色溶液。在搅拌条件下，向此溶液中缓慢滴加 25 mL 所制备的 1.0 mol·L^{-1} $H_2C_2O_4$ 溶液，得到黄色沉淀后，将混合物加热至微沸，并维持此状态 3～5 min，并不断搅拌，以免发生爆沸。静置，待黄色沉淀沉降下来后，用倾析法弃去上层清液，接着向烧杯中加入 20 mL 温热的去离子水洗涤晶体 2～3 次。

2. 三草酸合铁(Ⅲ)酸钾的制备

称取 3.7 g（20 mmol）$K_2C_2O_4·H_2O$ 置于 100 mL 烧杯中，加入 20 mL 去离子水，搅拌，并加热至近沸，当固体完全溶解后，将此溶液加入黄色草酸亚铁沉淀中，将烧杯置于水浴中，控温至 40～50 ℃，在搅拌下向烧杯缓慢滴加 20 mL 3% H_2O_2。滴加完毕后，烧杯中的黄色沉淀转变成了红褐色沉淀。在搅拌条件下，将所得的混合溶液加热煮沸，除去过量的 H_2O_2。然后加入 5mL 所制备的 1.0 mol·L^{-1} $H_2C_2O_4$ 溶液（需保持温热状态），可观察到红褐色沉淀逐渐溶解，溶液逐渐变为黄绿色。在不断搅拌条件下，再滴加少量 1.0 mol·L^{-1} $H_2C_2O_4$ 溶液至溶液转变成翠绿色透明溶液。常压过滤到一个 100 mL 的烧杯中，贴上标签，写上姓名，自然放置 1 周。

将翠绿色的片状晶体减压过滤，并用少量乙醇洗涤产物，称重，计算产率。

六、思考题

1. 为什么要在近沸条件下加入 $H_2C_2O_4$ 溶液？
2. 所得到的红褐色沉淀主要成分是什么？
3. 为什么要除去过量的 H_2O_2？
4. 为什么最后补加的 $H_2C_2O_4$ 溶液不能过量（不应超过 8 mL）？

Ⅱ. 三草酸合铁(Ⅲ)酸钾阴离子电荷的测定——电导率法

一、实验目的

1. 了解用电导率法测定离子电荷的原理。
2. 学会用电导率仪测定溶液电导。

二、实验提要

物质的导电能力大小，通常以电阻（R）或电导（G）表示，电导为电阻的倒数：

$$G = \frac{1}{R}$$

电导的单位为西门子，用符号 S 表示。

和金属一样，电解质溶液的电阻也符合欧姆定律。当温度一定时，两极间溶液的电阻与

两极间距离 l 成正比，与电极面积 A 成反比。

$$R = \rho \frac{l}{A}$$

式中，ρ 称为电阻率，它的倒数为电导率，以 κ 表示，κ 的单位为 $S \cdot m^{-1}$。

$$\kappa = \frac{1}{\rho}$$

将 $R = \rho \frac{l}{A}$、$\kappa = \frac{1}{\rho}$ 代入 $G = \frac{1}{R}$ 中可得：

$$G = \kappa \frac{A}{l} \quad 或 \quad \kappa = G \frac{l}{A}$$

电导率 κ 表示放在相距 1 m、面积为 1 m^2 的两个电极之间溶液的电导。A 称为电极常数或电导池常数，因为在电导池中，所有的电极距离和面积是一定的，所以其比值对某一电极来说为一固定的常数。

在一定温度下，相距 1 m 的两平行电极间含有 1 mol 的电解质溶液的电导，用 λ 表示，V 表示含有 1 mol 电解质溶液的体积（m^3），c 表示物质的量浓度（$mol \cdot m^{-3}$），这样，摩尔电导与电导率 κ 的关系为：

$$\lambda = \kappa V = \frac{\kappa}{c}$$

摩尔电导的单位为 $S \cdot m^2 \cdot mol^{-1}$。对于电解质，在无限稀释时，离子间的相互作用可视为零，即离子是完全自由的，此时溶液的摩尔电导与溶液中存在的离子数及离子电荷数有关。通过测定配合物的摩尔电导，可以判断该配合物的离子类型。

25 ℃无限稀释时，各种类型的离子化合物的摩尔电导，在下列范围内：

MA 型： $\lambda_{1024} = 118 \times 10^{-4} \sim 131 \times 10^{-4}$ $S \cdot m^2 \cdot mol^{-1}$

M_2A 或 MA_2 型： $\lambda_{1024} = 235 \times 10^{-4} \sim 237 \times 10^{-4}$ $S \cdot m^2 \cdot mol^{-1}$

M_3A 或 MA_3 型： $\lambda_{1024} = 408 \times 10^{-4} \sim 442 \times 10^{-4}$ $S \cdot m^2 \cdot mol^{-1}$

M_4A 或 MA_4 型： $\lambda_{1024} = 523 \times 10^{-4} \sim 553 \times 10^{-4}$ $S \cdot m^2 \cdot mol^{-1}$

λ 右下角数字表示 1 mol 溶质溶解后稀释的体积数，以 L 表示，常称为溶液的稀度。

三、实验流程

配制稀度为 1024 $L \cdot mol^{-1}$ 的样品 → 测定样品的电导率 → 数据处理

四、实验用品

仪器、用品：电导率仪，100 mL、50 mL 容量瓶，10 mL 移液管，2 只 50 mL 烧杯，分析天平，洗耳球，玻璃棒。

试剂、材料：三草酸合铁（Ⅲ）酸钾（固），饱和酒石酸氢钠，0.5 $mol \cdot L^{-1}$ $FeCl_3$，0.1 $mol \cdot L^{-1}$ KSCN，3.0 $mol \cdot L^{-1}$ H_2SO_4，$K_2C_2O_4$ 溶液，0.5 $mol \cdot L^{-1}$ $CaCl_2$。

五、实验内容

1. 配制稀度为 1024 $L \cdot mol^{-1}$ 的样品溶液

在分析天平上准确称取 0.24~0.25 g 三草酸合铁（Ⅲ）酸钾，在小烧杯中加水溶解，转移至 100 mL 容量瓶，再用少量水洗涤烧杯 2~3 次，洗涤液转入容量瓶中，加水稀释至刻度，摇匀。根据计算再吸取一定体积该溶液于 50 mL 容量瓶中，稀释至刻度，摇匀。

计算示例：

若称取 0.2398 g $K_3[Fe(C_2O_4)_3] \cdot 3H_2O$，溶于 100 mL 容量瓶中，此时样品的稀度（即物质的量浓度的倒数）为：

$$\frac{1}{\dfrac{0.2398 \text{ g}}{491.15 \text{ g} \cdot \text{mol}^{-1}} \times \dfrac{1}{0.100 \text{ L}}} = 204.82 \text{ L} \cdot \text{mol}^{-1}$$

为配制 50 mL 稀度为 1024 $L \cdot mol^{-1}$ 的溶液，需用上述稀度为 204.82 $L \cdot mol^{-1}$ 的溶液的体积为 V(mL)，则

根据 $c_1V_1 = c_2V_2$，有

$$\frac{1}{204.82} \times V_1 = \frac{1}{1024} \times 50 \text{ mL}$$

$$V_1 = 10.00 \text{ mL}$$

故从 100 mL 容量瓶中吸取 10.00 mL 溶液，稀释至 50 mL，其溶液的稀度即为 1024 $L \cdot mol^{-1}$。

2. 测定样品的电导率

用电导率仪测定样品的电导率 κ，计算 λ_{1024}，从而判断三草酸合铁(Ⅲ)酸钾配合物的离子类型。

六、数据记录与处理

固体样品质量/g _____

初配溶液的稀度/($L \cdot mol^{-1}$) _____

溶液初始体积 $V_{初}$/mL _____

1024 $L \cdot mol^{-1}$ 溶液电导率 κ/($S \cdot m^{-1}$) _____

$\lambda_{1024} = (\kappa/c)/(S \cdot m^2 \cdot mol^{-1})$ _____

样品的离子类型_____

扩展实验

1. 产物的定性分析

（1）鉴定 K^+

在试管中取少量产物加去离子水溶解，再加入 1 mL 饱和酒石酸氢钠溶液，充分摇动试管（可用玻璃棒摩擦试管内壁后放置片刻），观察现象。

（2）鉴定 Fe^{3+}

在试管中取少量产物加去离子水溶解，另取一支试管加入少量的 $FeCl_3$ 溶液，各加 2 滴 0.1 $mol \cdot L^{-1}$ KSCN，观察现象。在装有产物溶液的试管中加入 2 滴 3.0 $mol \cdot L^{-1}$ H_2SO_4，再观察溶液颜色有何变化，解释实验现象。

（3）鉴定 $C_2O_4^{2-}$

在试管中取少量产物加去离子水溶解，另取一支试管加入少量 $K_2C_2O_4$ 溶液，各加入

2 滴 0.5 mol·L^{-1} CaCl$_2$，观察现象有何不同。

根据实验（1）、（2）、（3）的结果，判断该产物是复盐还是配合物。配合物的中心离子、配位体各是什么？

2. 三草酸合铁(Ⅲ)酸钾的感光性质

（1）制晒图纸

在小烧杯中把 1 g 三草酸合铁(Ⅲ)酸钾溶解于 5 mL 水中，在另一只小烧杯中用 5 mL 水溶解 1.3 g 铁氰化钾，将上述两种溶液倒在瓷盘中，混匀，取几张滤纸浸于溶液中，几分钟后取出，晾干。以上操作均需在暗室中进行，经这样处理的纸就是通常晒图用的晒图纸（黄色）。

（2）制作蓝图

取两张自制的晒图纸，在一张晒图纸上放置一个扁平不透明的物体（如钥匙）；另一张晒图纸上放一张用墨水画了图的玻璃纸，将两张纸用夹子夹紧。然后都置于强光源或阳光下照射，5min 后取下晒图纸上扁平的物体和玻璃纸，用水冲洗图纸，将观察到在蓝色衬底的纸上显示出扁平物体和画的白色图像。

七、思考题

1. 本实验测定配合物离子类型的原理是什么？
2. 如果自制的三草酸合铁(Ⅲ)酸钾中含有较多的杂质离子，对本实验将会产生哪些影响？
3. 你认为称取样品时把质量凑足为 0.2398 g 更好？还是准确称量质量大于 0.2398 g 更好？
4. 本实验所取用的两个容量瓶，你认为是否都要烘干？为什么？

Ⅲ. 三草酸合铁(Ⅲ)酸钾配离子组成的测定

一、实验目的

用氧化还原滴定法测定三草酸合铁(Ⅲ)酸钾配离子组成中 $C_2O_4^{2-}$ 及 Fe^{3+} 的含量。

二、实验提要

配阴离子的组成可通过化学分析方法进行测定。其中 $C_2O_4^{2-}$ 的含量可直接用 $K_2Cr_2O_7$ 标准溶液在酸性介质中滴定：

$$3C_2O_4^{2-} + Cr_2O_7^{2-} + 14H^+ = 6CO_2 + 2Cr^{3+} + 7H_2O$$

Fe^{3+} 的含量可用还原剂 $SnCl_2$ 将它还原为 Fe^{2+}，再用 $K_2Cr_2O_7$ 标准溶液滴定：

$$2Fe^{3+} + Sn^{2+} = 2Fe^{2+} + Sn^{4+}$$

为了将 Fe^{3+} 全部还原为 Fe^{2+}，本实验先用 $SnCl_2$ 将大部分 Fe^{3+} 还原，然后用 Na_2WO_4 作指示剂，用 $TiCl_3$ 将剩余的 Fe^{3+} 还原为 Fe^{2+}：

$$Fe^{3+} + Ti^{3+} + H_2O = Fe^{2+} + TiO^{2+} + 2H^+$$

Fe^{3+} 定量还原为 Fe^{2+} 后，过量一滴 $TiCl_3$ 溶液即可使无色 Na_2WO_4 还原为钨蓝（钨的五价化合物),同时过量的 Ti^{3+} 被氧化为 TiO^{2+}。为了消除溶液的蓝色,加入微量 Cu^{2+} 作催化剂,利用水中的溶解氧将钨蓝氧化,蓝色消失,然后用 $K_2Cr_2O_7$ 标准溶液滴定 Fe^{2+}:

$$Cr_2O_7^{2-} + 6Fe^{2+} + 14H^+ = 2Cr^{3+} + 6Fe^{3+} + 7H_2O$$

由于滴定过程中生成黄色的 Fe^{3+},影响终点的正确判断,故加入 H_3PO_4,使之与 Fe^{3+} 配合生成无色的 $[Fe(PO_4)_2]^{3-}$,这样既消除了 Fe^{3+} 对滴定终点颜色的干扰,又减小了 Fe^{3+} 浓度,从而降低了 Fe^{3+}/Fe^{2+} 电对的条件电极电位,使滴定突跃范围的电位降低,用二苯胺磺酸钠指示剂能清楚、正确地判断终点。

三、实验流程

配制试液 → $C_2O_4^{2-}$ 的测定 → Fe^{3+} 的测定

四、实验用品

仪器、用品:电子天平(0.1 mg),50 mL 酸式滴定管,250 mL 容量瓶,250 mL 锥形瓶,移液管。

试剂、材料:6.0 mol·L^{-1} HCl,$K_2Cr_2O_7$(AR),15% $SnCl_2$,6% $TiCl_3$,0.4% $CuSO_4$,3.0 mol·L^{-1} H_2SO_4,2.5% Na_2WO_4,H_2SO_4-H_3PO_4 混合酸(200 mL 浓 H_2SO_4 在搅拌下缓慢注入 500 mL 水中,再加 300 mL 浓 H_3PO_4),0.2% 二苯胺磺酸钠指示剂。

五、实验内容

1. 试液的配制

准确称取 1.0~1.2 g $K_3[Fe(C_2O_4)_3]·3H_2O$(称准至四位有效数字)于烧杯中,加水溶解,定量转移到 250 mL 容量瓶中,稀释至刻度,摇匀。

2. $C_2O_4^{2-}$ 的测定

准确吸取 25.00 mL 试液于 250 mL 锥形瓶中,加入 10 mL 3 mol·L^{-1} H_2SO_4,2~3 滴 0.2% 二苯胺磺酸钠指示剂,混匀。用 $K_2Cr_2O_7$ 标准溶液(按计算量配制)滴定至溶液呈紫红色,并保持 30 s 内不褪色,即达终点。由消耗的 $K_2Cr_2O_7$ 体积 V_1,计算 $C_2O_4^{2-}$ 的质量分数。

3. Fe^{3+} 的测定

准确吸取 25 mL 试液置于 250 mL 锥形瓶中,加入 10 mL 6.0 mol·L^{-1} HCl 溶液,加热至 75~80 ℃。逐滴加入 15% $SnCl_2$ 至溶液呈浅黄色,使大部分 Fe^{3+} 还原为 Fe^{2+}。加入 1 mL 2.5% Na_2WO_4,滴加 6% $TiCl_3$ 至溶液呈蓝色,并过量 1 滴。加入 2 滴 0.4% $CuSO_4$ 溶液、20 mL 去离子水,在冷水中冷却并振荡至蓝色褪尽。加入 15 mL H_2SO_4-H_3PO_4 混合酸,5 滴 0.2% 二苯胺磺酸钠指示剂,然后用 $K_2Cr_2O_7$ 标准溶液(按计算量配制)滴定至溶液呈紫红色,并保持 30 s 不褪色,即达终点。记下消耗的 $K_2Cr_2O_7$ 体积 V_2,用差减法计算 Fe^{3+} 的质量分数。

六、数据记录与处理

(1) 列表记录滴定中消耗的 $K_2Cr_2O_7$ 标准溶液的体积,计算三草酸合铁(Ⅲ)酸钾配阴离子组成中 Fe^{3+}、$C_2O_4^{2-}$ 的质量分数,并与理论值比较。

(2) 试分析实验误差产生的原因。

(3) Fe^{3+} 的测定中,还原样品中的 Fe^{3+} 要用 $SnCl_2$、$TiCl_3$ 两个还原剂。试讨论若只用其中一个还原剂还原 Fe^{3+} 时,将对分析结果产生的影响。

七、注意事项

在 Fe^{3+} 的测定中,为了加速 Fe^{3+} 的还原,应趁热滴加还原剂 $SnCl_2$ 与 $TiCl_3$(75~80 ℃)。$SnCl_2$ 加入量必须适量,滴加至溶液呈浅黄色。由于 Fe^{3+} 和 Sn^{2+} 反应速率较慢,若滴至浅黄色,经摇动后有可能会变成无色。此时 $SnCl_2$ 已过量,会导致分析结果偏高。若 $SnCl_2$ 滴入过量,可滴加 $KMnO_4$ 溶液至溶液呈浅黄色($KMnO_4$ 不计量),再按实验步骤进行。

八、思考题

测定 Fe^{3+} 含量时,先后用 $SnCl_2$ 和 $TiCl_3$ 作还原剂的目的何在?加入 H_2SO_4-H_3PO_4 混合酸的目的是什么?

实验三十四 硫酸亚铁铵的制备和纯度分析

一、实验目的

1. 了解复盐硫酸亚铁铵的制备原理和方法,了解复盐的一般特征。
2. 熟练掌握水浴加热、溶解、过滤、蒸发和结晶等基本操作。
3. 学习用目视比色法检验产品的质量等级。

二、实验提要

硫酸亚铁铵,$(NH_4)_2SO_4 \cdot FeSO_4 \cdot 6H_2O$,俗称莫尔盐,是浅绿色单斜晶体,易溶于水而难溶于乙醇,在空气中不易被氧化,受热到 100 ℃ 时失去结晶水,比硫酸亚铁稳定。由于硫酸亚铁铵在空气中比较稳定,而且价格低廉,制备工艺简单,因此用途较广。在做定量分析时常用作标定重铬酸钾、高锰酸钾等溶液的基准物质。另外还在工、农业生产中用作染料的媒染剂、农用杀虫剂和肥料、废水处理的絮凝剂等。

硫酸亚铁铵和其他复盐一样,在水中的溶解度比组成它的每一个组分 [$FeSO_4$ 或 $(NH_4)_2SO_4$] 的溶解度都小,很容易从浓的 $FeSO_4$ 和 $(NH_4)_2SO_4$ 混合溶液中制得结晶状的莫尔盐。硫酸铵、硫酸亚铁和硫酸亚铁铵的溶解度数据列于表 7-1。

表 7-1　三种盐的溶解度数据　　　　单位：g·(100g H_2O)$^{-1}$

温度/℃	0	10	20	30	40
$FeSO_4 \cdot 7H_2O$	15.65	20.51	26.50	32.90	40.20
$(NH_4)_2SO_4$	70.60	73.00	75.40	78.00	81.00
$(NH_4)_2SO_4 \cdot FeSO_4 \cdot 6H_2O$	—	12.50	19.30	26.10	33.00

本实验是先将金属铁粉溶于稀硫酸得到浅绿色的硫酸亚铁溶液：

$$Fe + H_2SO_4 == FeSO_4 + H_2 \uparrow$$

然后往硫酸亚铁溶液中加入等物质的量的硫酸铵，使之全部溶解，加热浓缩，放置冷却就得到硫酸亚铁铵复盐。

$$FeSO_4 + (NH_4)_2SO_4 + 6H_2O == (NH_4)_2SO_4 \cdot FeSO_4 \cdot 6H_2O$$

通常亚铁盐在空气中易被氧化。例如，硫酸亚铁在中性溶液中能被溶于水中的少量氧气氧化并水解，甚至析出棕黄色的碱式硫酸铁（或氢氧化铁）沉淀。如果溶液的酸性减弱，则亚铁盐（或铁盐）的水解度将会增大，因此，在制备过程中，为了使 Fe^{2+} 不被氧化和水解，溶液需保持足够的酸度。

$$4FeSO_4 + O_2 + 6H_2O == 2[Fe(OH)_2]_2SO_4 + 2H_2SO_4$$

硫酸亚铁铵中杂质 Fe^{3+} 的含量是影响其质量的重要指标之一。本实验利用 Fe^{3+} 能与 KSCN 生成血红色的配合物来检验 Fe^{3+} 的相对含量，以确定产品等级。

硫酸亚铁铵的纯度分析是以氧化还原滴定法测亚铁的含量。

$$6Fe^{2+} + Cr_2O_7^{2-} + 14H^+ == 6Fe^{3+} + 2Cr^{3+} + 7H_2O$$

三、实验流程

制备硫酸亚铁 → 制备硫酸亚铁铵 → 纯度分析

四、实验用品

仪器、用品：托盘天平，150 mL 锥形瓶，100 mL、400 mL 烧杯，1000mL 容量瓶，石棉铁丝网，铁架，铁圈，水浴锅，100 mL、10 mL 量筒，三角漏斗、漏斗架，蒸发皿，布氏漏斗，抽滤瓶，表面皿，玻璃棒，滤纸，pH 试纸。

试剂、材料：3.0 mol·L^{-1} H_2SO_4，铁粉，$(NH_4)_2SO_4$（固），95% 乙醇，$NH_4Fe(SO_4)_2 \cdot 12H_2O$（固），3.0 mol·L^{-1} HCl，0.1 mol·L^{-1} KSCN，$K_2Cr_2O_7$（固），二苯胺磺酸钠指示剂，85% H_3PO_4。

五、实验内容

1. 硫酸亚铁的制备

2.0 g 铁粉倒入锥形瓶中，加入 15 mL 3.0 mol·L^{-1} H_2SO_4 溶液，放在石棉铁丝网上用小火加热或水浴加热至几乎不再产生气泡（由于铁粉中的杂质在反应中会产生一些有毒气体，最好在通风橱中进行）。其间，经常取出，摇动锥形瓶以加速反应。反应后期补充蒸发掉的水分以保持溶液原有体积，避免硫酸亚铁析出。待反应基本完成（直到不再产生氢气气泡，约需 15 min）后，再加入 1 mL 3.0 mol·L^{-1} H_2SO_4，控制溶液的 pH 值不大于 1，防止亚铁离子被氧化。然后用布氏漏斗趁热减压过滤（为什么?），将滤液转移到蒸发皿中。

2. 硫酸亚铁铵的制备

将蒸发皿中的 $FeSO_4$ 溶液用水蒸气浴加热，然后加入 4.2 g $(NH_4)_2SO_4$，搅拌至 $(NH_4)_2SO_4$ 完全溶解。然后蒸汽浴加热浓缩至液面上出现晶膜为止（注意：蒸发过程中不宜搅动）。取下蒸发皿，自然放置冷却至室温，即得硫酸亚铁铵晶体。减压过滤去除母液，用少量95%乙醇洗涤晶体两次。抽干，用药匙将晶体取出。观察晶体的形状和颜色。称重并计算产率。产率计算公式如下：

$$产率 = \frac{实际产量/g}{理论产量/g} \times 100\%$$

3. 质量检测

(1) 设计实验方案证明产品中含有 NH_4^+、Fe^{2+} 和 SO_4^{2-}

(2) Fe^{3+} 的检验（限量分析）

① 配制浓度为 0.0100 mg·mL^{-1} 的 Fe^{3+} 标准溶液

Fe(Ⅲ) 标准溶液贮备液的配制：称取 0.8634 g $NH_4Fe(SO_4)_2 \cdot 12H_2O$，溶于少量水中，加入 6 mL 的 3.0 mol·L^{-1} H_2SO_4，移入 1000 mL 容量瓶中，用水稀释至刻度。此溶液含 0.1000 g·L^{-1} Fe^{3+}。

准确移取 25 mL Fe^{3+} 标准溶液贮备液于 250 mL 容量瓶中，再加入 6 mL 的 3.0 mol·L^{-1} H_2SO_4 溶液酸化，稀释至刻度，用去离子水将溶液在 250 mL 容量瓶中定容。此溶液中 Fe^{3+} 浓度即为 0.0100 g·L^{-1}。

② 配制标准色阶

用移液管分别移取 0.0100 g·L^{-1} Fe^{3+} 标准溶液 5.00、10.00、20.00 mL 于比色管中，各加 1 mL 的 3.0 mol·L^{-1} 的 H_2SO_4 和 1 mL 25% 的 KSCN 溶液，再用不含氧的去离子水（新煮沸过放冷的去离子水，以除去溶解的氧）将溶液稀释至 25 mL，摇匀，即得到 Fe^{3+} 含量分别为 0.05 mg（一级）、0.10 mg（二级）和 0.20 mg（三级）的三个等级的试剂标准液。

③ 产品等级的确定

称取 1 g 硫酸亚铁铵晶体，加入 25 mL 比色管中，用 15 mL 不含氧的去离子水溶解，再加 1 mL 3 mol·L H_2SO_4 和 1 mL 25%KSCN 溶液，最后加入不含氧的去离子水将溶液稀释到 25 mL，摇匀，与标准溶液进行目视比色，确定产品的等级。

4. 硫酸亚铁铵含量的测定

(1) 产品的干燥

将制备的 $(NH_4)_2SO_4 \cdot FeSO_4 \cdot 6H_2O$ 晶体在 100 ℃ 左右干燥 2~3 h，脱去结晶水。冷却至室温后，将晶体放置在干燥的称量瓶中。

(2) $K_2Cr_2O_7$ 标准溶液的配制

准确称取 $K_2Cr_2O_7$ 约 1.2 g（精确至 0.1 mg），放入 100 mL 烧杯中，加少量去离子水使之溶解。定量转移至 250 mL 容量瓶中用去离子水稀释至刻度，计算 $K_2Cr_2O_7$ 溶液的准确浓度。

$$c(K_2Cr_2O_7) = \frac{W(K_2Cr_2O_7)}{M(K_2Cr_2O_7) \times 0.250 \text{ L}}$$

（3）样品的测定含量

分别用减量法准确称取 0.8~1.2 g 所制得的硫酸亚铁铵 3 份（精确至 0.1 mg），放入 3 个 500 mL 的锥形瓶中，各加 100 mL H_2O 及 20 mL 3.0 mol·L^{-1} H_2SO_4 溶液，滴加 6~8 滴二苯胺磺酸钠指示剂，用 $K_2Cr_2O_7$ 标准溶液滴定至溶液出现深绿色时，加入 5 mL 85% H_3PO_4，继续滴定至溶液呈现紫色或蓝紫色即为滴定终点。

$$FeSO_4 \cdot (NH_4)_2SO_4 \text{ 的含量} = \frac{6C(K_2Cr_2O_7)V(K_2Cr_2O_7)M[FeSO_4 \cdot (NH_4)_2SO_4] \times 10^{-3}}{W_s} \times 100\%$$

其中，W_s 为称取硫酸亚铁铵样品的质量，g。

六、思考题

1. 溶解铁粉时，为什么硫酸要略微过量？若硫酸量不足，可能会有什么后果？
2. 本实验中为什么要选用水浴加热？如果用烧杯代替水浴锅，怎样选用烧杯的大小？
3. 浓缩硫酸亚铁铵溶液时，能否把溶液蒸干？若把溶液蒸干，将会有什么样的结果？
4. 减压过滤的操作步骤有哪些？它们的先后顺序是怎样的？
5. 在计算硫酸亚铁铵的产率时，是根据铁的用量还是根据硫酸铵的用量？
6. 根据表 7-1 应怎样配制硫酸铵的饱和溶液？

实验三十五 钴(Ⅲ)氨氯化合物的制备和性质分析

一、实验目的

1. 学习配位化合物的制备方法。
2. 学习水蒸气蒸馏的操作。
3. 熟悉几种离子的测定方法。
4. 练习用电导法测定离子电荷。
5. 掌握电子光谱测定配合物分裂能的方法。

二、实验提要

二价钴盐比三价钴盐稳定得多，它们的配合物正好相反，三价钴的配合物比二价钴的配合物稳定。通常采用空气或过氧化氢氧化二价钴的配合物的方法，制备三价钴的配合物。

氯化钴(Ⅲ)的氨合物有很多种，主要有三氯化六氨合钴(Ⅲ)[$Co(NH_3)_6$]Cl_3（橙黄色晶体），三氯化一水五氨合钴(Ⅲ)[$Co(NH_3)_5H_2O$]Cl_3（砖红色晶体），二氯化一氯五氨合钴(Ⅲ)[$Co(NH_3)_5Cl$]Cl_2（紫红色晶体）等，它们的制备条件各不相同。

1. 二氯化一氯五氨合钴(Ⅲ)的合成

二氯化一氯五氨合钴(Ⅲ)可用不同的方法制得，如将[$Co(NH_3)_5H_2O$](NO_3)$_2$ 与浓 HCl 共热或将[$Co(NH_3)_5H_2O$](NO_3)$_2$ 与过量氨水及 HCl 处理。本实验在 NH_4Cl 存在下，用 H_2O_2 氧化 $CoCl_2$ 的氨水溶液，随后与浓 HCl 反应：

$$2CoCl_2 + 2NH_4Cl + 8NH_3 + H_2O_2 = 2[Co(NH_3)_5H_2O]Cl_3$$

$$[Co(NH_3)_5H_2O]Cl_3 \xrightarrow{HCl,\triangle} [Co(NH_3)_5Cl]Cl_2 + H_2O$$

2. 三氯化六氨合钴(Ⅲ)的合成及组成测定

（1）制备

本实验用活性炭作催化剂，在过量氨和氯化铵的存在下，用过氧化氢氧化氯化亚钴溶液，来制备三氯化六氨合钴(Ⅲ)，反应式为：

$$2CoCl_2 + 2NH_4Cl + 10NH_3 + H_2O_2 = 2[Co(NH_3)_6]Cl_3 + 2H_2O$$

$[Co(NH_3)_6]Cl_3$ 为橙黄色单斜晶体，20 ℃时在水中的溶解度为 0.26 mol·L^{-1}。

（2）组成测定

配位数的确定：虽然该配离子很稳定，但在强碱性介质中煮沸时可分解为氨气和 $Co(OH)_3$ 沉淀。

$$2[Co(NH_3)_6]Cl_3 + 6NaOH = 2Co(OH)_3 + 12NH_3 + 6NaCl$$

用标准酸吸收挥发出来的氨，即可测定该配离子的配位数。

（3）外界的确定

通过测定配合物的电导率可确定其电离类型及外界 Cl$^-$ 的个数，即可确定配合物的组成。

3. 配合物分裂能的测定

配合物分子中外层电子跃迁而产生的光谱称为配合物的电子吸收光谱。电子在分裂后 d 轨道间的跃迁称为 d-d 跃迁。

在配位化合物中，大多数的中心离子为过渡元素离子，其价电子层有的 5 个 d 轨道的能量相同，由于 5 个 d 轨道在空间的伸展方向各不相同，在八面体配位电场的作用下，5 个 d 轨道分裂为两组，其中，能级较低的一组称为 t_{2g} 轨道，能级较高的一组称为 e_g 轨道，t_{2g} 与 e_g 轨道能级之差记为 Δ_o，称为分裂能。

Δ_o 值的大小受中心离子的电荷、周期数、d 轨道电子数和配体性质等因素的影响，对于同一中心离子和相同类型的配合物，Δ_o 值的大小取决于配位体的强弱，其大小顺序如下：I$^-$ < Br$^-$ < Cl$^-$ ~ CNS$^-$ < F$^-$ ~ OH$^-$ ≈ NO$_2^-$ ≈ HCOO$^-$ < C$_2$O$_4^{2-}$ < H$_2$O < SCN$^-$ < NH$_2$CH$_2$COO$^-$ < EDTA < 吡啶 ≈ NH$_3$ < 乙二胺 < SO$_3^{2-}$ ≤ CN$^-$。上述 Δ_o 值的次序称为光谱化学序列。如果位于光谱化学序列左边的配体被右边的配体所取代，则吸收峰朝短波长方向移动。

本实验通过测定相同中心离子，不同配位体的配合物的吸收曲线，并找出最大吸收波长数据，按下式求出 Δ_o 值。

$$\Delta_o = \frac{10^7}{\lambda}$$

式中，λ 为波长，nm。

三、实验流程

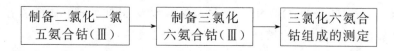

四、实验用品

仪器、用品：分析天平，蒸馏装置，电导率仪，锥形瓶，50 mL 酸式滴定管，2 套干燥器，烘箱，2 只 250 mL、4 只 100 mL 容量瓶，10 mL 移液管，50 mL、10 mL 量筒，水浴锅，分光光谱仪，4 只称量瓶。

试剂、材料：$CoCl_2 \cdot 6H_2O$，氨水（浓，2.0 mol·L^{-1}），NH_4Cl，H_2O_2（6%，30%），活性炭，盐酸（浓，2.0 mol·L^{-1}，0.5 mol·L^{-1}，4.0 mol·L^{-1}，6.0 mol·L^{-1}），乙醇，$NaNO_2$，氢氧化钠溶液（0.5 mol·L^{-1}，10%），0.1% 甲基红，0.05 mol·L^{-1} 标准硫代硫酸钠溶液，淀粉溶液（10 g·L^{-1}），K_2CrO_4 溶液（50 g·L^{-1}）。

五、实验内容

1. 二氯化一氯五氨合钴(Ⅲ)的制备

① 在 500 mL 锥形瓶中，5 g NH_4Cl 溶解于 30 mL 浓氨水中，盖上表面皿，在不断摇动下，慢慢分批加入 10 g $CoCl_2 \cdot 6H_2O$ 粉末，每次加入少量，等溶解完全后加入下一批，继续摇动，得到棕色浆状物，同时生成橙黄色的 $[Co(NH_3)_6]Cl_2$ 沉淀。

② 用滴管逐滴加入 8 mL 30% H_2O_2（在通风橱中进行），不断摇动溶液直至气泡消失，溶液中有深红色的 $[Co(NH_3)_5H_2O]Cl_3$ 沉淀生成。

③ 慢慢加入 30 mL 浓 HCl（在通风橱中进行）。

④ 将锥形瓶置于沸水浴中加热约 20 min，并不时摇动混合液，冷却至室温，即有大量紫红色 $[Co(NH_3)_5Cl]Cl_2$ 沉淀，抽气过滤，沉淀依次用冰水（去离子水）、冷却过的 6.0 mol·L^{-1} HCl 和 95% 乙醇洗涤，产品于 100 ℃ 烘 2 h，计算产率。

2. 三氯化六氨合钴(Ⅲ)的制备

① 在 100 mL 锥形瓶中加入 6 g $CoCl_2 \cdot 6H_2O$，4 g NH_4Cl 和 7 mL 水，加热溶解。

② 加入 0.3 g 活性炭，冷却。

③ 加入 14 mL 浓氨水，进一步冷至 10 ℃ 以下，缓慢加入 14 mL 6% 的过氧化氢。

④ 在水浴中加热至 60 ℃ 左右，在此温度反应 20 min（适当摇动锥形瓶）。用自来水冷却，冰水浴冷却，减压抽滤。

⑤ 将沉淀溶于含有 2 mL 浓盐酸和 50 mL 沸水的小烧杯中，趁热过滤（用三角漏斗）。

⑥ 用少量去离子水洗涤小烧杯，煮至近沸，一并倒入漏斗中，洗出残渣中的有用物，慢慢加入 7 mL 浓盐酸于滤液中，用冰水冷却，即有橙黄色晶体析出。

⑦ 抽滤（水流要小，减压不可过猛），用少量乙醇洗涤两次，抽干（抽干时水流可开大）。

⑧ 将固体用药铲取出置于称量瓶中，在 105 ℃ 干燥或真空干燥器中干燥。

⑨ 称量，计算产率。

3. 键合异构体的制备

$$\left[\begin{array}{c} H_3N \quad\quad NH_3 \\ H_3N-Co-NO_2 \\ H_3N \quad\quad NH_3 \end{array} \right] Cl_2$$

(1) Nitro-五氨合钴(Ⅲ)的制备

① 称取 1.5 g [Co(NH$_3$)$_5$Cl]Cl$_2$ 于 100 mL 烧杯中,加入 25 mL 2.0 mol·L^{-1} 氨水,在水浴上温热使之溶解。

② 将不溶物过滤掉,得深红色透明溶液,冷却并用 4.0 mol·L^{-1} HCl 调至 pH=3,加 2 g NaNO$_2$,温热后即产生橙红色沉淀。

③ 冷却溶液并小心加入 3.0 mol·L^{-1} 浓 HCl(在通风橱中进行,并分批加入,不可一次加完)。

④ 冷水冷却,过滤得黄褐色晶体。

⑤ 用乙醇洗涤沉淀。

⑥ 称重,计算产率。

(2) Nitrito-五氨合钴(Ⅲ)的制备

$$\left[\begin{array}{c} H_3N \quad NH_3 \\ H_3N-Co-ONO \\ H_3N \quad NH_3 \end{array}\right] Cl_2$$

① 称取 1.5 g [Co(NH$_3$)$_5$Cl]Cl$_2$ 于 100 mL 烧杯中,加入 10 mL 浓氨水和 30 mL 水在水浴中加热,使固体完全溶解。

② 以 4.0 mol·L^{-1} HCl 中和溶液至呈微酸性(pH=5)。

③ 冷却后加入 1.5 g 的 NaNO$_2$,溶液放置 1~2 h,即有沉淀析出。

④ 过滤,用冰水和乙醇洗涤,在室温下干燥。

⑤ 称重,计算产率。

4. 三氯化六氨合钴组成的测定

(1) NH$_3$ 的测定

准确称取 0.2 g 产品,用少量水溶解,加入如图 7-1 所示的三颈瓶中,然后逐滴加入 10 mL 10% 氢氧化钠溶液,通入蒸汽,蒸馏出游离的氨。

用 0.5 mol·L^{-1} 标准盐酸溶液吸收。通蒸汽约 1 h 左右(若逸出蒸汽的速度太慢,可适当地加热盛放样品的烧瓶)。取下接收瓶,并用 0.5 mol·L^{-1} 标准碱液滴定过剩的盐酸,用 1 g·L^{-1} 甲基红酒精溶液为指示剂。计算氨的质量分数,与理论值比较。

(2) 钴的测定

准确称取 0.2 g 产品于 250 mL 锥形瓶中,加水溶解。加入 10 mL 10% 氢氧化钠溶液,将锥形瓶放在水浴上加热。待氨全部被赶走后(如何检查?)冷却。加入 1 g 碘化钾固体及 10 mL 6.0 mol·L^{-1} HCl 溶液,于暗处放置 5 min 左右。用 0.05 mol·L^{-1} 的标准硫

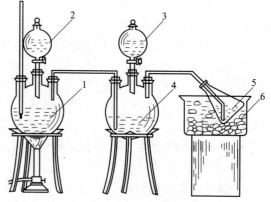

图 7-1 水蒸气蒸馏装置
1,2—水;3—20%NaOH;4—样品溶液;
5—0.5 mol·L^{-1} HCl;6—冰盐水

代硫酸钠溶液滴定至浅黄色,加入 1 mL 新配的 10 g·L^{-1} 的淀粉溶液后,再滴至蓝色消失。计算钴的质量分数,与理论值比较。

(3) 氯的测定

试根据所学的知识,以 1 mL 50 g·L^{-1} K$_2$CrO$_4$ 溶液为指示剂,用 0.1 mol·L^{-1} AgNO$_3$ 标准溶液滴定样品中的氯,滴定至出现淡红棕色不再消失为终点。计算氯的质量分数。

分析 NH$_3$、钴、氯的测定结果,写出产品的化学式。

5. 配合物的紫外-可见吸收光谱的测定

① 准确称取 0.5 g 的 [Co(NH$_3$)$_5$Cl]Cl$_2$、[Co(NH$_3$)$_6$]Cl$_3$、[Co(NH$_3$)$_5$NO$_2$]Cl$_2$ 和 [Co(NH$_3$)$_5$ONO]Cl$_2$,分别溶于少量去离子水中,然后转移到 100 mL 容量瓶中,稀释至刻度。

② 以去离子水为参比,测定以上各配合物溶液在 360~700 nm 之间紫外-可见吸收光谱。

③ 由电子吸收光谱确定配合物的最大吸收波长,按下式计算不同配体的分裂能 Δ_o。

$$\Delta_o = \frac{10^7}{\lambda}$$

④ 由计算所得的 Δ_o 值的相对大小,排列出配体的光谱化学序列。

6. 电导法测定配离子的电荷

① 用移液管吸取 10.00 mL 所配制的 [Co(NH$_3$)$_5$Cl]Cl$_2$、[Co(NH$_3$)$_6$]Cl$_3$ 溶液,稀释至 250.00 mL,浓度大约为 8×10^{-4} mol·L^{-1}。

② 测定其溶液在 25 ℃时的电导率。

配离子溶液的电导率

配离子	电导率 /(S·m^{-1})	摩尔电导率 /(S·m^2·mol^{-1})	离子数	配离子电荷
[Co(NH$_3$)$_5$Cl]$^{2+}$				
[Co(NH$_3$)$_6$]$^{3+}$				

由测得的配合物溶液的电导率,根据 $\lambda_m = 1000\kappa/c$ 算出其摩尔电导率 λ_m,由 λ_m 的数值范围来确定其离子数,从而可确定配离子的电荷。

六、注意事项

1. 在二氯化一氯五氨合钴(Ⅲ)的制备过程中,酸式滴定管一个班级只需一只,可放在通风橱中,加到 50 mL,第一个同学用完 8 mL 后,继续加至 50 mL,第二个同学再用。

2. 两个合成可视药品的多少用量减半来做。第一个制备产量较可观,可达 10 g 左右(常量),第二个在 1 g 左右(减半量)。

3. 制备三氯化六氨合钴(Ⅲ)时,6%过氧化氢必须是新配的。

4. 在第二个制备实验中,乙醇洗涤一定要少量多次。

5. 大学一年级同学常常对有效数字不甚注意,求浓度时一定要注意这点。用分析天平称取的 0.4957 g 不可写成 0.5 g。

6. 蒸馏 NH$_3$ 时,沸腾后应改为小火,保持微沸状态,不可剧烈沸腾,以防喷溅及蒸汽把少量碱带出。

7. 测定 Co 时，要注意碘量法各种条件的控制。

8. 电导率法测定时，电导率仪上读出的电导率的数据为 $\mu S \cdot cm^{-1}$，填入表中时，需乘以 10^{-4}，才能为 $S \cdot m^{-1}$，求摩尔电导率时 $\lambda_m = 1000\kappa/c$，此时的 1000 即是摩尔浓度 $mol \cdot L^{-1}$ 与 $mol \cdot m^{-3}$ 的换算系数。故直接将摩尔浓度代入上式即可。

9. 同学每次做实验时，必须准备预习报告，记录原始数据，不得遗漏一点。

七、思考题

1. 在三氯化六氨合钴（Ⅲ）的制备中，在水浴上加热 20 min 的目的是什么？可否加热至沸？

2. 在三氯化六氨合钴（Ⅲ）的制备中，加入和 H_2O 和浓 HCl 时，都要慢慢加入，为什么？它们在制备三氯化六氨合钴（Ⅲ）过程中起什么作用？

3. 测定溶液的电导率时，溶液的浓度范围是否有一定要求？为什么？

4. 如何解释配位体场的强度对分裂能 Δ_o 的影响？

5. 在测定配合物吸收光谱时所配溶液的浓度是否要十分正确？为什么？

实验三十六　过氧化钙的制备和含量分析

一、实验目的

1. 了解过氧化钙的制备原理及条件。
2. 了解碱金属和碱土金属过氧化物的性质。
3. 熟悉过氧化物的分析方法。
4. 练习无机化合物制备的操作。

二、实验提要

过氧化钙是一种比较稳定的金属过氧化物，可在室温下长期保存而不分解。它的氧化性较缓和，属于安全无毒的化学品，可应用于环保、食品及医药工业。

大理石的主要成分是碳酸钙，还含有其他金属离子及不溶性杂质。先将大理石溶解除去杂质，制得纯的碳酸钙固体。再将碳酸钙溶于适量的盐酸中，在低温碱性条件下与过氧化氢反应制得过氧化钙。水溶液中制得的过氧化钙含有结晶水，颜色近乎白色。其结晶水的含量随制备方法及反应温度的不同而有所变化，最高可达 8 个结晶水。含结晶水的过氧化钙在加热后逐渐脱水，100 ℃以上完全失水，生成米黄色的无水过氧化钙。在 350 ℃左右，过氧化钙迅速分解，生成氧化钙，并放出氧气。反应方程式为：

$$2CaO_2 \xrightarrow{\triangle} CaO + O_2$$

三、实验流程

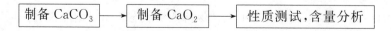

四、实验用品

仪器、用品：电子天平，烧杯，漏斗，减压抽滤装置，滴定管，烘箱，水浴锅，玻璃棒，滴管。

试剂、材料：大理石，$6.0\ mol\cdot L^{-1}\ HNO_3$，浓氨水，1∶1 氨水，1∶2 氨水，$(NH_4)_2CO_3$，$6.0\ mol\cdot L^{-1}\ HCl$，$60\ g\cdot L^{-1}\ H_2O_2$，$CaCl_2$，淀粉-KI 试纸，$2.0\ mol\cdot L^{-1}\ Fe(NO_3)_3$，$2.0\ mol\cdot L^{-1}\ NaOH$，$100\ g\cdot L^{-1}\ KI$ 溶液，$0.05\ mol\cdot L^{-1}\ Na_2S_2O_3$ 标准溶液，淀粉溶液，滤纸，称量纸。

五、实验内容

1. 制取纯的 $CaCO_3$

称取 10 g 大理石，溶于 50 mL $6.0\ mol\cdot L^{-1}$ 的 HNO_3 溶液中。反应完全后，将溶液加热至沸腾。然后加 100 mL 水稀释，并用 1∶1 氨水调节溶液的 pH 值至呈弱碱性。再将溶液煮沸，趁热常压过滤，弃去沉淀。15 g $(NH_4)_2CO_3$ 溶于 70 mL 水中，在不断搅拌下，将它缓慢地加到上述热的滤液中。再加 10 mL 浓氨水。搅拌后放置片刻，减压过滤，用热水洗涤沉淀数次。最后，将沉淀抽干。

2. 过氧化钙制备

将 5 g 制得的 $CaCO_3$ 置于 100 mL 烧杯中，逐滴加入浓度为 $6.0\ mol\cdot L^{-1}$ 的 HCl，直至烧杯中仅剩余极少量的 $CaCO_3$ 固体为止。将溶液加热煮沸，趁热常压过滤以除去未溶的 $CaCO_3$。量取 30 mL 浓度为 6% 的 H_2O_2 溶液，将它加入 15 mL 的 1∶2 氨水中，将所得的 $CaCl_2$ 溶液和 $NH_3\cdot H_2O$ 溶液都置于冰水浴中冷却。

待溶液充分冷却后，在剧烈搅拌下将 $CaCl_2$ 溶液逐滴滴入 $NH_3\cdot H_2O$ 溶液中（滴加过程中溶液置于冰水浴内）。然后继续在冰水浴内放置半小时。然后减压过滤，用少量冰冷的去离子水洗涤晶体 2~3 次。晶体抽干后，取出置于烘箱内在 120 ℃下烘 1.5 h。最后冷却，称重，计算产率。

3. 性质试验

（1）CaO_2 的性质试验

在试管中放入少许 CaO_2 固体，逐滴加入水，观察固体的溶解情况。取出一滴溶液，用淀粉-KI 试纸试验。

在原试管中滴入少许稀盐酸，观察固体的溶解情况。从中再取出一滴溶液，用淀粉-KI 试纸试验。

（2）H_2O_2 的催化分解

取三支试管，各加入 1 mL 上述试管中的溶液。在其中一支试管内再加 1 mL $2.0\ mol\cdot L^{-1}$ 的 $Fe(NO_3)_3$ 溶液。在第二支试管中滴加 $2.0\ mol\cdot L^{-1}$ 的 NaOH 溶液。比较三支试管中 H_2O_2 分解放出氧气的速度。

（3）过氧化钙含量分析

称取干燥产物 0.1~0.2 g，加入 100 mL 水中。20 mL $0.60\ mol\cdot L^{-1}$ KI 溶液与 15 mL

6.0 mol·L^{-1} HCl 混合后加入上述水溶液中。充分摇匀后放置 10 min 使反应完全。以淀粉溶液作指示剂，用 0.05 mol·L^{-1} 硫代硫酸钠标准溶液滴定，蓝色退去为终点，计算产物中 CaO$_2$ 含量。

六、思考题

1. 制取纯 CaCO$_3$ 时反复将溶液加热至沸腾，再调节溶液的 pH 值至碱性的目的何在？
2. 制备过氧化钙时加入 15 mL 1∶2 氨水的作用是什么？

实验三十七　ZnS 半导体纳米材料的制备

一、实验目的

1. 学习室温固相反应法制备 ZnS 半导体材料的方法。
2. 了解用 X 射线衍射法表征化合物结构的方法。
3. 学习用热分析法研究化合物的热稳定性。
4. 练习固液分离操作和加热设备的使用。

二、实验提要

室温固相反应是近几年发展起来的一个新的研究领域。利用固相反应可以合成液相中不易合成的金属配合物、原子簇化合物、金属配合物的顺反几何异构体，以及不能在液相中稳定存在的固相配合物等。同时，由于固、液相反应过程中的反应机理不同，有时还可能产生不同的反应产物，因而有可能制得一些特殊的材料。

利用室温固相反应法合成精细陶瓷材料的研究刚刚兴起。与常用的气相法、液相法及固相粉碎法相比，它具有明显的优点，如合成工艺大大简化、原料的用量及副产物的排放量都显著减少；同时由于减少了中间步骤并且是低温反应，还可以避免纳米材料颗粒团聚，有利于产物纯度提高。

ZnS、CuO、Fe$_2$O$_3$、ZnO 等是典型的半导体材料，在颜料、光电池、杀菌和敏感材料领域有着重要的应用。最常用的合成方法是化学沉淀法。本实验是用锌盐与硫化钠在室温一步反应法制备 ZnS，现象明显，反应速度快。合成产物的结构经 X 射线衍射分析符合 JCPDS 卡片 13-1450，在 39.74°，47.97°，52.18°和 56.46°处的衍射峰分别对应着［102］，［110］，［103］和［112］晶面的衍射峰（见图 7-2）。本合成反应的方程式如下：

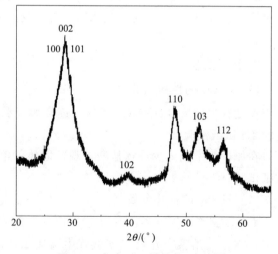

图 7-2　合成 ZnS 样品的 XRD 图

$$ZnSO_4 \cdot 7H_2O + Na_2S \cdot 9H_2O = ZnS + Na_2SO_4 + 16H_2O$$

ZnS 的热稳定性可用差热分析（DTA）和热重分析（TG）同时分析。图 7-3 是 ZnS 在空气气氛中的 DTA-TG 曲线，683 ℃的放热峰及伴随的失重现象可能是 ZnS 被氧化成了 ZnO。表明 ZnS 在 600 ℃以下是稳定的，超过 600 ℃开始明显被氧化。

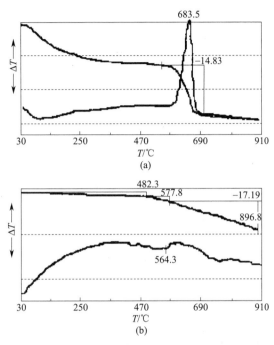

图 7-3 合成 ZnS 样品的 DTA-TG 曲线

三、实验流程

四、实验用品

仪器、用品：台秤，小研钵，250 mL 烧杯，离心试管，小坩埚，多用滴管，烘箱，马弗炉，离心机，差热分析仪，X-射线衍射仪（或红外光谱）。

试剂、材料：$ZnSO_4 \cdot 7H_2O(s)$，$CuSO_4 \cdot 5H_2O$，$Fe_2(SO_4)_3 \cdot xH_2O$，$Na_2S \cdot 9H_2O$(s)，NaOH(s)，$1.0\ mol \cdot L^{-1}\ BaCl_2$ 溶液，pH 试纸。

五、实验内容

室温固相反应合成 ZnS

① 按 2 g ZnS 的产量设计应加入 $ZnSO_4 \cdot 7H_2O(s)$ 和 $Na_2S \cdot 9H_2O(s)$ 的量，用台秤称量后置于小研钵中研磨 10~20 min，即生成白色的 ZnS。注意观察并记录实验过程中的温度和颜色的变化。

② 将产物转移到 250 mL 烧杯中，用去离子水洗涤五遍以上，上层清液用滴管吸出，用 pH

试纸检验清液的 pH 值 $\leqslant 6$,且用 $BaCl_2$ 检验无 $BaSO_4$ 沉淀生成为止。得到纯净的 ZnS 沉淀。

③ 洗净的沉淀减压过滤,称重,计算产率。

④ 将样品放入一个烧杯中,贴上标签,放入 105 ℃ 的烘箱中烘干样品(一般需 6 h 以上)。烘干样品可用于进行热重分析、X-射线衍射分析和红外光谱分析。为了使 X 射线衍射图效果更明显,可将该样品于马弗炉中 400 ℃ 煅烧 1~2 h,使晶形趋于完整。

⑤ 在差热分析仪上测定 DTA-TG 曲线。确定合成产物的热稳定性变化。

⑥ 样品做 X-射线衍射分析谱,推测其晶体结构。

六、思考题

1. 常用的化合物半导体有哪些?它们各有什么用途?

2. 在空气中测得 ZnS 的稳定温度在 600 ℃ 以下,氧化产物为 ZnO,若在 N_2 中进行 DTA-TG 分析,结果会如何?试推测一下。

3. 试从热力学角度推测,能否用本实验方法合成 CdS、SnO_2。

七、设计实验

1. 以 $CuSO_4 \cdot 5H_2O$、NaOH 为原料室温固相反应直接合成 CuO(自己设计)。

2. 以 $Fe_2(SO_4)_3 \cdot xH_2O$、NaOH 为原料室温固相反应合成 Fe_2O_3(自己设计)。

实验三十八 聚合硫酸铁的制备及其性能测试

一、实验目的

1. 掌握聚合硫酸铁制备方法。
2. 了解反应条件对聚合硫酸铁聚合度的影响。
3. 学会查阅有关国家标准,用国家标准检测产品。

二、实验提要

聚合硫酸铁(PFS)是 20 世纪 70 年代开发的一种新型无机高分子絮凝剂,具有用量少、絮凝能力强、沉淀速度快、适用 pH 范围宽(4~10)等特点。

聚合硫酸铁是一种碱性硫酸盐,是在硫酸铁水解-絮凝过程中的生成的一个中间产物。聚合硫酸铁液体本身含有大量的聚合阳离子,具有很强的中和悬浮颗粒的电荷能力,降低较高电位的胶体粒子的电位,水解生成絮状的羟基铁化合物。它有很大的比表面积和很强的吸附能力,对水中的悬浮物、有机物、硫化物、重金属的去除效果好,产品无毒性,腐蚀性小,且具有脱色能力。它被广泛应用于矿山、印染、造纸、食品、皮革等工业废水的处理。与传统的铝系絮凝剂相比,PFS 在反应过程中无离子水相转移和残留积累,使用更方便、价格更便宜、用量更省。

生产聚硫酸铁的方法有很多,有空气催化氧化法、硫铁矿灰加压酸熔法、氯酸钾(钠)氧化法等。无论以何种原料为基础的生产方法,均控制总 SO_4^{2-} 与总 Fe 的摩尔比小于 1.5,

制得不同盐基度聚硫酸铁。

制备聚合硫酸铁可分为氧化、水解、聚合三个过程，反应方程如下：

$$FeSO_4 + \frac{1}{2}SO_4^{2-} \xrightarrow{\text{氧化}} \frac{1}{2}Fe_2(SO_4)_3 + e^-$$

$$Fe_2(SO_4)_3 + nH_2O \Longrightarrow [Fe_2(OH)_n(SO_4)_{(3-n/2)}] + nH^+ + \frac{n}{2}SO_4^{2-}$$

$$m[Fe_2(OH)_n(SO_4)_{(3-n/2)}] \Longrightarrow [Fe_2(OH)_n(SO_4)_{(3-n/2)}]_m$$

本实验以 $KClO_3$ 为氧化剂，直接氧化法制备聚合硫酸铁。硫酸亚铁和硫酸在氧化剂 $KClO_3$ 的作用下，氧化为 $Fe_2(SO_4)_3$，经一系列水解、聚合反应生成聚合硫酸铁。

聚合硫酸铁质量主要取决于全铁含量和盐基度，其中盐基度尤为重要。盐基度定义为聚氯化铁分子中 OH^- 与 Fe 的物质的量之比 $[(OH^-)/(Fe)\times 100\%]$ 的三分之一。盐基度越高，聚合度越大，絮凝效果越好。影响聚合硫酸铁的盐基度高低的主要因素是硫酸的用量（即总 SO_4^{2-} 与总 Fe 的摩尔比）及反应温度，选择不同的硫酸用量及反应温度进行条件实验，得出聚合硫酸铁的最佳合成条件。

本实验要求：

① 制备 200 mL 聚合硫酸铁（Fe 含量为 160 g·L^{-1}，总 SO_4^{2-} 与总 Fe 的摩尔比为 1.25）。
② 测定制得的产品的主要性能指标，达到表 7-2 的要求。

表 7-2　聚合硫酸铁的主要性能指标（GB 14591—2016）

项目	密度/(g·mL^{-1})(20℃)	全铁的质量分数/%	还原性物质(Fe^{2+})的质量分数/%	盐基度/%	pH 值(10 g·L^{-1} 水溶液)
指标	≥1.45	≥11.0	≤0.10	8.0~16.0	1.5~3.0

三、实验流程

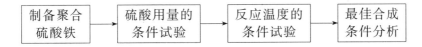

四、实验用品

仪器、用品：磁力搅拌器，恒温槽，比重计（刻度值为 0.001 g·mL^{-1}），酸度计。
试剂、材料：$FeSO_4 \cdot 7H_2O$，$KClO_3$，6.0 mol·L^{-1} H_2SO_4，2.5% Na_2WO_4，500 g·L^{-1} KF，0.015 mol·L^{-1} $K_2Cr_2O_7$ 标准溶液，0.01 mol·L^{-1} $KMnO_4$ 标准溶液，0.1 mol·L^{-1} NaOH 标准溶液，5 g·L^{-1} 二苯胺磺酸钠，1% 酚酞，$TiCl_3$（25 mL 15% $TiCl_3$，加入 20 mL 6.0 mol·L^{-1} HCl，用水稀释至 100mL）。

五、实验内容

制备 200 mL 聚合硫酸铁需要 120 mL 6.0 mol·L^{-1} 硫酸，将硫酸加热至 50 ℃ 备用。分别称取所需 159 g $FeSO_4 \cdot 7H_2O$ 和 10 g $KClO_3$，各分成 12 份，在搅拌下分 11 次、间隔 5 min 加入上述稀硫酸中，第一次加 2 份，以后每次各加 1 份。为了使 $FeSO_4$ 充分氧化，最后再多加 1 g $KClO_3$，继续搅拌 10~15 min，冷却，加水至 200 mL，即得红褐色黏稠透明的聚合硫酸铁液体。

选择不同的硫酸用量及反应温度进行条件试验，得出聚合硫酸铁的最佳合成条件。

参照 GB/T 14591—2016 水处理剂 聚合硫酸铁分析方法进行主要指标测定。

① 用比重计测定聚合硫酸铁液体的密度。

② 用重铬酸钾法测定全铁的质量分数。

③ 用高锰酸钾法测定还原性物质（以 Fe^{2+} 计）的质量分数。

④ 盐基度的测定是在样品中加入定量盐酸溶液，再加入氟化钾掩蔽铁，然后以酚酞为指示剂，用 NaOH 标准溶液滴定。

⑤ 用酸度计测定 1‰聚合硫酸铁水溶液的 pH。

实验三十九　分子筛的制备及其性质测定

一、实验目的

1. 通过 Y 分子筛的制备及其物性测定，了解分子筛制备的一般方法和物性测定的实验技术。
2. 独立设计并完成分子筛的制备及物性测定，培养和提高综合应用实验技术和解决问题的能力。

二、实验提要

分子筛又称沸石，是一类结晶的硅酸盐。分子筛的化学组成一般可用以下通式来表示：

$$M_{2/n}O \cdot Al_2O_3 \cdot xSiO_2 \cdot yH_2O$$

式中，M 为金属离子；n 为金属离子的价数；x 为 SiO_2 的摩尔数；y 为结晶水的摩尔数。分子筛组成中 SiO_2 的含量不同，或者说 SiO_2 与 Al_2O_3 的摩尔比不同可形成不同类型的分子筛。如 A 型、X 型、Y 型、ZSM 系列、β 型、丝光沸石等，还有在分子筛骨架中掺杂其他元素的杂原子分子筛，如 TS-1、SAPO 系列等。不同类型的分子筛结构不同，孔道大小不同、表面酸性不同，催化性能差异很大。其中 Y 分子筛中 SiO_2 的摩尔数：$x=3.1\sim5.0$。

分子筛的组成单元是硅（铝）氧四面体，如图 7-4 所示。硅氧四面体和铝氧四面体按一定的方式通过氧桥连接在一起，可以形成为环状、链状或笼状骨架。由于四面体的数目不同，则所形成骨架的形状、大小也不相同。如四个四面体形成一个四元环，六个四面体形成一个六元环，如图 7-5 所示。环的中间是一个孔，不同的环则有不同的孔径。在某一型号的分子筛中，不完全是由一种环组成，这样同一分子筛可以有几种不同的孔径。

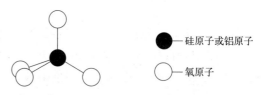

图 7-4　硅氧四面体或铝氧四面体

分子筛中的 SiO_4 四面体中的 Si 是四价的，而 AlO_4 四面体中的 Al 是三价的，它与四个氧配位，构成负电性的四面体。这样，整个硅氧铝氧骨架是带负电荷的，为此必须吸附阳离子以保持电中性平衡。通常合成分子筛时，在骨架中每个铝氧四面体的附近携带一个 Na^+，使整个分子筛保持电中性。这样，分子筛结构中的 Na 和 Al 的原子数是相同的。

分子筛具有孔径均匀、比表面积和孔体积大、可以进行离子交换、骨架有酸中心等特

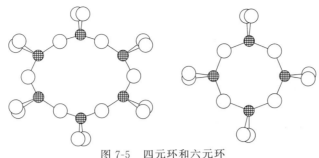

图 7-5 四元环和六元环

点。可以作为催化剂、吸附剂和离子交换剂,广泛应用于洗涤剂工业、石油化学工业、精细化工、环境保护等诸多领域。

目前在炼油工业中用量最大的是 Y 分子筛,工业产品的 Y 分子筛粒径一般在微米级。而小晶粒的分子筛孔道短,有利于反应物和产物的扩散,在催化裂化、加氢裂化和异构化等反应中具有较高的催化活性和选择性,在炼油工业有广阔的应用前景。目前,小晶粒 Y 分子筛的制备主要是在常规合成方法中,通过提高水热合成体系的碱度、加入晶种或表面活性剂等手段来抑制晶粒长大。也可以通过改变反应混合物的配比、陈化时间、晶化温度和时间来制备。在本实验中,我们给出一个具体的 Y 分子筛制备方法。同学进行实验时可以通过对具体条件的微调(如改变水含量、添加表面活性剂、改变陈化温度、时间等),来考察不同条件下产品粒径的变化。

三、实验流程

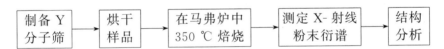

四、实验用品

仪器、用品:恒温磁力搅拌器,烧杯,滴管,量筒,分析天平,表面皿,pH 试纸,药勺,高压釜,烘箱,离心机。

试剂、材料:硅溶胶(SiO_2 含量 25.56%),铝酸钠(Al_2O_3 含量 41%),氢氧化钠,去离子水。

五、实验内容

按 Na_2O、Al_2O_3、SiO_2、H_2O 的摩尔比为 5.1∶1∶10∶200 计算各原料的用量。实验时可根据具体要求缩小用量,下面以 Al_2O_3 为 0.01 mol 时计算各原料用量为例进行实验。

称取 3.33 g NaOH 加入 17 mL 去离子水中,搅拌条件下加入 2.49 g 铝酸钠。完全溶解后加入 23.47 g 硅溶胶,搅拌 30 min。得到混合凝胶。凝胶在室温陈化 24 h,放入带聚四氟乙烯内衬的反应釜中,于 100 ℃下晶化 9 h。

将得到的产品混合液抽滤,并用去离子水洗涤至 pH 小于 8,然后在 110 ℃下干燥 8 h,干燥后的产品置于马弗炉中在 350 ℃焙烧 3 h,所得产品用 X-射线粉末衍射(XRD)进行结构表征,并与文献报道的 Y 分子筛谱图进行比较。应用低温 N_2 吸附测试比表面积、孔容和孔径;应用 TEM 或 SEM 观察粒子形貌和尺寸。

以上面的实验条件为基准，可以通过调整反应混合物中的水含量、改变陈化温度和陈化时间、改变晶化时间或添加表面活性剂等手段来调控分子筛的晶粒大小。

六、思考题

1. 制备 Y 分子筛需要注意哪些问题？
2. 不同制备条件对晶粒大小有何影响，为什么？

实验四十　二茂铁的合成和表征

一、实验目的

1. 学习二茂铁的制备方法。
2. 掌握无水、无氧合成实验操作方法。
3. 学习红外光谱表征化合物结构的方法。

二、实验提要

双环戊二烯合铁，$(C_5H_5)_2Fe$，又名二茂铁（ferrocene），具有夹心型结构，二价铁离子被夹在两个茂环中间，金属离子通过九个最外层价键轨道（3d，4s，4p）与两个环戊二烯阴离子的离域 π 轨道成键，形成九个成键轨道，服从"十八电子"规则。

二茂铁在室温下为橙色晶体，有樟脑味，熔点 173～174 ℃，沸点 249 ℃，高于 100 ℃升华，加热至 400 ℃ 也不分解，对碱和非氧化性酸稳定，能溶于乙醚、石油醚、苯等许多有机溶剂中，基本不溶于水。在乙醇或乙烷中的电子光谱于 440 nm、325 nm 和 225 nm 处有吸收峰，红外光谱由下列谱带组成：3077 cm^{-1}、1410 cm^{-1}、1110 cm^{-1}、1005 cm^{-1}、855 cm^{-1}、820 cm^{-1}、492 cm^{-1}、478 cm^{-1}。

二茂铁首次制备于 1951 年，此后报道了很多合成方法。本实验用环戊二烯阴离子与二价铁离子反应，制备二茂铁。在四氢呋喃、DMF 或类似的溶剂中，用金属钠或有机强碱（如二乙胺）脱去环戊二烯的一个质子，生成的环戊二烯阴离子再与无水二氯化铁反应。无水二氯化铁很不稳定，可在四氢呋喃中用细铁粉还原无水三氯化铁来制备。全部操作都必须在严格的无水、无氧条件下进行。反应方程式为：

$$2C_5H_6 + 2Na = 2C_5H_5^- Na^+ + H_2\uparrow$$

$$C_5H_6 + NH(C_2H_5)_2 = C_5H_5^- [NH_2(C_2H_5)_2]^+$$

$$2FeCl_3 + Fe = 3FeCl_2$$

$$2C_5H_5^- + Fe^{2+} = (C_5H_5)_2Fe$$

本实验用无机强碱 KOH 在二甲基亚砜溶剂中脱去环戊二烯的质子，然后与四水合二氯化铁反应制备二茂铁。该方法有一定的优越性，因为氢氧化钾不仅是脱质子试剂，也是一种脱水剂。反应如下：

$$2C_5H_6 + 2KOH + FeCl_2 \cdot 4H_2O \longrightarrow Fe(C_5H_5)_2 + 2KCl + 2H_2O$$

环戊二烯在室温下较快地聚合为二聚体，市售的环戊二烯试剂通常都是二聚体，在加热到 170 ℃ 以上时裂解为环戊二烯单体，一般现蒸现用。

三、实验流程

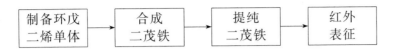

四、实验用品

仪器、用品：无水无氧合成装置，氮气瓶，电磁搅拌器，控温加热装置，刺形分馏柱，球形和直形冷凝管，滴液漏斗，布氏漏斗，抽滤瓶，100 mL 单颈烧瓶，100 mL 三颈烧瓶，500 mL 烧杯，熔点仪，红外光谱仪等。

试剂、材料：环戊二烯（A.R.），氢氧化钾（C.P.），二甲基亚砜（C.P.），二氯化铁（C.P.，新鲜），盐酸（A.R.），高锰酸钾（C.P.），层析硅胶（250 目），正己烷（C.P.），乙酸乙酯（C.P.）等。

五、实验内容

1. 环戊二烯单体的制备

市售的环戊二烯是二聚体，将二聚体加热到 170 ℃ 以上就可以裂解为环戊二烯单体。在 100 mL 单颈烧瓶上装有一个 30 cm 长的刺形分馏柱，并通过蒸馏头（附有温度计）与一个直型冷凝管连接。在烧瓶中加入 50 mL 环戊二烯二聚体，慢慢加热分馏，控制分馏柱顶端温度计的温度不超过 45 ℃。接收环戊二烯单体的烧瓶放在冰水浴中，蒸出的环戊二烯要尽快使用，最好在 1 h 内使用，若放置时间过长，环戊二烯单体会聚合为二聚体。

环戊二烯单体和二聚体都有特殊的臭味，接触过环戊二烯的玻璃仪器不要拿出通风橱，应先在稀 KMnO$_4$ 水溶液中浸泡 20 min 后，再拿出用自来水冲洗。

2. 二茂铁的合成

在电磁搅拌器上安装 100 mL 三颈烧瓶，烧瓶上配有滴液漏斗、氮气导管和连有干燥管的球形冷凝管，放入搅拌子。通入氮气，在烧瓶中加入 40 mL 二甲基亚砜和 16 g 氢氧化钾粉末，然后加入 6.61 g（0.10mol）新蒸馏的环戊二烯。将 9.94 g（0.05mol）四水合二氯化铁溶于 20 mL 热的二甲基亚砜，用滴液漏斗慢速滴入烧瓶中，在 1 h 内滴加完毕。继续搅拌 30 min，将反应混合物倾入 100 mL 冰水和 30 mL 浓盐酸（12 mol·L^{-1}）的混合溶液中，有棕褐色沉淀析出。将该混合物搅拌 5 min 后抽滤，并用 40 mL 水分四次洗涤。产物放在表面皿上风干，称重并计算粗产率。

3. 二茂铁的提纯

用升华法进行二茂铁的提纯。在 500 mL 烧杯中加入二茂铁粗品，烧杯上盖置内有冰水的烧瓶，加热至二茂铁全部升华至烧瓶底部，小心取出烧瓶，收集二茂铁，称重并计算二茂铁产率。纯粹二茂铁的熔点为 173～174 ℃。

4. 红外光谱表征

采用 KBr 压片方法，在 4000～400 cm^{-1} 范围扫描二茂铁的红外吸收光谱，并与标准谱图对比。解析红外光谱并指出其主要吸收带的归属。

六、思考题

1. 该实验中哪些步骤用到无水无氧操作方法？
2. 二茂铁具有怎样的结构？

实验四十一　Mn(Salen)配合物的合成和结构

一、实验目的

1. 了解席夫碱及席夫碱配合物的概念。
2. 了解并掌握 Salen 型席夫碱配合物的合成方法。
3. 学习加热回流操作，巩固过滤和重结晶等操作。
4. 学习表征配合物结构的方法。

二、实验提要

席夫碱（Schiff base）是一类被人们广泛使用的有机物，常常被用作染料、催化剂、有机合成中间体以及聚合物稳定剂等。1864 年，雨果·席夫（Hugo Schiff）首次报道了席夫碱的合成，这类化合物从此之后也由此得名。席夫碱是醛或酮的羰基与伯胺缩合而得到的亚胺类化合物，这类化合物中的亚胺基团上的氮原子能够与金属离子配位而形成席夫碱配合物，亚胺基团还可以被其他基团取代，进而得到具有不同官能团的席夫碱，如图 7-6 所示。

最具代表性的席夫碱是在 1933 年由冯·菲佛（van Pfeiffer）首先报道的，命名为 N,N'-bis(salicylimine)-1,2-ethylenediamine，通常简称为 Salen，Salen 通过水杨醛和邻位二胺缩合制得，结构中存在两个亚氨基和两个羟基，亚氨基上的 N 和羟基上的 O 都可以与金属离子配位，Salen 是四齿配体，与金属离子形成螯合物，螯合效应对金属离子起到很好的稳定作用，Salen 与金属离子配位形成的配合物称为 Salen 型席夫碱配合物，简写为 $M(Salen)X_n$，其中，M 为金属离子，X 为辅助配体，$n=0 \sim 2$，如图 7-7 所示。

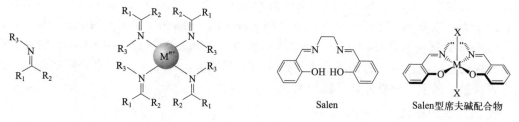

图 7-6　席夫碱及席夫碱配合物的结构　　图 7-7　Salen 及 Salen 型席夫碱配合物的结构

过渡金属离子的 Salen 型席夫碱配合物不仅具有较高的稳定性，而且显示出多变的氧化数，在催化剂领域有着潜在的应用价值。在 Salen 型席夫碱配合物中，过渡金属离子除了在配位球的赤道面与 Salen 配体的 ONNO 四个原子配位外，还可以在轴向与其他配体配位，进而起到配位催化的作用。

过渡金属离子的 Salen 型席夫碱配合物的经典合成方法一般分为两步：Salen 的合成和

配合物的合成。本实验以 Mn(Salen)Cl 的合成为例,如图 7-8 所示。

图 7-8 Mn(Salen)Cl 的合成路线

第一步,选用无水乙醇做溶剂,将水杨醛和乙二胺按照 2∶1 的摩尔比投料,回流条件下反应。反应结束后,在去除部分乙醇后加入不良溶剂甲苯,冷却条件下,可析出沉淀,抽滤时用冷的乙醇稍微洗涤沉淀,可得到较纯的 Salen 配体。Salen 配体对酸不稳定,不能用硅胶柱层析法进行提纯,只能用加热溶解冷却析出的重结晶方法进行提纯,重结晶的溶剂应根据实际情况选定,一般可以尝试环己烷这样极性较小的溶剂。

第二步,选用无水乙醇做溶剂,将 Salen 配体和醋酸锰 [Mn(OAc)$_2$·4H$_2$O] 按照 1∶1.25 的摩尔比投料,回流条件反应一段时间后,Mn(Ⅱ) 很快被氧化成 Mn(Ⅲ),加入氯化锂 (LiCl),通过盐析效应可析出沉淀,沉淀经过冷却、抽滤和洗涤后,就可以得到较纯的 Mn(Salen)Cl。

可以采用多种手段对 Salen 配体及 Salen 型席夫碱配合物进行表征,通过核磁共振氢谱、核磁共振碳谱和质谱表征 Salen 配体的结构。若配合物不含顺磁金属离子,配合物可以通过核磁共振氢谱、核磁共振碳谱以及质谱确证结构;若配合物含顺磁金属离子,配合物不能通过核磁共振谱确认结构,但可以通过质谱间接证实得到了产物。对配合物结构进行确认的最好方法是单晶 X-射线衍射,但需要探索结晶条件以获得质量较好的单晶体用于测试。此外,CHN 有机元素分析和熔点的测量都可以验证配体及配合物的纯度,红外光谱可以说明配位前后配体的基团特征振动的变化情况。

三、实验流程

Salen 配体的合成 → Mn(Salen)Cl 的合成 → 配体的结构表征 → Mn(Salen)Cl 的组成和结构表征

四、实验用品

仪器、用品:恒温磁力搅拌器,油浴锅,100 mL 单口圆底烧瓶 (19♯磨口),100 mL 三口圆底烧瓶 (19♯磨口),球形冷凝管 (19♯磨口),干燥管 (19♯磨口),50 mL 烧杯,磁力搅拌子,玻璃棒,量程可调式移液器 (10~100 μL),精密电子天平。

试剂、材料:水杨醛,乙二胺,无水乙醇,甲苯,Mn(OAc)$_2$·4H$_2$O,无水氯化钙。

五、实验内容

1. Salen 配体的合成

向装有磁力搅拌子的 100 mL 的单口圆底烧瓶中依次加入 244 mg (2.0 mmol) 水杨醛

和 30 mL 无水乙醇，搅拌溶解。将烧瓶固定到恒温磁力搅拌器的油浴锅中，然后在电磁搅拌条件下，加入溶解于 20 mL 无水乙醇的 67 μL 乙二胺溶液，装好冷凝管，通好冷凝水，并在冷凝管上端加上装有无水氯化钙的干燥管。设定加热温度为 80 ℃，搅拌条件下，溶剂回流后继续反应 1 h。反应瓶冷却至室温后，取出磁力搅拌子，通过旋蒸除去部分溶剂，然后加入少量甲苯，接着用冰浴冷却混合物 30 min。减压过滤收集沉淀，用冰过的少量乙醇淋洗沉淀，抽干后即得 Salen 配体，称量，计算产率。

2. 配合物 Mn(Salen)Cl 的合成

向装有磁力搅拌子的 100 mL 三口圆底烧瓶中，加入 54 mg（0.20 mmol）Salen 配体，加入 50 mL 无水乙醇，将烧瓶固定到恒温磁力搅拌器的油浴锅中，装好冷凝管，通好冷凝水，并在冷凝管上端加上装有无水氯化钙的干燥管。设定加热温度为 80 ℃，搅拌溶解。待配体溶解后，从三口瓶的侧口分批加入 62 mg（0.25 mmol）四水合醋酸锰，继续加热至回流，在回流状态下反应 30 min。稍冷，从反应瓶侧口加入 9 mg（0.20 mmol）LiCl，继续回流反应 30 min。反应结束后产生大量沉淀，向反应瓶中加入 20 mL 水，混匀后，减压过滤收集沉淀，并依次用水和乙醇淋洗沉淀，抽干后即得 Mn(Salen)Cl，称量，计算产率。

3. 配体及配合物的表征

配体的表征：根据实验室的硬件条件，可对配体进行核磁共振氢谱、核磁共振碳谱、质谱、CHN 有机元素分析、红外光谱和熔点的测量。

配合物的表征：根据实验室的硬件条件，结合 Mn^{3+} 具有顺磁性的特点，对配合物进行质谱、CHN 有机元素分析、红外光谱和熔点的测量；如果时间和条件允许，可以培养配合物的单晶体，进行单晶 X-射线衍射的结构解析。

综合以上表征数据，确证 Mn(Salen)Cl 的结构。

六、思考题

1. 还有什么方法和手段可以提高配体和配合物的合成产率？
2. 合成过程中为什么要用无水乙醇，并加上干燥管？
3. 配合物的合成过程中加入 LiCl 有什么作用？
4. 将实验所测得的表征数据与文献值相对比，综合评价本次实验的成败。

实验四十二 葡萄糖酸锌的制备和纯度检验

一、实验目的

1. 了解和掌握葡萄糖酸锌的制备方法。
2. 掌握葡萄糖酸锌纯度的检验方法。

二、实验原理

人体缺锌会造成生长停滞、自发性味觉减退或创伤愈合不良等症状，进而引发各种疾病。曾经一度使用硫酸锌作为补锌添加剂，但它对人体的胃肠道有一定的刺激作用，吸收率也比较低。与硫酸锌相比,葡萄糖酸锌具有吸收率高、副作用少和使用方便等优点,是 20 世纪 80 年代发展的一种补锌添加剂,在儿童食品和糖果的添加剂方面应用广泛。葡萄糖酸锌的结构如图 7-9 所示。

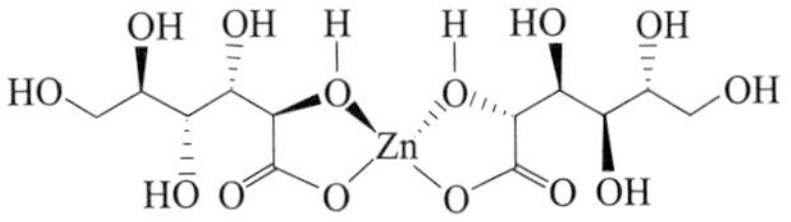

葡萄糖酸锌为白色或接近白色的结晶性粉末,无臭,有微涩味,溶于水(15 ℃葡萄糖酸锌饱和溶液的质量分数为 25%),易溶于沸水,不溶于无水乙醇、氯仿和乙醚。

图 7-9 葡萄糖酸锌的结构

葡萄糖酸锌的制备方法很多,分为直接法和间接法两大类。

间接法是以葡萄糖酸钙为原料,经阳离子交换树脂处理得到葡萄糖酸,葡萄糖酸再与氧化锌反应制得葡萄糖酸锌。这种方法的工艺条件易控制,产品质量高。

本实验采用直接法,将葡萄糖酸钙和硫酸锌(或硝酸锌)反应可直接得到葡萄糖酸锌。

反应为: $Ca(C_6H_{11}O_7)_2 + ZnSO_4 \longrightarrow Zn(C_6H_{11}O_7)_2 + CaSO_4 \downarrow$

过滤除去 $CaSO_4$ 沉淀,溶液经过浓缩就可以得到葡萄糖酸锌的结晶。这种方法虽然存在产率低和纯度不佳的问题,但相对于间接法的最大优点是工艺步骤少,操作简便。

葡萄糖酸锌制作成补锌剂之前需要进行多项检测,要符合《中华人民共和国药典》的要求,可采用配位滴定法测定锌离子含量来进行样品的分析,分光光度计比浊法测定硫酸根的含量。

用配位滴定法测定锌离子含量时,控制溶液 pH≈8~11,铬黑 T(EBT)与 Zn^{2+} 形成稳定的粉红色螯合物 ZnEBT,滴定剂 EDTA 与 Zn^{2+} 形成更稳定的无色螯合物,至滴定终点时,EBT 被 EDTA 完全取代,从 ZnEBT 中置换出来,溶液颜色转变为蓝色。根据此原理用 EDTA 滴定法测定锌离子的含量。

用分光光度计比浊法测定硫酸根含量,具体操作是:在酸性介质中,试样溶液中的硫酸盐与加入的钡离子形成细小的硫酸钡结晶,使水溶液浑浊,其浑浊程度和试样中硫酸盐含量成正比关系。采用聚乙烯醇(PVA)作为稳定剂,用分光比浊法测定葡萄糖酸锌中硫酸根的含量,测试结果准确度高,且操作简便快捷,有利于批量检测,尤其适合工厂或基层实验室的常规分析,具有较高的实用价值。

三、实验流程

制备葡萄糖酸锌 → Zn^{2+} 含量的测定 → SO_4^{2-} 含量的测定

四、实验用品

仪器、用品:电子天平,蒸发皿,布氏漏斗,吸滤瓶,25 mL 移液管,滴定管,锥形瓶,烧杯,容量瓶。

试剂、材料:葡萄糖酸钙,$ZnSO_4 \cdot 7H_2O$,1 mol·L^{-1} 硫酸,95% 乙醇,活性炭,HCl(1:3),2% 聚乙烯醇溶液(PVA),25% $BaCl_2$,1.04×10^{-4} mol·L^{-1} Na_2SO_4,0.0500 mol·L^{-1} EDTA 标准液,铬黑 T 指示剂,NH_3-NH_4Cl 缓冲溶液(pH=10)。

五、实验内容

1. 葡萄糖酸锌的制备

将 10 g 葡萄糖酸钙放入 100 mL 烧杯中,加入 20 mL 去离子水,在水浴中加热溶解。

将 6.7 g $ZnSO_4 \cdot 7H_2O$ 放入 100 mL 烧杯中,加入 15 mL 去离子水使之溶解。在不断搅拌条件下,将 $ZnSO_4$ 溶液逐滴加入葡萄糖酸钙溶液中,加完后,在 90 ℃ 水浴中保温约 20 min,稍微冷却,抽滤除去 $CaSO_4$ 沉淀。将滤液转入烧杯,加热近沸,加入少量(一小勺)活性炭脱色,趁热抽滤。滤液转入烧杯中,水浴中浓缩至溶液的体积约为 20 mL,冷却至室温,在搅拌条件下,逐滴加入 20 mL 95% 乙醇,以降低葡萄糖酸锌的溶解度,有胶状葡萄糖酸锌析出,继续搅拌一段时间后,用倾析法除去乙醇溶液,得葡萄糖酸锌粗产品。在葡萄糖酸锌的粗产品中加入适量水(约 5 mL),水浴加热至溶解(90 ℃)。若溶液浑浊则趁热抽滤,将溶液冷却至室温,然后加入 15 mL 95% 乙醇,充分搅拌至结晶析出,抽滤,得葡萄糖酸锌纯品,纯品在 50 ℃ 烘干 1 h,称量并计算产率。最后将产品用研钵研细后备用。

2. Zn^{2+} 含量的测定

准确称取葡萄糖酸锌 0.68~0.72 g 于 250 mL 锥形瓶中,加入 100 mL 去离子水,温热使固体完全溶解,溶液冷却后,继续加入 5 mL NH_3-NH_4Cl 缓冲溶液和 2 滴铬黑 T 指示剂,混合均匀后,用 0.0500 mol·L^{-1} EDTA 标准液滴定至溶液由紫红色变为蓝色,记录消耗 EDTA 标准溶液的体积,计算 Zn^{2+} 含量,平行测定三份,计算 Zn^{2+} 含量取平均值。《中华人民共和国药典》要求药用葡萄糖酸锌的含量在 97.0%~102%。

3. SO_4^{2-} 含量的测定

(1) 待测液的配制

准确称取葡萄糖酸锌 0.30~0.35 g 于 100 mL 烧杯中,用水溶解后转入 250 mL 容量瓶,定容。从配制好的溶液中移取 10.00 mL 溶液到 50 mL 容量瓶,加入 1 mL 1∶3 HCl 溶液、10 mL PVA 溶液和 3 mL 25% $BaCl_2$ 溶液,定容。静置 20 min,准备进行下面的测试。

(2) 溶液吸光度的测定

用配制好的 1.04×10^{-4} mol·L^{-1} Na_2SO_4 溶液作为参比溶液,测定波长为 410 nm,用 1 cm 的比色皿,在分光光度计上测定待测液的吸光度,记录数据。

(3) 样品的纯度

标准曲线:$c = 0.0774A + 0.0005$ (参考)

A 为吸光度;c 为硫酸根浓度(g·L^{-1})。

对照标准曲线,采用内插法计算样品中硫酸根的浓度,分析样品的纯度。《中华人民共和国药典》要求药用葡萄糖酸锌中硫酸根的含量小于 0.05%。

六、注意事项

1. 制备葡萄糖酸锌时,反应需在 90 ℃ 恒温水浴中进行。这是由于温度太高,葡萄糖酸锌会分解,温度太低,则葡萄糖酸锌的溶解度降低。

2. 用乙醇作为溶剂进行重结晶时,开始有大量胶状葡萄糖酸锌析出,造成搅拌困难,建议用竹棒或木棍代替玻璃棒进行搅拌,直至葡萄糖酸锌结晶析出。

3. 配制待测液时,若葡萄糖酸锌加水溶解得不好,可稍微加热促进溶解。

七、思考题

1. 举例说明间接法制备葡萄糖酸锌的原理和步骤。

2. 举例说明葡萄糖酸锌的结晶方法。
3. 还有什么方法可以测定葡萄糖酸锌的纯度？请简要说明原理和操作步骤。

实验四十三　碘化三(乙二胺)合钴(Ⅲ)旋光异构体的制备和拆分

一、实验目的

1. 了解并掌握三(乙二胺)合钴(Ⅲ)配离子的光学异构现象。
2. 掌握碘化三(乙二胺)合钴(Ⅲ)旋光异构体的制备及拆分方法。
3. 了解并练习旋光仪的使用。

二、实验提要

旋光异构体，也称为对映异构体，是指分子式和构造式相同，但彼此互为镜像而不能重叠的一类化合物。这类化合物中，分子、原子、离子或基团的空间排布方式不同，造成对偏振光的振动偏转方向（旋光方向）不同，这是旋光异构体的最大特征。

旋光异构体在有机化合物中很常见，最简单的有机旋光异构体含 1 个中心碳原子，并且有 4 个不同的原子与这个碳原子相连，这个中心碳原子被称为不对称碳原子（图 7-10）。在有机化学中，使用"R"和"S"来标记和区分一对旋光异构体中不对称碳原子的构型。旋光异构体的旋光方向与"R"和"S"的标记并不存在固定的对应关系，旋光方向需要使用旋光仪来测定，通常规定：（−）为左旋，使偏振光向逆时针方向偏转；（＋）为右旋，使偏振光向顺时针方向偏转。含有不对称碳原子的旋光异构体不一定具有旋光活性，一种最常见的情况是一对异构体以等量的形式存在于同一化合物中，其旋光异构体的旋光相互抵消，称为外消旋化合物，可用前缀 rac-或（±）来表示。由于结构和性质非常相似，外消旋化合物中的两种旋光异构体很难进行有效的分离。

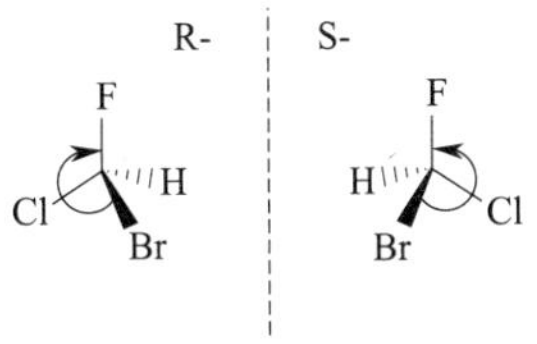

将旋光异构体从外消旋化合物中分离出来的操作通常称为"拆分"，拆分旋光异构体的方法有很多种，1848 年，法国科学家路易斯·巴斯德（Louis Pasteur）在显微镜的帮助下，根据晶体的外观，使用镊子，采用手工挑选的方法成功实现了酒石酸铵钠盐的拆分，开拓了拆分旋光异构体方法的先河。随着科学技术的进步，拆分的方法也在不断地发展，最常用和最有效的拆分方法称为化学拆分法。将

图 7-10　"R"和"S"标记的有机旋光异构体

具有单一旋光活性的拆分剂与需要拆分的旋光异构体发生化学反应，形成两种新的非对映异构体复合物，这两种复合物的物理化学性质不同，进而可以得到分离，再用非旋光活性物质分别对两种复合物进行恢复处理，最后可以实现单一光学活性异构体的拆分。

随着配位化学的确立和发展，人们在配合物中也发现了旋光异构体。配位化学中，六配位配合物的旋光异构体的绝对构型通常用"Δ"和"Λ"来标记和区分。与有机化学中的规定类似，旋光方向也需要使用旋光仪来测定，（−）为左旋，（＋）为右旋；配合物的旋光异构体的旋光方向与"Δ"和"Λ"的标记也不存在固定的对应关系。1911 年至 1912 年间，瑞士化学家阿尔弗雷德·维尔纳（Alfred Werner）报道了含有三(乙二胺)合钴(Ⅲ)配离子

([Co(en)$_3$]$^{3+}$)的盐的制备方法,并对[Co(en)$_3$]$^{3+}$的旋光异构体进行了拆分,成功得到了 Δ-[Co(en)$_3$]$^{3+}$ 和 Λ-[Co(en)$_3$]$^{3+}$。从[Co(en)$_3$]$^{3+}$ 的旋光异构体的绝对构型示意图(图 7-11)中可以看到,"Δ"的构型中,三个乙二胺配体的呈右手螺旋取向关系;"Λ"的构型中,三个乙二胺配体的呈左手螺旋取向关系。如果把乙二胺比喻成扇叶,整个配离子就可以看作风扇,"Δ"和"Λ"两种构型的转动方向不同;换句话说,"Δ"构型的扇叶是呈逆时针方向旋转的,而"Λ"构型的扇叶是呈顺时针方向旋转的。巧合的是,实验测得的旋光方向,Δ-[Co(en)$_3$]$^{3+}$ 为左旋(-),Λ-[Co(en)$_3$]$^{3+}$ 为右旋(+),"Δ"构型正好与(-)对应,"Λ"构型正好与(+)对应。因此,旋光异构体可以表示为:(-)-Δ-[Co(en)$_3$]$^{3+}$ 和 (+)-Λ-[Co(en)$_3$]$^{3+}$。

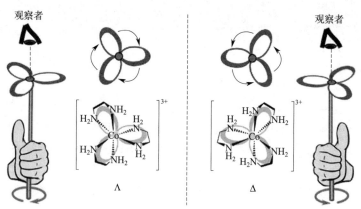

图 7-11 Λ-[Co(en)$_3$]$^{3+}$ 和 Δ-[Co(en)$_3$]$^{3+}$ 的绝对构型

维尔纳采用化学拆分法获得了[Co(en)$_3$]$^{3+}$ 的旋光异构体 Δ-[Co(en)$_3$]$^{3+}$ 和 Λ-[Co(en)$_3$]$^{3+}$,选用的拆分剂是(+)-酒石酸盐。酒石酸(tartaric acid)是一种手性天然产物,其中的一种旋光异构体(+)-酒石酸,结构中有两个"R"构型的手性碳原子[图 7-12(a)],(+)-酒石酸与强碱反应,很容易得到(+)-酒石酸盐,因此,(+)-酒石酸根阴离子[(+)-tartarate]作为一种便宜易得的手性阴离子,被广泛地用作手性阳离子旋光异构体的拆分剂。需要说明的是,化学工作者更习惯使用"d"和"l"来表示旋光的方向,"d"代表 dextrorotatory,意思是向右旋转,与(+)相对应;"l"代表 levorotary,意思是向左旋转,与(-)相对应。因此,(+)-酒石酸根阴离子可简称为 d-tart;旋光异构体(-)-Δ-[Co(en)$_3$]$^{3+}$ 和 (+)-Λ-[Co(en)$_3$]$^{3+}$ 可表示为 l-Δ-[Co(en)$_3$]$^{3+}$ 和 d-Λ-[Co(en)$_3$]$^{3+}$。

本实验以 $CoSO_4$ 为原料,通过配位和氧化反应制备得到[Co(en)$_3$]$^{3+}$ 的外消旋化合物 rac-[Co(en)$_3$]ClSO$_4$,再加入(+)-酒石酸钡[Ba-d-tart,图 7-12(b)]后,可形成 {d-Λ-[Co(en)$_3$]}[d-tart]Cl·5H$_2$O,以沉淀的形式析出,{d-Λ-[Co(en)$_3$]}[d-tart]Cl·5H$_2$O 与 NaI 反应可转化为 d-Λ-[Co(en)$_3$]I$_3$·H$_2$O;过滤 {d-Λ-[Co(en)$_3$]}[d-tart]Cl·5H$_2$O 后得到的滤液中含有大量的 l-Δ-[Co(en)$_3$]$^{3+}$ 和少量的 d-Λ-[Co(en)$_3$]$^{3+}$,可在加入 NaI 后形成 l-Δ-[Co(en)$_3$]I$_3$·H$_2$O 和 d-Λ-[Co(en)$_3$]I$_3$·H$_2$O 的混合物,也以沉淀的形式析出。l-Δ-[Co(en)$_3$]I$_3$·H$_2$O 在温水

图 7-12 (a) (R,R)-(+)-酒石酸和 (b) (R,R)-(+)-酒石酸钡的绝对构型

中的溶解度比 d-Λ-$[Co(en)_3]I_3 \cdot H_2O$ 要大得多，所以，可以使用重结晶的方法对 l-Δ-$[Co(en)_3]I_3 \cdot H_2O$ 进行提纯，将混合物在较高温度下溶解，趁热过滤除去不溶解的 d-Λ-$[Co(en)_3]I_3 \cdot H_2O$，滤液进一步冷却，就可以得到较纯的 l-Δ-$[Co(en)_3]I_3 \cdot H_2O$。通过上述拆分操作就可以分别得到光学纯度较高的 d-Λ-$[Co(en)_3]I_3 \cdot H_2O$ 和 l-Δ-$[Co(en)_3]I_3 \cdot H_2O$。

本实验涉及的主要反应为：

(1) $4CoSO_4 + 12en + 4HCl + O_2 \Longrightarrow 4rac\text{-}[Co(en)_3]ClSO_4 + 2H_2O$

(2) $2rac\text{-}[Co(en)_3]ClSO_4 + 2Ba\text{-}d\text{-}tart + 5H_2O \Longrightarrow \{d\text{-}\Lambda\text{-}[Co(en)_3]\}[d\text{-}tart]Cl \cdot 5H_2O + 2BaSO_4 + l\text{-}\Delta\text{-}[Co(en)_3]^{3+} + d\text{-}tart^{2-} + Cl^-$

(3) $\{d\text{-}\Lambda\text{-}[Co(en)_3]\}[d\text{-}tart]Cl \cdot 5H_2O + 3NaI \Longrightarrow d\text{-}\Lambda\text{-}[Co(en)_3]I_3 \cdot H_2O + d\text{-}tart^{2-} + Cl^- + 3Na^+ + 4H_2O$

(4) $l\text{-}\Delta\text{-}[Co(en)_3]^{3+} + 3I^- + H_2O \Longrightarrow l\text{-}\Delta\text{-}[Co(en)_3]I_3 \cdot H_2O$

比旋光度的计算公式为：$[\alpha]_D = 100[\alpha_{meas}/(c \cdot l)]$

式中，$[\alpha]_D$ 代表室温下（20 ℃）的比旋光度，单位为°，右下角标 D 代表使用 Na 的 D 线（589 nm）作为光源；α_{meas} 代表实验测定的旋光度，单位为°；c 代表溶液的浓度，单位为 $g \cdot 100 \text{ mL}^{-1}$；$l$ 代表测试使用的样品管的长度，单位为 dm。

旋光异构体纯度的计算公式为：$\{[\alpha]_{D,实测}/[\alpha]_{D,理论}\} \times 100\%$

式中，$[\alpha]_{D,实测}$ 代表实验测得的比旋光度；$[\alpha]_{D,理论}$ 代表理论比旋光度，近似使用文献报道的标准值（Broomhead, J. A.; Dwyer, F. P.; Hogarth, J. W. *Inorg. Synth.*, 1960, Vol. VI, p183~186）来代替，即 d-Λ-$[Co(en)_3]I_3 \cdot H_2O$ 比旋光度 $[\alpha]_D = +89°$，l-Δ-$[Co(en)_3]I_3 \cdot H_2O$ 比旋光度 $[\alpha]_D = -90°$。

三、实验流程

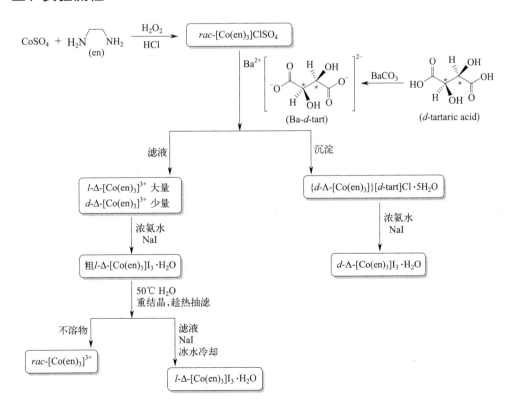

四、实验用品

仪器、用品：烧杯，量筒，容量瓶，布氏漏斗，抽滤瓶，蒸发皿，表面皿，温度计（0～100 ℃），定性滤纸，水浴锅，旋光仪。

试剂、材料：$CoSO_4 \cdot 7H_2O$（分子量为 = 281.10），L-（＋）-酒石酸（分子量为 = 150.09），$BaCO_3$（分子量为 197.34），NaI（分子量为 149.89），30% NaI 溶液，活性炭，乙二胺（en，分子量为 60.10，$d = 0.898 \text{ g} \cdot \text{mL}^{-1}$），盐酸（37%），氨水（25%～28%），$H_2O_2$（30%），无水乙醇，丙酮。

五、实验内容

1. (＋)-酒石酸钡 (Ba-d-tart) 的制备

称取 10.0 g (67 mmol) L-（＋）-酒石酸置于 100 mL 烧杯中，加入 50 mL 去离子水，固体溶解后，边搅拌边缓慢加入 13.0 g (66 mmol) $BaCO_3$，搅拌下，将所得的悬浊液继续加热反应 30 min 至反应完全，趁热减压过滤，并用去离子水洗涤沉淀，然后将沉淀转移至表面皿中，在鼓风干燥箱中，110 ℃干燥 2 h，干燥完毕后放入干燥器中备用。

2. 外消旋化合物 rac-[Co(en)$_3$]ClSO$_4$ 溶液的制备

搅拌条件下，在烧杯中依次加入 14 mL 去离子水、5.1 mL 乙二胺（76 mmol）、2.5 mL 浓盐酸、硫酸钴溶液 [7.0 g (25 mmol) $CoSO_4 \cdot 7H_2O$ 溶于 13 mL 去离子水而得到] 和 1.0 g 活化处理过的活性炭，搅拌均匀后，缓慢滴加 3.0 mL 30% H_2O_2，溶液逐渐由蓝色转变为橙红色，表明 Co(Ⅱ) 已经氧化为 Co(Ⅲ)，使用稀盐酸或乙二胺将 pH 调节至 7.0～7.5，将混合物小火加热 15 min（防止水分过度蒸发），将烧杯冷却至室温，减压过滤，所得滤液留作下面步骤 3 (1) 使用。

3. 外消旋化合物 rac-[Co(en)$_3$]ClSO$_4$ 的拆分

(1) {d-Λ-[Co(en)$_3$]}[d-tart]Cl·5H$_2$O 的制备

在搅拌条件下，向步骤 2 所得的滤液中加入 7.0 g Ba-d-tart（25 mmol），然后水浴加热 30 min（加热过程中避免水分过度蒸发，可补加少量去离子水），趁热减压过滤，并用热的去离子水洗涤滤饼。所得滤液转入蒸发皿中，浓缩至约 15 mL，冷却至室温后，用冰水冷却蒸发皿，可析出橙色的微晶，即 {d-Λ-[Co(en)$_3$]}[d-tart]Cl·5H$_2$O。减压过滤，滤液留作下面步骤 3 (3) 使用；过滤得到的沉淀用约 10 mL 去离子水重结晶，冷却后，减压过滤，所得的固体用无水乙醇洗涤并抽干，最后得干燥和纯度较高的 {d-Λ-[Co(en)$_3$]}[d-tart]Cl·5H$_2$O。

(2) d-Λ-[Co(en)$_3$]I$_3$·H$_2$O 的制备。

将步骤 3(1) 得到的 {d-Λ-[Co(en)$_3$]}[d-tart]Cl·5H$_2$O 溶解于 8.0 mL 热的去离子水中，然后在搅拌条件下，依次加入 5 滴浓氨水和 NaI 溶液（9.0 g NaI 溶于 5 mL 热的去离子水），待混合均匀后，可轻微加热使固体全部溶解（加热温度不可过高，接近沸腾的加热温度会使产物外消旋化，加热时间不超过 5 min）。将溶液静置并冷却至室温，再用冰水浴冷却，得到橙红色针状结晶 d-Λ-[Co(en)$_3$]I$_3$·H$_2$O，减压过滤，滤饼依次用冷的 30% 的 NaI 溶液、无水乙醇和丙酮洗涤，固体抽干后，称量并计算产率。

（3）$l\text{-}\Delta\text{-}[Co(en)_3]I_3 \cdot H_2O$ 的制备

向步骤 3(1) 得到的滤液中加入 5 滴浓氨水，然后将溶液加热至 80 ℃，在搅拌条件下，向溶液中加入 9.0 g NaI（60 mmol），待固体完全溶解后，将溶液静置并冷却至室温，再用冰水浴冷却，减压过滤，得到的滤饼是 $l\text{-}\Delta\text{-}[Co(en)_3]I_3 \cdot H_2O$ 的粗产品，依次用冷的 30% 的 NaI 溶液和无水乙醇洗涤滤饼并抽干。将滤饼置于烧杯中，加入 15 mL 50 ℃ 的去离子水，充分搅拌，并维持溶液温度在 50 ℃ 一段时间（不超过 5 min），趁热减压过滤，除去不溶物（$rac\text{-}[Co(en)_3]^{3+}$）。将滤液转移至 100 mL 烧杯中，加热至 50 ℃，再向溶液中加入 3.0 g NaI（20 mmol），静置并冷却至室温，再用冰水浴冷却，可析出橙黄色的结晶 $l\text{-}\Delta\text{-}[Co(en)_3]I_3 \cdot H_2O$，减压过滤，得到的滤饼依次用无水乙醇和丙酮洗涤，固体抽干后，称量并计算产率。

4. 比旋光度的测定和产品纯度的计算

分别准确称取 0.500 ± 0.002 g 两个旋光异构体 $d\text{-}\Lambda\text{-}[Co(en)_3]I_3 \cdot H_2O$ 和 $l\text{-}\Delta\text{-}[Co(en)_3]I_3 \cdot H_2O$，在容量瓶中配成 50 mL 溶液，然后使用 1 dm 长的样品管，在旋光仪上分别测定旋光度 α_{meas}，然后根据公式计算各自的比旋光度 $[\alpha]_D$ 和纯度。

六、思考题

1. 如何判断配合物具有旋光异构体？
2. 本实验进行异构体拆分时，使用了 $L\text{-}（+）\text{-}$ 酒石酸，"L" 代表什么？"L" 的表示方法与 "d" 和 "l" 的表示方法有什么区别？
3. 除了化学拆分法，还有什么方法可以进行本实验涉及的两种异构体的拆分？
4. 除了旋光仪可以表征两种旋光异构体的光学性质，还有什么仪器或方法也可以表征它们的光学性质？

实验四十四 无机离子的纸色谱分离和鉴定

一、实验目的

1. 了解纸色谱法分离无机金属离子的基本原理。
2. 掌握用纸色谱法分离和鉴定 Fe^{3+}、Co^{2+}、Ni^{2+}、Cu^{2+} 的实验方法及操作技术。
3. 掌握相对比移值 R_f 的计算及其应用。

二、实验提要

纸色谱法（paper chromatography）又称为纸层析法，是在滤纸上进行的色谱分析法。纸纤维和水有较强的亲和力，能吸收 22% 左右的水，而且其中 6%~7% 的水是以氢键形式与纤维素的羟基结合，在一般条件下较难脱去，所以一般的纸层析实际上是以滤纸纤维的结合水为固定相，以有机溶剂或混合溶剂为流动相。当流动相沿纸经过样品时，试液中的各种组分利用其在固定相和流动相中溶解度的不同，即在两相中的分配系数 K 不同而得以分离。在相同淋洗时间内，不同样品随流动相上移的距离会存在差异，各组分在纸层中的相对比移值 R_f 也会不同，R_f 值与溶质在固定相和流动相间的分配系数有关，当色谱纸、固定相、流动相和温度一定时,每种物质的 R_f 值为一定值。化合物的吸附能力与它们的极性成正比,具有较大极性或亲水性强的组分,吸附较强,K 大,R_f 值小;极性弱或亲脂性强的组分,K 小,R_f 值大。R_f 的计算方法如图 7-13 所示。

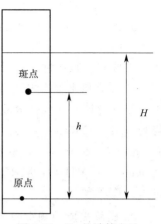

$$R_f = \frac{斑点中心至基线距离}{展开剂前沿至基线距离} = \frac{h}{H}$$

为了让各组分能很好分离,需选择合适的滤纸及展开剂,对 R_f 值相差很小的化合物,宜采用慢速滤纸,对 R_f 值相差较大的化合物,则可用快速滤纸。可根据各组分分离情况改变展开剂的配比进行极性调节,以达到最佳分离效果。纸色谱的层析设备简单,操作简便,被广泛应用在药物、染料、抗生素、生物制品等的分析方面,也可以用来分离性质极其类似的无机离子。

图 7-13 R_f 的计算方法

在本实验中,在滤纸的下端滴上 Fe^{3+}、Co^{2+}、Ni^{2+}、Cu^{2+} 的混合液,将滤纸放入盛有适量盐酸和丙酮的容器中,由于 Fe^{3+}、Co^{2+}、Ni^{2+}、Cu^{2+} 各组分在固体相和流动相中具有不同的分配系数,即在两相中具有不同的溶解度,在水中溶解度较大的组分倾向于滞留在某个位置。向上移动的速度缓慢,在盐酸-丙酮溶剂中溶解度较大的组分倾向于随展开剂向上流动。向上流动的速度较快。通过足够长的时间后所有组分可以得到分离。当溶剂达到指定位置时,抽出滤纸,滤纸干燥后进行显色,用 0.1 mol·L^{-1} $K_3[Fe(CN)_6]$ 和 0.1 mol·L^{-1} $K_4[Fe(CN)_6]$ 等体积混合溶液喷雾。

三、实验流程

四、实验用品

仪器、用品:100 mL 量筒,50 mL 烧杯,层析缸,镊子,喉头喷雾器。

试剂、材料:6.0 mol·L^{-1} HCl,浓 $NH_3·H_2O$,0.1 mol·L^{-1} $FeCl_3$,1.0 mol·L^{-1} $CoCl_2$,1.0 mol·L^{-1} $NiCl_2$,1.0 mol·L^{-1} $CuCl_2$,未知液(从上述四种溶液中选一种),0.1 mol·L^{-1} $K_3[Fe(CN)_6]$,0.1 mol·L^{-1} $K_4[Fe(CN)_6]$,层析专用滤纸(10 cm×12 cm),毛细管,点滴板。

五、实验内容

取一张 10 cm×12 cm 的滤纸作色谱纸。以 10 cm 宽的边为底边,距离上下底边 2 cm 处用铅笔各画一条与其底边平行的基线,按图 7-14 将纸折叠成 8 片,除左右最外两片以外,在每片铅笔线的中心位置依次写上 Fe^{3+}、Co^{2+}、Ni^{2+}、Cu^{2+} 混合物和未知样品。

分别配制浓度为 0.1 mol·L^{-1} $FeCl_3$,1.0 mol·L^{-1} $CoCl_2$,1.0 mol·L^{-1} $NiCl_2$,1.0 mol·L^{-1} $CuCl_2$ 溶液和它们的混合液,用干净的专用毛细管分别在色谱纸上按上述指定的

位置上点样，最后用专用的毛细管点未知样品，每试样的斑点直径应小于 0.5 cm。让色谱纸上的试样自然干燥。

在层析缸中加入 17 mL 丙酮、4 mL 6.0 mol·L^{-1} 盐酸，盖上层析缸盖轻轻振摇烧杯，充分混合展开剂，揭开层析缸盖，按图 7-15 所示把层析纸放入烧杯内，展开剂液面应略低于色谱纸上铅笔线，盖上层析缸盖。

仔细观察与记录在层析过程中产生的现象。当展开剂前沿上升到上部画线处时，用镊子取出色谱纸，用铅笔画下展开剂前沿位置。将滤纸放入空烧杯，置于通风橱内自然干燥。

在通风橱内自然干燥色谱纸，干燥后用 0.1 mol·L^{-1} K$_3$[Fe(CN)$_6$] 和 0.1 mol·L^{-1} K$_4$[Fe(CN)$_6$] 等体积混合液喷雾，使斑点显色，自然干燥色谱纸。

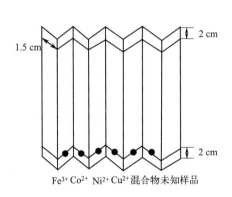

图 7-14　纸色谱上样方法

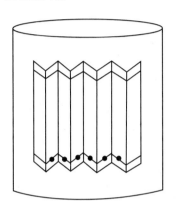

图 7-15　纸色谱展开方法

六、数据记录与处理

1. 观察并记录各组分在层析时显现的颜色。
2. 用铅笔画下各斑点的轮廓，测量斑点中心位置至基线的垂直距离 h；测量展开剂前沿至基线的垂直距离 H（精确至 0.1 cm），记录测量结果于表 7-3。
3. 计算 R_f 值。
4. 根据对照实验（颜色、R_f 值），试判断未知组分中是何种物质。

表 7-3　纸上色谱实验现象及结果

色谱物质名称	FeCl$_3$	NiCl$_2$	CuCl$_2$	CoCl$_2$	混合物	未知样品
色谱时颜色						
喷雾后显色						
h/cm						
H/cm						
R_f 值						

混合液中所含离子为：＿＿＿＿＿＿＿＿＿＿＿＿＿＿＿＿＿＿＿＿＿。
未知液中所含离子为：＿＿＿＿＿＿＿＿＿＿＿＿＿＿＿＿＿＿＿＿＿。

七、思考题

1. 纸上色谱分离无机离子的原理是什么？

2. 取出色谱纸后，为什么要及时画下展开剂前沿位置，且需要使用铅笔而非钢笔？
3. 展开剂的成分对展开效果有何影响？

实验四十五　含铬废水的处理

一、实验目的

1. 掌握化学还原法处理含铬工业废水的实验原理。
2. 熟悉水质参数的测定方法，用分光光度法检验废水中铬的含量。
3. 了解工业废水的除铬过程中各因素之间的关系。

二、实验提要

铬是毒性较高的元素之一。铬污染主要来源于电镀、制革及印染等工业废水的排放，以 $Cr_2O_7^{2-}$ 或 CrO_4^{2-} 形式的 Cr（Ⅵ）和 Cr（Ⅲ）存在。Cr（Ⅵ）的毒性比 Cr（Ⅲ）的毒性大得多，可造成遗传基因的缺陷，可致癌，对环境有持久的危害。含铬废水处理的基本原则是先将 Cr（Ⅵ）还原为 Cr（Ⅲ），然后将其除去。

含铬废水处理方法有离子交换法、电解法、化学还原法、物理处理法（如活性炭吸附法）、生物法等。其中，化学法在实际应用中占的比例很大。本实验介绍化学还原法和活性炭吸附法。

1. 化学还原法——铁氧体法

铁氧体是有磁性的 Fe_3O_4 中的 Fe^{2+}、Fe^{3+} 中的部分离子被与其离子半径相近的其他 +2 价或 +3 价金属离子（如 Cr^{3+}、Mn^{2+} 等）所取代而形成的以 Fe_3O_4 为主体的复合型氧化物。可用 $M_xFe_{(3-x)}O_4$ 表示，以 Cr^{3+} 为例，可写成 $Cr_xFe_{(3-x)}O_4$。

铁氧体法处理含铬废水的基本原理是使废水中的 $Cr_2O_7^{2-}$ 或 CrO_4^{2-} 在酸性条件下与过量还原剂 $FeSO_4$ 作用生成 Cr^{3+} 和 Fe^{3+}，其反应方程式为：

$$Cr_2O_7^{2-} + 6Fe^{2+} + 14H^+ \rightleftharpoons 2Cr^{3+} + 6Fe^{3+} + 7H_2O$$

$$HCrO_4^- + 3Fe^{2+} + 7H^+ \rightleftharpoons Cr^{3+} + 3Fe^{3+} + 4H_2O$$

反应结束后加入适量碱液，调节溶液 pH 值并适当控制反应温度，加少量 H_2O_2 或通入空气搅拌，将溶液中过量的 Fe^{2+} 部分氧化为 Fe^{3+}，得到比例适当的 Cr^{3+}、Fe^{2+} 和 Fe^{3+}，并将其转化为沉淀。

$$Cr^{3+} + 3OH^- \rightleftharpoons Cr(OH)_3 \downarrow$$

$$Fe^{2+} + 2OH^- \rightleftharpoons Fe(OH)_2 \downarrow$$

$$Fe^{3+} + 3OH^- \rightleftharpoons Fe(OH)_3 \downarrow$$

当形成的 $Fe(OH)_2$ 和 $Fe(OH)_3$ 的量的比例约为 1∶2 时，生成类似于 $Fe_3O_4 \cdot xH_2O$ 的磁性氧化物（铁氧体），其中部分 Fe^{3+} 可被 Cr^{3+} 取代，使 Cr^{3+} 成为铁氧体的组成部分而沉淀下来。沉淀物经脱水等处理后，即可得到符合铁氧体组成的复合物。

铁氧体法处理含铬废水效果好，投资少，简单易行，沉渣量少且稳定。含铬铁氧体是一种磁性材料，可用于电子工业，既保护了环境，又利用了废物。

为检查废水处理的结果,采用比色法分析水中的铬含量。其原理为 Cr(Ⅵ) 在酸性介质中与二苯基碳酰二肼反应生成紫红色配合物,该配合物溶于水,其溶液颜色对光的吸收程度与 Cr(Ⅵ) 的含量成正比。把样品溶液的颜色与标准系列溶液的颜色比较或用分光光度计测出此溶液的吸光度,就能测定样品中 Cr(Ⅵ) 的浓度。

如果水中有 Cr(Ⅲ),在碱性条件下用 $KMnO_4$,将 Cr(Ⅲ) 氧化为 Cr(Ⅵ),然后再测定。为防止溶液中 Fe^{2+}、Fe^{3+} 及 Hg_2^{2+}、Hg^{2+} 等离子的干扰,可加入适量的 H_3PO_4 消除影响。

2. 活性炭吸附法

废水处理中,吸附法主要用于废水中的微量污染物的去除,以达到净化废水的目的。

活性炭具有吸附容量大、性能稳定、抗腐蚀、在高温解吸时结构稳定性好、解吸容易等特点,可吸附、解吸多次,反复使用。活性炭有吸附铬的性能,但其吸附能力有限,只适合处理含铬量低的废水。

三、实验流程

四、实验用品

仪器、用品:分光光度计,电子天平,燃气灯,三脚架,石棉网,50 mL 容量瓶,10 mL、50 mL 量筒,400 mL、100 mL 烧杯,滤纸,磁铁,温度计(100 ℃)等。

试剂、材料:含铬废水(可自配:1.8 g $K_2Cr_2O_7$ 溶于 1000 mL 自来水中),3.0 mol·L^{-1} H_2SO_4,H_2SO_4-H_3PO_4 混酸溶液[15% H_2SO_4+15% H_3PO_4+70% H_2O(体积比)],6.0 mol·L^{-1} NaOH 溶液,10% $FeSO_4$,10.0 mg·L^{-1} $K_2Cr_2O_7$ 标准溶液,3% H_2O_2 溶液,0.1% 二苯基碳酰二肼溶液,pH 试纸等。

五、实验内容

1. 含铬废水的处理

将 30 mL 含铬废水倒入 100 mL 烧杯中,在不断搅拌下滴加 3.0 mol·L^{-1} H_2SO_4 溶液调节 pH 约为 1,然后加入 10% $FeSO_4$ 溶液(约 3~4mL),至溶液由浅蓝色变为亮绿色为止。向烧杯中继续滴加 6.0 mol·L^{-1} NaOH,调节 pH 为 8~9,将溶液加热至 70 ℃ 左右。在不断搅拌下继续滴加 3~4 滴 3% H_2O_2 溶液,充分搅拌后冷却静置,使 Fe^{2+}、Fe^{3+}、Cr^{3+} 的氢氧化物沉淀沉降。用倾析法将上层清液转入另一个烧杯中以备测定残余 Cr(Ⅵ)。沉淀用去离子水洗涤数次,除去 Na^+、K^+、SO_4^{2-} 等离子,将沉淀转移到蒸发皿中,用小火加热,并不断搅拌沉淀蒸发至干。冷却后,称重,并将沉淀物均匀地铺在干净的白纸上,另外用纸将磁铁裹住与沉淀物接触,检查沉淀物的磁性。

2. 处理后水质的检验

配制 Cr(Ⅵ)系列标准溶液和测定工作曲线:用移液管分别移取 10.0 mg·L^{-1} $K_2Cr_2O_7$

标准溶液 0.00 mL、1.00 mL、2.00 mL、3.00 mL、4.00 mL、5.00 mL，分别注入 50 mL 容量瓶中，并分别编号 1~6。每个容量瓶中加入 20 mL 去离子水，10 滴 H_2SO_4-H_3PO_4 混合溶液和 3 mL 0.1% 二苯基碳酰二肼溶液，用去离子定容、摇匀。观察各溶液的显色情况，得到一系列紫红色溶液，瓶中 Cr（Ⅵ）浓度分别为 0.000 mg·L^{-1}、0.200 mg·L^{-1}、0.400 mg·L^{-1}、0.600 mg·L^{-1}、0.800 mg·L^{-1}、1.000 mg·L^{-1}。在常温下放置 10 min，待溶液显色完全后，以 1 号溶液作为参比，用 1 cm 比色皿在最大吸收波长 540 nm 处，测定各瓶溶液的吸光度 A，以 Cr（Ⅵ）浓度为横坐标，A 为纵坐标作图，得到工作曲线。

处理后水中 Cr（Ⅵ）浓度的检验：分别取步骤 1 中的上层清液（若有悬浮物应过滤）10 mL 于两个 50 mL 容量瓶中，加入 20 mL 去离子水，10 滴 H_2SO_4-H_3PO_4 混合溶液和 3 mL 0.1% 二苯基碳酰二肼溶液（编号 7、8），用去离子定容、摇匀。测出吸光度，从工作曲线上查出相应的 Cr（Ⅵ）的浓度，求出处理后水中残留 Cr（Ⅵ）的浓度，是否达到国家工业废水的排放标准（<0.5 mg·L^{-1}）。

3. 活性炭吸附法

取 100 mL 含铬废水于 250 mL 烧杯中，加入 20 g 活性炭，搅拌。静置 20 min 后过滤。取滤液 10 mL 于 50 mL 容量瓶中，加入 20 mL 去离子水，10 滴 H_2SO_4-H_3PO_4 混合溶液和 3 mL 0.1% 二苯基碳酰二肼溶液，用去离子定容、摇匀，测出吸光度，从工作曲线上查出相应的 Cr（Ⅵ）的浓度。

六、数据记录与处理

1. 沉淀物的质量：_____ g；是否具有磁性：_____。
2. 处理后水质的检验。绘制标准曲线，计算数据，填入表 7-4。

表 7-4 标准曲线的绘制及处理后样品的吸光度

项目	1	2	3	4	5	6	7	8
$c[Cr(Ⅵ)]/(mg·L^{-1})$	0.000	0.200	0.400	0.600	0.800	1.000		
A								

处理后样品的 Cr（Ⅵ）的浓度为 _____ mg·L^{-1}。

3. 活性炭吸附法。从标准曲线上查出样品溶液中的 Cr（Ⅵ）的浓度为 _____ mg·L^{-1}。

七、注意事项

1. 在处理含铬废水的实验中，控制好 pH，否则将影响铁氧体的组成和 Cr（Ⅵ）的还原。
2. 铬离子标准溶液放在避光的地方，尽快使用，不得放置过久。

八、思考题

1. 在含铬废水中加入 $FeSO_4$ 溶液后，为什么要调节 pH 约为 1？之后为什么又要加入 NaOH 溶液调节 pH 约为 7？为什么还要加入 H_2O_2 溶液？在这些步骤中，各发生了哪些对应的化学反应？
2. 在配制系列标准溶液时，哪些试剂必须用移液管准确移取？

3. 如何检验含铬量是否符合国家排放标准（<0.5 mg·L^{-1}）？

实验四十六　由易拉罐制备明矾

一、实验目的

1. 了解由铝单质制备明矾的原理和方法。
2. 了解从水溶液中制备硫酸铝钾晶体的原理和方法。
3. 熟练掌握溶解、结晶、抽滤等基本操作。

二、实验提要

铝质易拉罐具有美观、轻便、便于携带、使用方便等特点，是重要的包装材料，它的回收再利用对节约资源和保护环境有重要意义。

硫酸铝钾 $KAl(SO_4)_2·12H_2O$ 俗称明矾，是一种重要的铝盐，易溶于水，易水解生成 $Al(OH)_3$ 胶体，有强的吸附性能，可作为净水剂、媒染剂、造纸填充剂等。

易拉罐内部有非常稳定的有机聚合物薄膜防止罐体与内容物的反应。这层薄膜严重阻碍易拉罐与碱的反应，实验前必须除去。强碱可溶解铝表面的两性氧化物，进一步与铝单质反应生成可溶性的四羟基合铝酸钾 $K[Al(OH)_4]$。铝片中可能含有 Cr、Fe、Zn、Mn、Mg、Si 等杂质，其中的 Cr、Zn 及 Si 溶于碱性溶液成为可溶性杂质，其余以难溶的氢氧化物或氧化物沉淀形式析出，常压过滤可以去除。用 H_2SO_4 调节滤液的 pH 为 8～9 时，有白色毛状的 $Al(OH)_3$ 沉淀产生，继续加酸，则 $Al(OH)_3$ 溶解形成 Al^{3+}，冷却即可析出硫酸铝钾。反应过程如下：

$$2Al + 2KOH + 6H_2O = 2K[Al(OH)_4] + 3H_2$$

$$2K[Al(OH)_4] + 4H_2SO_4 + 16H_2O = K_2SO_4·Al_2(SO_4)_3·24H_2O(s)$$

利用明矾溶解度与杂质溶解度随温度的变化差异（见表 7-5），少量可溶性杂质通过结晶操作过程留在母液中。

表 7-5　铝盐在不同温度下的溶解度　　单位：g·(100 g H_2O)$^{-1}$

温度/℃	K_2SO_4	$Al_2(SO_4)_3·18H_2O$	$KAl(SO_4)_2·12H_2O$
0	7.35	31.2	3
10	9.22	33.5	4
20	11.11	36.5	5.9
25	12.0	38.5	7.2
30	12.97	40.4	8.4
40	14.76	45.7	11.7
50	16.56	52.2	17
60	18.17	59.2	24.8
70	19.75	66.2	40
80	21.4	73.1	71
90	21.4	86.8	109

三、实验流程

四、实验用品

仪器、用品：电子分析天平，循环水泵，玻璃棒，抽滤瓶，布氏漏斗，量筒，普通漏斗，研钵，50 mL 锥形瓶，100 mL、50 mL 烧杯，滤纸，冰水浴，剪刀，砂纸。

试剂、材料：3.0 mol·L^{-1} H$_2$SO$_4$，1.5 mol·L^{-1} KOH，95％乙醇，硫酸铝钾（A.R.），硫酸铬钾（A.R.），铝质易拉罐。

五、实验内容

1. 处理易拉罐

在天然气灯上灼烧，除去易拉罐内外部的有机聚合物薄膜（不要长时间灼烧易拉罐）。然后将易拉罐用剪刀剪为约 6 cm^2 的铝片，再剪成边长小于 2 mm 的碎片。

2. 硫酸铝钾的制备

在电子天平上称量 1.0 g 除掉内外膜的铝片（0.037 mol）置于 100 mL 烧杯内，加入约 25 mL 1.5 mol·L^{-1} KOH (0.038 mol)。稍微加热，促进反应进行。反应过程中有氢气逸出，注意通风、远离火源！仔细观察实验现象。当不再有氢气逸出时，反应完全，静置片刻。减压过滤除去不溶物质，并用滴管吸取 2 mL 去离子水洗涤烧杯，将清洗液倒入布氏漏斗中抽滤。将透明滤液倒入 100 mL 烧杯中，用少量去离子水洗涤抽滤瓶，洗涤液与滤液合并备用。将盛有滤液的烧杯置于冰水浴中，边搅拌边缓慢加入 25 mL 3.0 mol·L^{-1} H$_2$SO$_4$。加入硫酸过程中注意观察白色 Al(OH)$_3$ 沉淀生成，随后逐渐生成明矾沉淀（pH＝2～3）。将烧杯外壁的水擦干，再加热溶解。溶液沸腾后仍有不溶性固体杂质存在，趁热常压过滤法除去固体杂质。溶液的总体积应维持在约 40 mL。将澄清溶液室温静置 1 周时间，有大块晶体结晶析出。记录晶体的颜色及形状。减压过滤，称量晶体质量，计算产率。

六、数据记录与处理

1. 简要叙述产品制备实验步骤，解释观察到的现象，描述产品外观，列出重要结果。
2. 明矾、铬钾矾制备数据记录。

铝片的质量＝_____g；
[KAl(SO$_4$)$_2$·12H$_2$O] 的质量＝_____g；
1.5 mol·L^{-1} KOH 的体积＝_____mL；
3 mol·L^{-1} H$_2$SO$_4$ 的体积＝_____mL；
实际产率＝_____％。

七、思考题

1. 回收铝易拉罐的意义何在？查阅有关资料，了解铝易拉罐的主要化学成分。工业上整体熔炼铝易拉罐存在什么问题？化学回收利用铝易拉罐有优势吗？

2. 根据你所称取的铝片的质量，计算实验条件下所有相关试剂的用量、产物的产量。
3. 在制备硫酸铝钾的过程中，是否需要分离出 $Al(OH)_3$，洗涤之后再用硫酸溶解吗？
4. 水溶液中得到完整性好的优质单晶的条件有哪些？

实验四十七　硫代硫酸钠的制备和产品检验

一、实验目的

1. 熟悉硫代硫酸钠的制备方法及其原理。
2. 学习电磁加热搅拌器的使用；巩固减压过滤、蒸发、浓缩、冷却、结晶等基本操作。
3. 定性检验硫代硫酸钠。

二、实验提要

$Na_2S_2O_3 \cdot 5H_2O$ 是无色透明的单斜晶体，俗名"海波"，溶于水，不溶于乙醇，具有较强的还原性和配位能力。

在工业和实验室中主要以亚硫酸钠为原料制备 $Na_2S_2O_3 \cdot 5H_2O$，化学反应方程式为：

$$Na_2SO_3 + S =\!=\!= Na_2S_2O_3 \quad (加热沸腾)$$

经过滤、浓缩、结晶、过滤、干燥即得 $Na_2S_2O_3 \cdot 5H_2O$。

三、实验流程

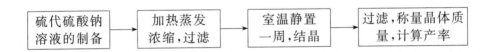

四、实验用品

仪器、用品：天平，抽滤瓶，布氏漏斗，烘箱，定性滤纸，磁力加热搅拌器，表面皿，烧杯，量筒，玻璃棒。

试剂、材料：硫粉，无水亚硫酸钠，95%乙醇，0.1 mol·L^{-1} $AgNO_3$，0.1 mol·L^{-1} KBr。

五、实验内容

1. 硫代硫酸钠的制备

将 1.8 g 硫粉置于 100 mL 烧杯中，用玻璃棒压碎，加入 2 mL 5%乙醇润湿，搅拌均匀，加入 6.3 g Na_2SO_3，加入 30 mL 去离子水，放入磁力搅拌子，置于磁力加热搅拌器上，搅拌至白色固体完全溶解，用盛有冷水的表面皿盖住烧杯。加热至沸腾后，调低电压，小火加热，不断搅拌并保持微沸 40 min 以上，若体积小于 20 mL，应及时补充至 20~25 mL，注意将烧杯壁及表面皿上的硫粉淋入浑浊的反应溶液中，直至少量硫粉漂浮于液面上。趁热抽滤，滤液转移至干净烧杯中，加热蒸发至溶液连续不断产生大量小气泡时,常压热过滤到一个干净的 50 mL 烧杯中,放置一周时间,晶体析出。记录晶体的颜色及形状。减压过滤,用少量乙醇洗涤,或用滤纸吸干晶体表面水分。称量晶体质量,计算产率。

2. 定性检验

① 取少量硫代硫酸钠晶体置于试管中,用少量去离子水溶解样品。取 3~5 滴 0.1 mol·L^{-1} AgNO$_3$ 加入另一支试管中,滴加制备好的 Na$_2$S$_2$O$_3$ 溶液,观察沉淀颜色的变化。

② 在试管中加入 10 滴 0.1 mol·L^{-1} AgNO$_3$,加入 10 滴 0.1 mol·L^{-1} KBr,静置试管,弃去上清液。向试管中滴加制备好的硫代硫酸钠溶液,观察实验现象。

六、注意事项

1. 加热反应过程中为防止硫挥发及飞溅,在烧杯上盖上盛满冷水的表面皿,定期更换冷水。
2. 浓缩终点不易观察,通过有大量小气泡出现,且呈黏稠状来确定。浓缩过度,易使晶体黏附于烧杯底部难以取出。
3. 蒸发浓缩时速度太快,产品易于结块,速度太慢,产品不易形成结晶。

七、思考题

1. 在混合前加乙醇浸润原因是什么?
2. 浓缩终点如何确定?如蒸发浓缩过了,将发生什么情况?
3. 要想提高产品的产率与纯度,实验中应注意哪些问题?
4. 合成硫代硫酸钠还可以采用什么方法?

实验四十八 铬(Ⅲ)配合物的制备和其分裂能的测定

一、实验目的

1. 掌握铬(Ⅲ)配合物的制备方法。
2. 掌握配合物电子光谱的测定方法。
3. 掌握配合物分裂能的测定方法。
4. 了解配体对配合物中心离子 d 轨道分裂能的影响。

二、实验原理

过渡金属离子配合物在其配体八面体场的作用下,金属离子的 d 轨道发生能级分裂。五个简并的 d 轨道分裂为 2 个能量较高的 e_g 轨道和 3 个能量较低的 t_{2g} 轨道,e_g 轨道和 t_{2g} 轨道间的能量差,称为分裂能,用 Δ_o 表示。Δ_o 值的大小与配体有关,在八面体场中的大小顺序为:

$$I^- < Br^- < Cl^- < F^- < C_2O_4^{2-} < H_2O < SCN^- < EDTA < NH_3 < en < NO_2^- < CN^- < CO$$

不同配体 Δ_o 的值由小到大排序,称为光谱化学序列。

配合物的 Δ_o 值可通过测定其电子吸收光谱求得。价层电子构型为 $d^1 \sim d^9$ 的金属离子，由于 d 轨道没有充满，处于 t_{2g} 轨道上的电子吸收相当于分裂能 Δ_o 的能量跃迁到 e_g 轨道上，发生 d-d 电子跃迁。用分光光谱仪测定配合物的电子吸收光谱。由吸收光谱上相应吸收峰的最大吸收波长可以计算出分裂能 Δ_o，计算公式如下：

$$\Delta_o = 10^7 / \lambda_{max}$$

式中，λ_{max} 是最大吸收波长，单位为 nm；Δ_o 的单位为 cm^{-1}。不同 d 电子构型的配合物的电子吸收光谱是不同的，计算 Δ_o 的方法也不相同。例如：$[Ti(H_2O)_6]^{3+}$ 是 $3d^1$ 电子构型，有 1 种 d-d 跃迁，在 493 nm 处有 1 个吸收峰，分裂能为 20300 cm^{-1}。Cr^{3+} 的价层电子构型为 $3d^3$，有 3 种 d-d 跃迁，在其电子吸收光谱上应有 3 个吸收峰，但实验中测得 2 个明显的吸收峰，第 3 个吸收峰则被强烈的电荷迁移吸收所覆盖。研究结果表明，对于在八面体场中的 d^3 电子构型的配合物，先确定最大吸收波长的吸收峰的 λ_{max}，代入上述公式求其分裂能 Δ_o。

对于相同中心离子的配合物，配位按其 Δ_o 的值从小到大排序，即得到光谱化学序列。

$K_3[Cr(C_2O_4)_3] \cdot 3H_2O$ 的合成反应方程式为：

$2K_2C_2O_4 + 7H_2C_2O_4 + K_2Cr_2O_7 \rightleftharpoons 2K_3[Cr(C_2O_4)_3] \cdot 3H_2O + 6CO_2 \uparrow + 4H_2O$

三、实验流程

四、实验用品

仪器、用品：紫外-可见分光光谱仪，电子天平，3 个 100 mL 烧杯，1 个 250 mL 烧杯，100 mL 量筒，循环水真空泵，抽滤瓶，布氏漏斗，蒸发皿。

试剂、材料：草酸钾，重铬酸钾，$CrCl_3 \cdot 6H_2O$，$KCr(SO_4)_2 \cdot 12H_2O$，乙二胺四乙酸二钠，草酸，丙酮。

五、实验内容

1. 铬 (Ⅲ) 配合物的合成

称取 0.6 g 草酸钾和 1.4 g 草酸，加入 15 mL 水，加热搅拌溶解。草酸钾和草酸溶解后，停止加热，向溶液中慢慢加入 0.5 g 研细的重铬酸钾，不断搅拌，观察反应现象。反应完毕后，得绿色溶液，将溶液转移到蒸发皿中，小火加热蒸发溶液近干（约 2 mL），自然冷却至室温，析出结晶。减压过滤，用 0.5 mL 丙酮洗涤晶体，得 $K_3[Cr(C_2O_4)_3] \cdot 3H_2O$ 暗绿色晶体，用滤纸吸干，称重，计算产率。

2. 铬 (Ⅲ) 配合物溶液的配制

① $K_3[Cr(C_2O_4)_3]$ 溶液的配制：0.10 g $K_3[Cr(C_2O_4)_3] \cdot 3H_2O$ 溶于 50 mL 水中。

② $K[Cr(H_2O)_6](SO_4)_2$ 溶液的配制：0.20 g $KCr(SO_4)_2 \cdot 12H_2O$ 溶于 25 mL 水中，得到蓝色溶液。

③ $[Cr(EDTA)]^+$ 溶液的配制：0.10 g EDTA 溶于 150 mL 水中，加热溶解后，加入 0.10 g $CrCl_3 \cdot 6H_2O$，小火加热，得到紫色溶液。

3. 配合物的电子吸收光谱的测定

在 360～700 nm 波长范围内，以去离子水为参比溶液，比色皿的厚度为 1 cm，测定上述 3 种配合物的电子吸收光谱。

六、数据记录与处理

1. 从电子吸收光谱上确定最大吸收波长 λ_{max}，计算各配合物的晶体场分裂能。
2. 将得到的 Δ_o 数值与八面体的光谱化学序列进行对比。

七、思考题

1. 配合物中心离子的 d 轨道的能级在八面体场中如何分裂？写出 Cr^{3+} 在八面体配合物中的 d 电子排布式。
2. 晶体场分裂能的大小主要与哪些因素有关？
3. 写出 $C_2O_4^{2-}$、H_2O、EDTA 在光谱化学序列中的前后顺序。
4. 配合物的浓度是否影响 Δ_o 的测定？

实验四十九　十二钨钴酸钾的制备

一、实验目的

1. 掌握一种杂多酸盐的制备方法。
2. 了解杂多酸盐在氧化过程中电子转移的内界机理和外界机理。

二、实验提要

杂多酸及杂多酸盐在工业催化、材料、环境和生命科学等多个领域有着广泛的应用价值。由多个含氧酸缩合而形成的酸称为多酸，发生缩合的含氧酸不止一种的多酸称为杂多酸。杂多酸中的氢离子被金属离子取代而形成的盐称为杂多酸盐。十二钨杂多酸阴离子具有 Keggin 结构，如图 7-16（a）所示。钨氧八面体通过共顶点和共边的形式连接形成一个空腔[图 7-16(c)]，空腔的中心可以被过渡金属离子所占据，过渡金属离子进一步与钨氧八面体上的氧相连接，呈现四面体构型[图 7-16(d)]。过渡金属离子可以看作是中心离子，周围的钨氧八面体可以看作是配体，十二钨杂多酸阴离子可以看作具有四面体配位特征的配合物。

本实验制备的两个十二钨钴酸钾是典型的十二钨杂多酸盐，两者的十二钨杂多酸阴离子的结构相同，钴离子占据钨氧八面体构成的空腔，不同之处仅体现在中心钴离子和杂多酸阴离子的电荷上面。它们的制备采用经典的 Baker 方法，在合适的温度和酸度条件下，先制备含有

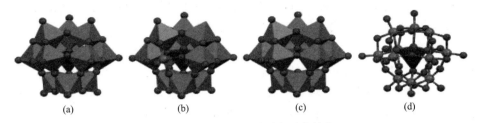

图 7-16 十二钨杂多酸阴离子的结构

Co^{2+} 的十二钨钴酸阴离子，再用 $K_2S_2O_8$ 将 Co^{2+} 氧化为 Co^{3+}，反应方程式如下：

$$12WO_4^{2-} + Co^{2+} + 16H^+ \rightleftharpoons [CoW_{12}O_{40}]^{6-} + 8H_2O$$

$$2[CoW_{12}O_{40}]^{6-} + S_2O_8^{2-} \rightleftharpoons 2[CoW_{12}O_{40}]^{5-} + 2SO_4^{2-}$$

通过氧化还原反应制备配合物时，通常有内界和外界两种反应机理，内界反应机理是反应中的电子通过分子内的原子或者基团发生转移，外界反应机理是反应中的电子在分子之间发生转移。这里制备含 Co^{3+} 的十二钨钴酸阴离子是外界反应机理，原因是 $[CoW_{12}O_{40}]^{6-}$ 结构中的 Co^{2+} 处于十二钨杂多酸阴离子的中心，无法通过桥联的原子或者基团与氧化剂发生电子转移，只能通过分子间作用发生电子转移，实现氧化。

三、实验流程

四、实验用品

仪器、用品：烧杯，量筒，玻璃棒，石棉网，三脚架，布氏漏斗，抽滤瓶，电子天平。

试剂、材料：$Na_2WO_4 \cdot 2H_2O$，$Co(Ac)_2 \cdot 4H_2O$，$K_2S_2O_8$，KCl，冰醋酸，$3.0 \text{ mol} \cdot L^{-1}$ H_2SO_4。

五、实验内容

1. $K_6CoW_{12}O_{40} \cdot 20H_2O$ 的制备

称取 9.90 g $Na_2WO_4 \cdot 2H_2O$ 于 100 mL 烧杯中，加入 20 mL 水，搅拌溶解，测试溶液的 pH。在搅拌下，向烧杯内滴加 1.5~2.0 mL 冰醋酸，调溶液的 pH≈7，得钨酸钠溶液。称取 1.25 g $Co(Ac)_2 \cdot 4H_2O$ 于另一只 100 mL 烧杯中，加入 4 滴冰醋酸和 7 mL 水，搅拌溶解，得到醋酸钴溶液，测定此时溶液的 pH。将钨酸钠溶液加热至近沸（有肉眼可见的水汽冒出），在搅拌条件下，向溶液中缓慢滴加制备的醋酸钴溶液，记录混合物的颜色的变化情况。在微沸和搅拌条件下，继续使混合物反应 15min，记录混合物或溶液的颜色。加入 6.50 g KCl，溶解后将混合物冷却至室温，观察产生沉淀的颜色和状态。减压抽滤，仅使用少量滤液淋洗沉淀，抽干后，称量，计算产率。

2. $K_5CoW_{12}O_{40} \cdot 20H_2O$ 的制备

称取 10 g $K_6CoW_{12}O_{40} \cdot 20H_2O$ 于 100 mL 烧杯中，加入 13 mL $3.0 \text{ mol} \cdot L^{-1}$ H_2SO_4

和 7 mL 水，加热至近沸，保持微沸状态约 3 min，立即抽滤，收集滤液，弃去不溶性物质。将滤液转入 100 mL 烧杯中，快速加热至微沸，在搅拌条件下，分批加入 5 g $K_2S_2O_8$，每次约 0.5 g，防止溶液暴沸，直至溶液变成橙色。在沸腾状态下继续反应 5 min，除去过量的 $K_2S_2O_8$。将溶液冷却至室温，再用冰水浴冷却（不可过冷，否则产生较多杂质），观察产生沉淀或结晶的颜色。减压抽滤，将粗产品置于 50 mL 烧杯中，加入 8 mL 水，加热溶解，静置一周后，收集析出的结晶状产物，记录产物的颜色、形状和产量。

六、思考题

1. 本实验制备的 $K_6CoW_{12}O_{40} \cdot 20H_2O$ 和 $K_5CoW_{12}O_{40} \cdot 20H_2O$ 的多酸阴离子属于什么类型的结构？
2. 制备 $K_6CoW_{12}O_{40} \cdot 20H_2O$ 时，为什么要严格控制溶液的 pH？
3. 制备 $K_5CoW_{12}O_{40} \cdot 20H_2O$ 时得到的粗产物可能含有什么样的杂质？

Experiment 50 Anion Analysis of Unknown Solution

Purpose

1. Design experimental method to analyze unknown possible anions.
2. Grasp the basic operation skills of qualitative analysis of unknown anions.
3. Possess the capability of solving practical problems independently.

Procedures

1. Firstly, fully review the basic identification reactions of all kinds of anions; grasp the chemical properties and chemical reactions of all anions. Refer to the text books and "qualitative analysis" related to possible anions, then design experimental details according to the given conditions.

2. There are three or four of the following anions for the unknown solution: Cl^-、Br^-、I^-、S^{2-}、SO_3^{2-}、$S_2O_3^{2-}$、SO_4^{2-}、NO_2^-、NO_3^-、PO_4^{3-}、$Cr_2O_7^{2-}$、MnO_4^-.

Requirements

1. According to the given chemicals for the unknown anion solution provided by the teachers, design experiments to analyze the anions qualitatively. These experiments should include experimental purposes, requirements, principles, experimental methods, steps, phenomena and notes.

2. Based on the possible components of the unknown solution, fulfill the experimental procedures and the canions in the given unknown solution. The result should be checked by the instructor. Complete a good experimental report.

Experiment 51 Cation Analysis of Unknown Solution

Purpose

1. Design experimental method to analyze unknown cations.
2. Master the basic operation skills of qualitative analysis of unknown cations.
3. Possess the capability of solving practical problems independently.

Procedures

1. Firstly, fully review the basic identification reactions of all kinds of cations; grasp the chemical properties and chemical reactions of all cations. Refer to the text books and "qualitative analysis" related to possible cations, then design experimental details according to the given conditions.

2. There are three or four of the following cations for the unknown solution: Mn^{2+}, Fe^{3+}, Ni^{2+}, Cu^{2+}, NH_4^+ etc.

Requirements

1. According to the given chemicals for the unknown cation solution provided by the teachers, design experiments to analyze the cations qualitatively. These experiments should include experimental purposes, requirements, principles, experimental methods, steps, phenomena and notes.

2. Based on the possible components of the unknown cation solution, fulfill the experimental procedures and the cations in the given unknown solution. The result should be checked and approved by the instructor. Complete a good experimental report.

第八章

趣味实验

实验五十二　周期性变色溶液

一、实验内容

A 溶液的配制：将 41 mL 30% H_2O_2 加入 100 mL 容量瓶中，加水稀释至刻度。

B 溶液的配制：4.3 g 碘酸钾加水溶解后，转移到 100 mL 容量瓶中，加入 4 mL 2.0 mol·L^{-1} H_2SO_4，加水稀释至刻度。

C 溶液的配制：0.030 g 可溶性淀粉，用少量水调成糊状，倒入盛有 20 mL 沸水的烧杯中，再加入 0.338 g 硫酸锰和 1.56 g 丙二酸。晶体溶解后，混合溶液冷却后转移到 100 mL 容量瓶中，加水稀释至刻度。

取 20 mL A 溶液加入 100 mL 烧杯中，在搅拌下加入 20 mL B 溶液和 20 mL C 溶液，即能观察到无色溶液变成琥珀色，约几秒钟后溶液变成黑色，再经几秒钟后溶液变成琥珀色，如此往复地周期性改变直至溶液颜色不再变化为止。

二、指导与思考

1. 上述摇摆反应的实质是什么？溶液的颜色为什么不能无限地呈周期性变化下去？
2. 丙二酸和锰盐在反应中是个重要的试剂，如改变 C 溶液的成分，不加入丙二酸或不加入硫酸锰，重复上述实验，将会产生什么现象？
3. 温度对化学反应速度有很大影响，溶液的温度一般在 25℃ 左右实验效果较好。

实验五十三　化学花园的形成

一、实验内容

向 6 支内装液柱为 8 cm，密度为 8%～9%（1.07～1.08 g·mL^{-1}）水玻璃溶液的试管中，分别投入一小粒晶形较完整的 $CuSO_4$、$NiCl_2$、$FeCl_3$、$CoCl_2$、$MnCl_2$、$FeSO_4$ 晶体。静置 10 min 后，即能观察各种颜色的石柱。

二、指导与思考

1. 化学花园的形成和水玻璃的浓度有何关系？

2. 如将各种重金属的盐类同时投入密度小于 $1.07 g·mL^{-1}$ 的水玻璃的容器中将会出现何种情况？

实验五十四 着火的铁

一、实验内容

在干燥的试管中装入 1/4～1/5 体积的草酸亚铁（$FeC_2O_4·2H_2O$），先小火加热后强热，并不断搅拌，待试管内草酸亚铁完全变成黑色时，停止加热，移去火焰，迅速塞上橡皮塞。稍后去除橡皮塞，倒置试管，一边振荡一边洒落试管内的微铁粉，即可观察到闪光的火星。

二、指导与思考

1. 根据以上操作条件所得的铁粉，其化学反应方程式可表示如下：

$$FeC_2O_4·2H_2O = CO + CO_2 + H_2O + FeO$$
$$3FeO = Fe_2O_3 + Fe$$
$$4FeO = Fe_3O_4 + Fe$$

2. 将一枚铁钉按上述操作能否看到着火现象？如无着火现象，那么请思考：同样是铁，为什么组成微铁粉后接触空气就能闪光发火？
3. 使以上实验现象明显，关键在哪一个步骤上？
4. 如用煤、砂糖、淀粉等细粉末代替草酸亚铁，是否也能发生类似的现象？

实验五十五 时钟反应

一、实验内容

时钟反应 1：在 100 mL 烧杯内，加入 10 mL 0.02 mol·L^{-1} $NaHSO_3$、10 mL 0.02 mol·L^{-1} KIO_3、20 mL 水、1 mL 淀粉溶液，充分搅拌，数十秒后，溶液突然变蓝色。

时钟反应 2：在 100 mL 烧杯内，加入 10 mL 0.2 mol·L^{-1} KI、1 mL 淀粉溶液、5 mL 0.01 mol·L^{-1} $Na_2S_2O_3$，最后加入 10 mL 0.2 mol·L^{-1} $(NH_4)_2S_2O_8$，充分搅拌，数十秒后，溶液突然变蓝色。

二、指导与思考

1. 时钟反应：在一定温度下，将一定浓度的试剂混合，在确定的时间里，突然观察到产物出现。用指示剂显示产物的生成。
2. 时钟反应 1 的机理：

$$IO_3^- + 3HSO_3^- = 3HSO_4^- + I^-$$
$$IO_3^- + 5I^- + 6H^+ = 3I_2 + 3H_2O \quad （慢反应）$$
$$I_2 + HSO_3^- + H_2O = HSO_4^- + 2I^- + 2H^+ \quad （快反应）$$

当 HSO_3^- 反应完时显蓝色。

3. 时钟反应 2 的机理：
$$S_2O_8^{2-} + 2\,I^- = I_2 + 2SO_4^{2-}$$
$$I_2 + 2\,S_2O_3^{2-} = S_4O_6^{2-} + 2\,I^-$$

当 $S_2O_3^{2-}$ 反应完时显蓝色。

实验五十六　暖手袋反应

一、实验内容

在一个自封式塑料袋内，装入 5g 活性炭粉、5g 铁粉、1mL 0.5 mol·L^{-1} Na$_2$SO$_4$，混合均匀，反复搓揉塑料袋几分钟，用手感受生成的热量。

二、指导与思考

1. 发生了什么反应，进而产生了热量？
2. 加入活性炭粉的作用是什么？
3. 加入 Na$_2$SO$_4$ 溶液的作用是什么？

附录

附录一 一些常见弱酸、弱碱的标准解离常数（298.15 K）

物 质	解离平衡	解离常数 $K_{a,b}^{\ominus}$
H_3AsO_4	$H_3AsO_4 \rightleftharpoons H_2AsO_4^- + H^+$	$5.5 \times 10^{-2}(K_{a1})$
	$H_2AsO_4^- \rightleftharpoons HAsO_4^{2-} + H^+$	$1.7 \times 10^{-7}(K_{a2})$
	$HAsO_4^{2-} \rightleftharpoons AsO_4^{3-} + H^+$	$5.1 \times 10^{-12}(K_{a3})$
$HAsO_2$	$HAsO_2 \rightleftharpoons AsO_2^- + H^+$	6.61×10^{-10}
H_3BO_3	$H_3BO_3 \rightleftharpoons H_2BO_3^- + H^+$	5.4×10^{-10}
CH_3COOH	$CH_3COOH \rightleftharpoons CH_3COO^- + H^+$	1.75×10^{-5}
H_2S	$H_2S \rightleftharpoons HS^- + H^+$	$8.91 \times 10^{-8}(K_{a1})$
	$HS^- \rightleftharpoons S^{2-} + H^+$	$1.0 \times 10^{-19}(K_{a2})$
HF	$HF \rightleftharpoons F^- + H^+$	6.31×10^{-4}
$HCOOH$	$HCOOH \rightleftharpoons HCOO^- + H^+$	1.78×10^{-4}
$H_2C_2O_4$	$H_2C_2O_4 \rightleftharpoons HC_2O_4^- + H^+$	$5.9 \times 10^{-2}(K_{a1})$
	$HC_2O_4^- \rightleftharpoons C_2O_4^{2-} + H^+$	$6.4 \times 10^{-5}(K_{a2})$
HSO_4^-	$HSO_4^- \rightleftharpoons SO_4^{2-} + H^+$	$1.02 \times 10^{-2}(K_{a2})$
H_2SO_3	$H_2SO_3 \rightleftharpoons HSO_3^- + H^+$	$1.41 \times 10^{-2}(K_{a1})$
	$HSO_3^- \rightleftharpoons SO_3^{2-} + H^+$	$6.31 \times 10^{-8}(K_{a2})$
HNO_2	$HNO_2 \rightleftharpoons NO_2^- + H^+$	5.62×10^{-4}
HCN	$HCN \rightleftharpoons CN^- + H^+$	6.17×10^{-10}
H_2CO_3	$H_2CO_3 \rightleftharpoons HCO_3^- + H^+$	$4.47 \times 10^{-7}(K_{a1})$
	$HCO_3^- \rightleftharpoons CO_3^{2-} + H^+$	$4.68 \times 10^{-11}(K_{a2})$
H_3PO_4	$H_3PO_4 \rightleftharpoons H^+ + H_2PO_4^-$	$6.92 \times 10^{-3}(K_{a1})$
	$H_2PO_4^- \rightleftharpoons H^+ + HPO_4^{2-}$	$6.17 \times 10^{-8}(K_{a2})$
	$HPO_4^{2-} \rightleftharpoons H^+ + PO_4^{3-}$	$4.79 \times 10^{-13}(K_{a3})$
$NH_3 \cdot H_2O$	$NH_3 \cdot H_2O \rightleftharpoons NH_4^+ + OH^-$	$1.78 \times 10^{-5}(K_b)$

数据来源：David R. Lide, 2010. CRC Handbook of Chemistry and Physics. 90th edition.

附录二 水溶液中的标准电极电势（298.15 K）

电对	电极反应	$E^{\ominus}/V$
酸性溶液（$c_{H^+} = 1\ mol \cdot L^{-1}$）		
Li^+/Li	$Li^+ + e^- \rightleftharpoons Li$	-3.0401
Cs^+/Cs	$Cs^+ + e^- \rightleftharpoons Cs$	-3.026
Rb^+/Rb	$Rb^+ + e^- \rightleftharpoons Rb$	-2.98
K^+/K	$K^+ + e^- \rightleftharpoons K$	-2.931
Ba^{2+}/Ba	$Ba^{2+} + 2e^- \rightleftharpoons Ba$	-2.912
Sr^{2+}/Sr	$Sr^{2+} + 2e^- \rightleftharpoons Sr$	-2.899
Ca^{2+}/Ca	$Ca^{2+} + 2e^- \rightleftharpoons Ca$	-2.868
Na^+/Na	$Na^+ + e^- \rightleftharpoons Na$	-2.71
Mg^{2+}/Mg	$Mg^{2+} + 2e^- \rightleftharpoons Mg$	-2.372
Sc^{3+}/Sc	$Sc^{3+} + 3e^- \rightleftharpoons Sc$	-2.077

续表

电对	电极反应	$E^{\ominus}/V$
酸性溶液 ($c_{H^+} = 1\ mol \cdot L^{-1}$)		
Be^{2+}/Be	$Be^{2+} + 2e^- \rightleftharpoons Be$	-1.847
Al^{3+}/Al	$Al^{3+} + 3e^- \rightleftharpoons Al$	-1.662
Ti^{2+}/Ti	$Ti^{2+} + 2e^- \rightleftharpoons Ti$	-1.630
Mn^{2+}/Mn	$Mn^{2+} + 2e^- \rightleftharpoons Mn$	-1.185
V^{2+}/V	$V^{2+} + 2e^- \rightleftharpoons V$	-1.175
Cr^{2+}/Cr	$Cr^{2+} + 2e^- \rightleftharpoons Cr$	-0.913
Ti^{3+}/Ti^{2+}	$Ti^{3+} + e^- \rightleftharpoons Ti^{2+}$	-0.9
Zn^{2+}/Zn	$Zn^{2+} + 2e^- \rightleftharpoons Zn$	-0.7618
Cr^{3+}/Cr	$Cr^{3+} + 3e^- \rightleftharpoons Cr$	-0.744
Ga^{3+}/Ga	$Ga^{3+} + 3e^- \rightleftharpoons Ga$	-0.549
Fe^{2+}/Fe	$Fe^{2+} + 2e^- \rightleftharpoons Fe$	-0.447
Cr^{3+}/Cr^{2+}	$Cr^{3+} + e^- \rightleftharpoons Cr^{2+}$	-0.407
Cd^{2+}/Cd	$Cd^{2+} + 2e^- \rightleftharpoons Cd$	-0.4030
$PbSO_4/Pb$	$PbSO_4 + 2e^- \rightleftharpoons Pb + SO_4^{2-}$	-0.3588
Co^{2+}/Co	$Co^{2+} + 2e^- \rightleftharpoons Co$	-0.28
Ni^{2+}/Ni	$Ni^{2+} + 2e^- \rightleftharpoons Ni$	-0.257
AgI/Ag	$AgI + e^- \rightleftharpoons Ag + I^-$	-0.15224
Sn^{2+}/Sn	$Sn^{2+} + 2e^- \rightleftharpoons Sn$	-0.1375
Pb^{2+}/Pb	$Pb^{2+} + 2e^- \rightleftharpoons Pb$	-0.1262
H^+/H_2	$2H^+ + 2e^- \rightleftharpoons H_2$	0
$S_4O_6^{2-}/S_2O_3^{2-}$	$S_4O_6^{2-} + 2e^- \rightleftharpoons 2S_2O_3^{2-}$	0.08
S/H_2S	$S + 2H^+ + 2e^- \rightleftharpoons H_2S$	0.142
Sn^{4+}/Sn^{2+}	$Sn^{4+} + 2e^- \rightleftharpoons Sn^{2+}$	0.151
Cu^{2+}/Cu^+	$Cu^{2+} + e^- \rightleftharpoons Cu^+$	0.153
$AgCl/Ag$	$AgCl + e^- \rightleftharpoons Ag + Cl^-$	0.22233
Cu^{2+}/Cu	$Cu^{2+} + 2e^- \rightleftharpoons Cu$	0.3419
Cu^+/Cu	$Cu^+ + e^- \rightleftharpoons Cu$	0.521
I_2/I^-	$I_3^- + 2e^- \rightleftharpoons 3I^-$	0.5355
MnO_4^-/MnO_4^{2-}	$MnO_4^- + e^- \rightleftharpoons MnO_4^{2-}$	0.558
O_2/H_2O_2	$O_2 + 2H^+ + 2e^- \rightleftharpoons H_2O_2$	0.695
Fe^{3+}/Fe^{2+}	$Fe^{3+} + e^- \rightleftharpoons Fe^{2+}$	0.771
Hg_2^{2+}/Hg	$Hg_2^{2+} + 2e^- \rightleftharpoons 2Hg$	0.7973
Ag^+/Ag	$Ag^+ + e^- \rightleftharpoons Ag$	0.7996
Hg^{2+}/Hg	$Hg^{2+} + 2e^- \rightleftharpoons Hg$	0.851
NO_3^-/NO	$NO_3^- + 4H^+ + 3e^- \rightleftharpoons NO + 2H_2O$	0.957
Br_2/Br^-	$Br_2 + 2e^- \rightleftharpoons 2Br^-$	1.066
IO_3^-/I^-	$IO_3^- + 6H^+ + 6e^- \rightleftharpoons I^- + 3H_2O$	1.085
IO_3^-/I_2	$2IO_3^- + 12H^+ + 10e^- \rightleftharpoons I_2 + 6H_2O$	1.195
MnO_2/Mn^{2+}	$MnO_2 + 4H^+ + 2e^- \rightleftharpoons Mn^{2+} + 2H_2O$	1.224
O_2/H_2O	$O_2 + 4H^+ + 4e^- \rightleftharpoons 2H_2O$	1.229
Cl_2/Cl^-	$Cl_2 + 2e^- \rightleftharpoons 2Cl^-$	1.35827
$Cr_2O_7^{2-}/Cr^{3+}$	$Cr_2O_7^{2-} + 14H^+ + 6e^- \rightleftharpoons 2Cr^{3+} + 7H_2O$	1.36
BrO_3^-/Br^-	$BrO_3^- + 6H^+ + 6e^- \rightleftharpoons Br^- + 3H_2O$	1.423
ClO_3^-/Cl^-	$ClO_3^- + 6H^+ + 6e^- \rightleftharpoons Cl^- + 3H_2O$	1.451
PbO_2/Pb^{2+}	$PbO_2 + 4H^+ + 2e^- \rightleftharpoons Pb^{2+} + 2H_2O$	1.455
ClO_3^-/Cl_2	$2ClO_3^- + 12H^+ + 10e^- \rightleftharpoons Cl_2 + 6H_2O$	1.47
BrO_3^-/Br_2	$2BrO_3^- + 12H^+ + 10e^- \rightleftharpoons Br_2 + 6H_2O$	1.482
Au^{3+}/Au	$Au^{3+} + 3e^- \rightleftharpoons Au$	1.498
MnO_4^-/Mn^{2+}	$MnO_4^- + 8H^+ + 5e^- \rightleftharpoons Mn^{2+} + 4H_2O$	1.507
$NaBiO_3/Bi^{3+}$	$NaBiO_3 + 6H^+ + 2e^- \rightleftharpoons Bi^{3+} + Na^+ + 3H_2O$	1.60

续表

电对	电极反应	$E^{\ominus}/V$
酸性溶液 ($c_{H^+} = 1$ mol·L^{-1})		
MnO_4^-/MnO_2	$MnO_4^- + 4H^+ + 3e^- \rightleftharpoons MnO_2 + 2H_2O$	1.679
Au^+/Au	$Au^+ + e^- \rightleftharpoons Au$	1.692
H_2O_2/H_2O	$H_2O_2 + 2H^+ + 2e^- \rightleftharpoons 2H_2O$	1.776
Co^{3+}/Co^{2+}	$Co^{3+} + e^- \rightleftharpoons Co^{2+}$	1.92
$S_2O_8^{2-}/SO_4^{2-}$	$S_2O_8^{2-} + 2e^- \rightleftharpoons 2SO_4^{2-}$	2.010
F_2/F^-	$F_2(g) + 2e^- \rightleftharpoons 2F^-$	2.866
碱性溶液 ($c_{OH^-} = 1$ mol·L^{-1})		
SO_4^{2-}/SO_3^{2-}	$SO_4^{2-} + H_2O + 2e^- \rightleftharpoons SO_3^{2-} + 2OH^-$	-0.93
H_2O/H_2	$2H_2O + 2e^- \rightleftharpoons H_2 + 2OH^-$	-0.8277
SO_3^{2-}/S^{2-}	$SO_3^{2-} + 3H_2O + 6e^- \rightleftharpoons S^{2-} + 6OH^-$	-0.61
$SO_3^{2-}/S_2O_3^{2-}$	$2SO_3^{2-} + 3H_2O + 4e^- \rightleftharpoons S_2O_3^{2-} + 6OH^-$	-0.571
S/S^{2-}	$S + 2e^- \rightleftharpoons S^{2-}$	-0.47627
$CrO_4^{2-}/Cr(OH)_3$	$CrO_4^{2-} + 4H_2O + 3e^- \rightleftharpoons Cr(OH)_3 + 5OH^-$	-0.13
O_2/HO_2^-	$O_2 + H_2O + 2e^- \rightleftharpoons HO_2^- + OH^-$	-0.076
O_2/OH^-	$O_2 + 2H_2O + 4e^- \rightleftharpoons 4OH^-$	0.401
ClO^-/Cl_2	$2ClO^- + 2H_2O + 2e^- \rightleftharpoons Cl_2 + 4OH^-$	0.52
MnO_4^-/MnO_2	$MnO_4^- + 2H_2O + 3e^- \rightleftharpoons MnO_2 + 4OH^-$	0.595
ClO^-/Cl^-	$ClO^- + H_2O + 2e^- \rightleftharpoons Cl^- + 2OH^-$	0.62

数据来源：David R. Lide，2010. CRC Handbook of Chemistry and Physics. 90th edition.

附录三　一些物质的溶度积常数（298.15 K）

物质	溶度积 $K_{sp}^{\ominus}$	物质	溶度积 $K_{sp}^{\ominus}$
AgCl	1.77×10^{-10}	$Co(OH)_2$（粉红色）	1.09×10^{-15}
AgBr	5.35×10^{-13}	$Co(OH)_2$（蓝色）	5.92×10^{-15}
Ag_2CO_3	8.46×10^{-12}	CoS（新析出）	4.0×10^{-21}
AgI	8.52×10^{-17}	$Cr(OH)_3$	6.3×10^{-31}
Ag_2S	6.3×10^{-50}	CuBr	6.27×10^{-9}
AgOH	2.0×10^{-8}	$CdCO_3$	1.0×10^{-12}
$Ag_2C_2O_4$	5.4×10^{-12}	CuCl	1.72×10^{-7}
Ag_2CrO_4	1.12×10^{-12}	CuI	1.27×10^{-12}
Ag_2SO_4	1.20×10^{-5}	CuS	6.3×10^{-36}
Ag_3PO_4	8.89×10^{-17}	$CuCO_3$	1.4×10^{-10}
$Al(OH)_3$（无定形）	1.3×10^{-33}	$Cu(OH)_2$	2.2×10^{-20}
BaC_2O_4	1.6×10^{-7}	Cu_2S	2×10^{-48}
$BaCO_3$	2.58×10^{-9}	$Fe(OH)_2$	4.87×10^{-17}
$BaCrO_4$	1.17×10^{-10}	$Fe(OH)_3$	2.79×10^{-39}
BaF_2	1.84×10^{-7}	FeS	6.3×10^{-18}
$BaSO_4$	1.08×10^{-10}	Hg_2Cl_2	1.43×10^{-18}
$Be(OH)_2$	6.92×10^{-22}	Hg_2I_2	5.2×10^{-29}
$CaSO_4$	4.93×10^{-5}	HgI_2	2.9×10^{-29}
CaC_2O_4	2.32×10^{-9}	Hg_2S	1.0×10^{-47}
$CaCrO_4$	7.1×10^{-4}	Hg_2SO_4	6.5×10^{-7}
$CaCO_3$	3.36×10^{-9}	$MgCO_3$	6.82×10^{-6}
CaF_2	3.45×10^{-11}	$Mg(OH)_2$	5.61×10^{-12}
$Ca(OH)_2$	5.02×10^{-6}	$Mn(OH)_2$	1.9×10^{-13}
$Ca_3(PO_4)_2$	2.07×10^{-33}	MnS	2.5×10^{-13}
CdS	8.0×10^{-27}	$MnCO_3$	2.24×10^{-11}
$Cd(OH)_2$	7.2×10^{-15}	$Ni(OH)_2$	5.48×10^{-16}
$CdCO_3$	1.0×10^{-12}	$Pb(OH)_2$	1.43×10^{-20}

续表

物质	溶度积 $K_{sp}^{\ominus}$	物质	溶度积 $K_{sp}^{\ominus}$
PbS	8.0×10^{-28}	$Sn(OH)_2$	5.45×10^{-27}
$PbCO_3$	7.40×10^{-14}	$Sn(OH)_4$	1×10^{-56}
$PbCl_2$	1.70×10^{-5}	SnS	1.0×10^{-25}
$PbCrO_4$	2.8×10^{-13}	$Zn(OH)_2$	3×10^{-17}
PbI_2	9.8×10^{-9}	$ZnCO_3$	1.46×10^{-10}
$PbSO_4$	2.53×10^{-8}	ZnS	1.6×10^{-24}

数据来源：David R. Lide, 2010. CRC Handbook of Chemistry and Physics. 90th edition.

附录四 一些常见配离子的稳定常数 $K_{稳}^{\ominus}$

配离子	$K_{稳}^{\ominus}$	配离子	$K_{稳}^{\ominus}$
$[Ag(CN)_2]^-$	1.26×10^{21}	$[Cu(en)_3]^{2+}$	1.0×10^{21}
$[HgCN_2]^{2-}$	1.26×10^{21}	$[Fe(CNS)_2]^+$	2.29×10^3
$[PbCl_4]^{2-}$	38.9	$[Fe(CN)_6]^{4-}$	1.0×10^{35}
$[ZnCl_4]^{2-}$	1.58	$[Fe(CN)_6]^{3-}$	1.0×10^{42}
$[Ag(NH_3)_2]^+$	1.12×10^7	$[FeEDTA]^-$	1.70×10^{24}
$[Ag(S_2O_3)_2]^{3-}$	2.88×10^{13}	$[FeF_6]^{3-}$	1.0×10^{16}
$[Ag(SCN)_2]^-$	3.72×10^7	$[HgCl_4]^{2-}$	1.17×10^1
$[Ag(SCN)_4]^{3-}$	1.20×10^{10}	$[HgI_4]^{2-}$	6.76×10^{21}
$[AlF_6]^{3-}$	6.92×10^{19}	$[Hg(CN)_4]^{2-}$	2.51×10^{41}
$[AlEDTA]^-$	1.29×10^{16}	$[Hg(SCN)_4]^{2-}$	1.70×10^{21}
$[MgEDTA]^{2-}$	5.0×10^8	$[Hg(S_2O_3)_4]^{6-}$	1.74×10^{33}
$[CaEDTA]^{2-}$	1.0×10^{11}	$[Hg(S_2O_3)_2]^{2-}$	2.75×10^{29}
$[Cd(NH_3)_4]^{2+}$	1.32×10^7	$[Ni(en)_3]^{2+}$	2.14×10^{18}
$[Co(NH_3)_4]^{2+}$	1.29×10^5	$[Ni(CN)_4]^{2-}$	2.0×10^{31}
$[Co(NH_3)_6]^{3+}$	1.58×10^{35}	$[Ni(NH_3)_6]^{2+}$	5.49×10^8
$[Co(CNS)_4]^{2-}$	1.0×10^3	$[Ni(NH_3)_4]^{2+}$	9.12×10^7
$[CuCl_2]^-$	3.16×10^5	$[Zn(en)_3]^{2+}$	1.29×10^{14}
$[Cu(CN)_2]^-$	2.0×10^{38}	$[Zn(NH_3)_4]^{2+}$	2.88×10^9
$[Cu(NH_3)_2]^+$	7.41×10^{10}	$[Zn(CN)_4]^{2-}$	5.01×10^{16}
$[Cu(NH_3)_4]^{2+}$	7.24×10^{12}	$[ZnEDTA]^{2-}$	2.5×10^{16}

数据来源：朱裕贞，顾达，黑恩成. 现代基础化学. 3 版. 2010.6.

附录五 一些物质的热力学函数值（298.15 K）

物质	状态	$\Delta_f H_m^{\ominus}/(kJ\cdot mol^{-1})$	$\Delta_f G_m^{\ominus}/(kJ\cdot mol^{-1})$	$S_m^{\ominus}/(J\cdot mol^{-1}\cdot K^{-1})$
Ag	s	0	0	42.6
AgBr	s	−100.4	−96.9	107.1
AgCl	s	−127.0	−109.8	96.3
AgI	s	−61.8	−66.2	115.5
Al	s	0	0	28.3
$AlCl_3$	s	−704.2	−628.8	109.3
Al_2O_3（α，刚玉）	s	−1675.7	−1582.3	50.9
$BaCO_3$	s	−1216.3	−1137.6	112.1
Br_2	l	0	0	152.2
C（金刚石）	s	1.9	2.9	2.4
C（石墨）	s	0	0	5.7
CO	g	−110.5	−137.2	197.7
CO_2	g	−393.5	−394.4	213.8
$CaCO_3$（方解石）	s	−1207.6	−1129.1	91.7
CaO	s	−634.9	−603.3	38.1

续表

物质	状态	$\Delta_f H_m^\ominus/(\text{kJ}\cdot\text{mol}^{-1})$	$\Delta_f G_m^\ominus/(\text{kJ}\cdot\text{mol}^{-1})$	$S_m^\ominus/(\text{J}\cdot\text{mol}^{-1}\cdot\text{K}^{-1})$
$Ca(OH)_2$	s	−985.2	−897.5	83.4
$CaSO_4$	s	−1434.5	−1322.0	106.5
Cl_2	g	0	0	223.0
Cr	s	0	0	23.8
Cr_2O_3	s	−1139.7	−1058.1	81.2
Cu	s	0	0	33.2
CuO	s	−157.3	−129.7	42.6
Cu_2O	s	−168.6	−146.0	93.1
F_2	g	0	0	202.8
Fe	s	0	0	27.3
FeO	s	−272.0	−244.0	59.4
Fe_2O_3	s	−824.2	−742.2	87.4
Fe_3O_4	s	−1118.4	−1015.4	146.4
H_2	g	0	0	130.7
HBr	g	−36.3	−53.4	198.7
HCl	g	−92.3	−95.3	186.9
HF	g	−273.3	−273.2	173.8
HI	g	26.5	1.7	206.6
HNO_3	l	−174.1	−80.7	155.6
H_2O	l	−285.8	−237.1	70.0
H_2O	g	−241.8	−228.6	188.8
H_2O_2	l	−187.8	−120.4	109.6
H_2S	g	−20.6	−33.4	205.8
H_2SO_4	l	−814.0	−690.0	156.9
Hg	l	0	0	75.9
Hg	g	61.4	31.8	175.0
$HgCl_2$	s	−224.3	−178.6	146.0
Hg_2Cl_2	s	−265.4	−210.7	191.6
HgI_2	s	−105.4	−101.7	180.0
Hg_2I_2	s	−121.3	−111.0	233.5
HgO	s	−90.8	−58.5	70.3
HgS	s	−58.2	−50.6	82.4
I_2	s	0	0	116.1
I_2	g	62.4	19.3	260.7
K	s	0	0	64.7
KCl	s	−436.5	−408.5	82.6
Mg	s	0	0	32.7
$MgCl_2$	s	−641.3	−591.8	89.6
$MgCO_3$	s	−1095.8	−1012.1	65.7
MgO	s	−601.6	−569.3	27.0
$Mg(OH)_2$	s	−924.5	−833.5	63.2
Mn	s	0	0	32.0
$MnCO_3$	s	−894.1	−816.7	85.8
MnO_2	s	−520.0	−465.1	53.1
N_2	g	0	0	191.6
NH_3	g	−45.9	−16.4	192.8
NH_4Cl	s	−314.4	−202.9	94.6
NH_4NO_3	s	−365.6	−183.9	151.1
N_2H_4	l	50.6	149.3	121.2
NO_2	g	33.2	51.3	240.1

续表

物质	状态	$\Delta_f H_m^\ominus/(\text{kJ} \cdot \text{mol}^{-1})$	$\Delta_f G_m^\ominus/(\text{kJ} \cdot \text{mol}^{-1})$	$S_m^\ominus/(\text{J} \cdot \text{mol}^{-1} \cdot \text{K}^{-1})$
NO	g	91.3	87.6	210.8
Na	s	0	0	51.3
NaCl	s	−411.2	−384.1	72.1
NaOH	s	−425.6	−379.5	64.5
Na_2O	s	−414.2	−375.5	75.1
Na_2O_2	s	−510.9	−447.7	95.0
Ni	s	0	0	29.9
$Ni(OH)_2$	s	−529.7	−447.2	88.0
O_2	g	0	0	205.2
O_3	g	142.7	163.2	238.9
P(白)	s	0	0	41.1
P(红)	s	−17.6	—	22.8
PCl_3	g	−287.0	−267.8	311.8
PCl_5	g	−374.9	−305.0	364.6
Pb	s	0	0	64.8
$PbCl_2$	s	−359.4	−314.1	136.0
$PbCO_3$	s	−699.1	−625.5	131.0
PbO(黄)	s	−217.3	−187.9	68.7
PbO_2	s	−277.4	−217.3	68.6
$PbSO_4$	s	−920.0	−813.0	148.5
S(正交晶体)	s	0	0	32.1
SO_2	g	−296.8	−300.1	248.2
SO_3	g	−395.7	−371.1	256.8
Si	s	0	0	18.8
SiO_2(α 石英)	s	−910.7	−856.3	41.5
Sn(白)	s	0	0	51.2
$SnCl_2$	s	−325.1	—	—
$SnCl_4$	l	−511.3	−440.1	258.6
SnO_2	s	−577.6	−515.8	49.0
Ti	s	0	0	30.7
TiO_2	s	−944.0	888.8	50.6
Zn	s	0	0	41.6
$ZnCO_3$	s	−812.8	−731.5	82.4
ZnO	s	−350.5	−320.5	43.7

数据来源：David R. Lide, 2010. CRC Handbook of Chemistry and Physics. 90th edition.

附录六 不同温度下水的饱和蒸气压

$T/℃$	p/kPa	$T/℃$	p/kPa	$T/℃$	p/kPa	$T/℃$	p/kPa	$T/℃$	p/kPa
0	0.61129	11	1.3129	22	2.6447	33	5.0335	44	9.1075
1	0.65716	12	1.4027	23	2.8104	34	5.3229	45	9.5898
2	0.70605	13	1.4979	24	2.9850	35	5.6272	46	10.094
3	0.75813	14	1.5988	25	3.1690	36	5.9453	47	10.620
4	0.81359	15	1.7056	26	3.3629	37	6.2795	48	11.171
5	0.87260	16	1.8185	27	3.5670	38	6.6298	49	11.745
6	0.93537	17	1.9380	28	3.7818	39	6.9969	50	12.344
7	1.0021	18	2.0644	29	4.0078	40	7.3814	51	12.970
8	1.0730	19	2.1978	30	4.2455	41	7.7840	52	13.623
9	1.1482	20	2.3388	31	4.4953	42	8.2054	53	14.303
10	1.2281	21	2.4877	32	4.7578	43	8.6463	54	15.012

续表

T/℃	p/kPa	T/℃	p/kPa	T/℃	p/kPa	T/℃	p/kPa	T/℃	p/kPa
55	15.752	82	51.342	108	138.50	136	322.14	163	666.25
56	16.522	83	53.428	110	143.24	137	331.57	164	683.10
57	17.324	84	55.585	111	148.12	138	341.22	165	700.29
58	18.159	85	57.815	112	153.13	139	351.09	166	717.83
59	19.028	86	60.119	113	158.29	140	361.19	167	735.70
60	19.932	87	62.499	114	163.58	141	371.53	168	753.94
61	20.873	88	64.958	115	169.02	142	382.11	169	772.52
62	21.851	89	67.496	116	174.61	143	292.92	170	791.47
63	22.868	90	70.117	117	180.34	144	403.98	172	830.47
64	23.925	91	72.823	118	186.23	145	415.29	171	810.78
65	25.022	92	75.614	119	192.28	146	426.85	173	850.53
66	26.163	93	78.494	120	198.48	147	438.67	174	870.98
67	27.347	94	81.465	121	204.85	148	450.75	175	891.80
68	28.576	95	84.529	122	211.38	149	463.10	176	913.03
69	29.852	96	87.688	123	218.09	150	475.72	177	934.64
70	31.176	97	90.945	124	224.96	151	488.61	178	956.66
71	32.549	98	94.301	125	232.01	152	501.78	179	979.09
72	33.972	99	97.759	126	239.24	153	515.23	180	1000.9
73	35.448	100	101.32	127	246.66	154	528.96	181	1025.2
74	36.978	101	104.99	128	254.25	155	542.99	182	1048.9
75	38.565	102	108.77	129	262.04	156	557.32	183	1073.0
76	40.205	103	112.66	130	270.02	157	571.94	184	1097.5
77	41.905	104	116.67	131	278.20	158	586.87	185	1122.5
78	43.665	105	120.79	132	286.57	159	602.11	186	1147.9
79	45.487	106	125.03	133	295.15	160	617.66	187	1173.8
80	47.373	107	129.39	134	303.93	161	633.53	188	1200.1
81	49.324	108	133.88	135	312.93	162	649.73	189	1226.9

数据来源:David R. Lide,2010. CRC Handbook of Chemistry and Physics. 90th edition.

附录七 不同温度下一些常见无机化合物的溶解度

单位:g·(100 g H_2O)$^{-1}$

分子式	0℃	10℃	20℃	30℃	40℃	50℃	60℃	70℃	80℃	90℃	100℃
$AgClO_4$	81.6	83.0	84.2	85.3	86.3	86.9	87.5	87.9	88.3	88.6	88.8
$AgNO_3$	55.9	62.3	67.8	72.3	76.1	79.2	81.7	83.8	85.4	86.7	87.8
$AlCl_3$	30.8	30.91	31.03	31.18	31.37	31.60	31.87	32.17	32.51	32.90	33.32
$Al(NO_3)_3$	37.0	38.2	39.9	42.0	44.5	47.3	50.4	53.8	—	—	61.5
$Al_2(SO_4)_3$	27.5	—	—	28.2	29.2	30.7	32.6	34.9	37.6	40.7	44.2
$BaCl_2$	23.3	24.88	26.33	27.70	29.00	30.27	31.53	32.81	34.14	35.54	37.05
$Ba(NO_3)_2$	4.7	6.3	8.2	10.2	12.4	14.7	17.0	19.3	21.5	23.5	22.5
$Ba(OH)_2$	1.67	—	—	8.4	19	33	52	74	101	—	—
BaS	2.79	4.78	6.97	9.58	12.67	16.18	20.05	24.19	28.55	33.04	37.61
$BeCl_2$	40.5	—	—	—	—	—	—	—	—	—	—
$BeSO_4$	26.655	27.58	28.61	29.90	31.51	33.39	35.50	37.78	40.21	42.72	45.28
$CaBr_2$	36.7	56	59	63	68	71	73				
$CaCl_2$	50.1	39.19	42.13	49.12	52.85	56.05	56.73	57.44	58.21	59.04	59.94
$Ca(NO_3)_2$	0.17	53.1	56.7	60.9	65.4	77.8	78.1	78.2	78.3	78.4	78.5
$CaSO_4$	47.2	0.191	0.202	0.208	0.210	0.207	0.201	0.193	0.184	0.173	0.163
$CdCl_2$	55.4	50.1	53.2	56.3	57.3	57.5	57.8	58.1	58.51	58.98	59.5
$Cd(NO_3)_2$	43.1	57.1	59.6	62.8	66.5	70.6	86.1	86.5	86.6	87.1	87.4
$CdSO_4$	30.3	43.1	43.2	43.6	44.1	43.5	42.5	41.4	40.2	38.5	36.7

续表

分子式	0℃	10℃	20℃	30℃	40℃	50℃	60℃	70℃	80℃	90℃	100℃
$CoCl_2$	0.076	32.60	34.85	37.10	39.27	41.38	43.46	45.50	47.51	49.51	51.50
$Co(NO_3)_2$	45.5	47.0	49.4	52.4	56.0	60.1	62.6	64.9	67.7		
$CoSO_4$	19.9	23.0	26.1	29.2	32.3	34.4	35.9	35.5	33.2	30.6	27.8
$CsCl$	61.83	63.48	64.96	66.29	67.50	68.60	69.61	70.54	71.40	72.21	72.96
$CsNO_3$	8.64	13.0	18.6	25.1	32.0	39.0	45.7	51.9	57.3	62.1	66.2
$CsSO_4$	62.6	63.4	64.1	64.8	65.5	66.1	66.7	67.3	67.8	68.3	68.8
$CuCl_2$	40.8	41.7	42.6	43.7	44.8	46.5	47.2	48.5	49.9	51.3	52.7
$Cu(NO_3)_2$	45.2	49.8	56.3	61.6	62.0	63.1	64.5	65.9	67.5	69.2	71.0
$CuSO_4$	12.4	14.4	16.7	19.3	22.2	25.4	28.8	32.4	36.3	40.3	43.5
$FeCl_2$	33.2	—	—	—	—	—	—	—	—	—	48.7
$FeCl_3$	42.7	44.9	47.9	51.6	74.8	76.7	84.6	84.3	84.3	84.4	84.7
$Fe(NO_3)_3$	40.15	—	—	—	—	—	—	—	—	—	—
$FeSO_4$	13.5	17.0	20.8	24.8	28.8	32.8	35.5	33.6	30.4	27.1	24.0
HIO_3	73.45	74.10	74.98	76.03	77.20	78.46	79.78	81.13	82.48	83.82	85.14
H_3BO_3	2.61	3.57	4.77	6.27	8.10	10.3	12.9	15.9	19.3	23.1	27.3
$HgCl_2$	4.24	5.05	6.17	7.62	9.53	12.02	15.18	19.16	24.06	29.90	36.62
KBr	35.0	37.3	39.4	41.4	43.2	44.8	46.2	47.6	48.8	49.8	50.8
$KBrO_3$	2.97	4.48	6.42	8.79	11.57	14.71	18.14	21.79	25.57	29.42	33.28
$KC_2H_3O_2$	68.40	70.29	72.09	73.7	75.08	76.27	77.31	78.22	79.04	79.80	80.55
KCl	27.6	31.0	34.0	37.0	40.0	42.6	45.5	48.3	51.1	53.9	56.7
$KClO_3$	3.03	4.67	6.74	9.21	12.06	15.26	18.78	22.65	26.88	31.53	36.65
$KClO_4$	0.70	1.10	1.67	2.47	3.54	4.94	6.74	8.99	11.71	14.94	18.67
KF	30.90	39.8	47.3	53.2	—	—	—	—	60.0	—	—
$KHCO_3$	18.62	21.73	24.92	28.13	31.32	34.46	35.71	40.45	—	—	—
$KHSO_4$	27.1	29.7	32.3	35.0	37.8	40.5	43.4	46.2	49.02	51.28	54.6
KH_2PO_4	11.74	14.91	18.25	21.77	25.28	28.95	32.76	36.75	40.96	45.41	50.121
KI	56.0	57.6	59.0	60.4	61.6	62.8	63.8	64.8	65.7	66.6	67.4
KIO_3	4.53	5.96	7.57	9.34	11.09	13.22	15.29	17.41	19.58	21.78	24.03
KIO_4	0.16	0.22	0.37	0.70	1.24	1.96	2.83	3.82	4.89	6.02	7.17
$KMnO_4$	2.74	4.12	5.96	8.28	11.11	14.42	18.16				
KNO_2	73.7	74.6	75.3	76.0	76.7	77.4	78.0	78.5	79.1	79.6	80.1
KNO_3	13.3	20.9	31.6	45.8	63.9	83.5	110.0	138	169	201	246
KOH	48.7	50.8	53.2	56.1	57.9	58.6	59.5	60.6	61.8	63.1	64.6
$KSCN$	63.8	66.4	69.1	71.6	74.1	76.5	78.9	81.1	83.3	85.3	87.3
K_2CO_3	51.3	51.7	52.3	53.1	54.0	54.9	56.0	57.2	58.4	59.6	61.0
K_2CrO_4	37.1	38.1	38.9	39.8	40.5	41.3	41.9	42.6	43.2	43.8	44.3
$K_2Cr_2O_7$	4.30	7.12	10.9	15.5	20.8	26.3	31.7	36.9	41.5	45.5	48.9
K_2HPO_4	57.0	59.1	61.5	64.1	67.7	—	72.7	—	—	—	—
K_2MnO_4	—	—	—	—	—	—	—	—	—	66.5	—
K_2SO_3	51.30	51.39	51.49	51.62	51.76	51.93	52.11	52.32	52.54	52.79	53.06
K_2SO_4	7.11	8.64	9.95	11.4	12.9	14.2	15.5	16.6	17.7	18.6	19.3
$K_3Fe(CN)_6$	23.9	27.6	31.1	34.3	37.2	39.6	41.7	43.5	45.0	46.1	47.0
K_3PO_4	44.3	—	—	—	—	—	—	—	—	—	—
$K_4Fe(CN)_6$	12.5	17.3	22.0	25.6	29.2	32.5	35.5	39.2	40.6	41.4	43.1
$LaCl_3$	49.0	48.5	48.6	49.3	50.5	52.1	54.0	56.3	58.9	61.7	—
$La(NO_3)_3$	55.0	56.9	58.9	61.1	63.6	66.3	69.6	74.1	84.9	—	—
$LiCl$	40.45	42.46	45.29	46.25	47.3	48.47	49.78	51.27	52.98	54.98	56.34
$LiNO_3$	34.8	37.6	42.7	57.9	60.1	62.2	64.0	65.7	67.2	68.5	69.7
$LiOH$	10.8	10.8	11.0	11.3	11.7	12.2	12.7	13.4	14.2	15.1	16.1
Li_2SO_4	26.3	25.9	25.6	25.3	25.0	24.8	24.5	24.3	24.0	23.8	23.6

续表

分子式	0℃	10℃	20℃	30℃	40℃	50℃	60℃	70℃	80℃	90℃	100℃
$MgBr_2$	49.3	49.8	50.3	50.9	51.5	52.1	52.8	53.5	54.2	55.0	55.7
$MgCl_2$	33.96	34.85	35.58	36.20	36.77	37.34	37.97	38.71	39.62	40.75	42.15
$Mg(NO_3)_2$	38.4	39.5	40.8	42.4	44.1	45.9	47.9	50.0	52.2	70.6	72.0
$MgSO_4$	18.2	21.7	25.1	28.2	30.9	33.4	35.6554	36.9	35.9	34.7	33.3
$MnCl_2$	38.7	40.6	42.5	44.7	47.0	49.4	54.1	54.7	55.2	55.7	56.1
$Mn(NO_3)_2$	50.0	—	—	—	—	—	—	—	—	—	—
$MnSO_4$	34.6	37.3	38.6	38.9	37.7	36.3	34.6	32.8	30.8	28.8	26.7
NH_4Cl	22.92	25.12	27.27	29.39	31.46	33.50	35.49	37.46	39.40	41.33	43.24
NH_4F	41.7	43.2	44.7	46.3	47.8	49.3	50.9	52.5	54.1	—	—
NH_4HCO_3	10.6	13.7	17.6	22.4	27.9	34.2	41.4	49.3	58.1	67.6	78.0
$NH_4H_2PO_4$	17.8	22.0	26.4	31.2	36.2	41.6	47.2	53.0	59.2	65.7	72.4
NH_4NO_3	54.0	60.1	75.5	70.3	74.3	77.7	80.8	83.4	85.5	88.2	90.3
NH_4SCN	—	—	—	—	—	—	—	81.1	—	—	—
$(NH_4)_2C_2O_4$	2.31	3.11	4.25	5.73	7.56	9.37	12.2	15.1	18.3	21.8	28.7
$(NH_4)_2HPO_4$	36.4	38.2	40.0	42.0	44.1	46.2	48.5	50.9	53.3	55.9	58.6
$(NH_4)_2S_2O_8$	37.0	40.45	43.84	47.11	50.25	53.28	56.23	59.13	62.00		
$(NH_4)_2SO_3$	32.2	34.9	37.7	40.6	43.7	47.0	50.6	54.5	58.9		
$(NH_4)_2SO_4$	70.6	73.0	75.4	78.0	81.0	84.2	88.0				
$NaBr$	44.4	45.9	47.7	49.6	51.6	53.7	54.1	54.3	54.5	54.7	54.9
$NaBrO_3$	20.0	23.22	26.65	29.86	32.83	35.55	38.05	40.37	42.52	—	—
$NaC_2H_3O_2$	26.5	28.8	31.8	35.5	39.9	45.1	58.3	59.3	60.5	61.7	62.9
$NaCl$	35.7	35.8	36.0	36.3	36.6	36.8	37.3	38.0	38.4	39.0	—
$NaClO$	22.7	—	—	—	—	—	—	—	—	—	—
$NaClO_2$	—	—	—	—	—	—	9.53	—	—	—	—
$NaClO_3$	44.27	46.67	49.3	51.2	53.6	55.5	57.0	58.5	60.5	63.3	67.1
$NaClO_4$	61.9	64.1	66.2	68.3	70.4	72.5	74.1	74.7	75.4	76.1	76.7
NaF	3.52	3.72	3.89	4.05	4.20	4.34	4.46	4.57	4.66	4.75	7.82
$NaHCO_3$	6.48	7.59	8.73	9.91	11.13	12.4	13.7	15.02	16.37	17.73	19.10
$NaHSO_4$	—	—	—	—	—	—	—	—	—	—	33.3
NaH_2PO_4	3.54	41.07	16.0	51.54	57.89	61.7	63.3	65.9	68.7	—	—
NaI	61.2	62.4	63.9	65.7	67.7	69.8	72.0	74.7	74.8	74.9	75.1
$NaIO_3$	2.43	4.40	7.78	9.6	11.67	13.99	16.52	19.25	21.1	22.9	24.7
$NaNO_2$	41.9	43.4	45.1	46.8	48.7	50.7	52.8	55.0	57.2	59.5	61.8
$NaNO_3$	73	80	88	96	104	114	124	135	148	162	180
$NaOH$	30	39	46	53	58	63	67	71	74	76	79
$Na_2B_4O_7$	1.23	1.71	2.50	3.82	6.02	9.7	14.9	17.1	19.9	23.5	28.0
Na_2CO_3	6.44	10.8	17.9	28.7	32.8	32.2	31.7	31.3	31.1	30.9	30.9
$Na_2C_2O_4$	2.62	2.95	3.30	3.65	4.00	4.36	4.71	5.06	5.41	5.75	6.08
Na_2CrO_4	22.6	32.3	44.6	46.9	48.9	51.0	53.4	55.3	55.5	55.8	56.1
$Na_2Cr_2O_7$	62.1	63.1	64.4	66.1	68.0	70.1	72.3	74.6	77.0	79.6	80.0
Na_2HAsO_4	5.6	—	—	—	—	—	—	—	—	—	67
Na_2HPO_4	1.66	41.9	7.51	16.34	35.17	44.64	45.2	46.81	48.78	50.52	51.53
Na_2MoO_4	30.6	38.8	39.4	39.8	40.3	41.0	41.7	42.6	43.5	44.5	45.5
Na_2S	11.1	13.2	15.7	18.6	22.1	26.7	28.1	30.2	33.0	36.4	41.0
Na_2SO_3	12.0	16.1	20.9	26.3	27.3	25.9	24.8	23.7	22.8	22.1	21.5
Na_2SO_4	—	—	16.13	29.22	32.35	31.55	30.9	30.9	3.02	29.79	29.67
$Na_2S_2O_3$	33.1	36.3	40.6	45.9	52.0	62.3	65.7	68.8	69.4	70.1	71.0
Na_2WO_4	41.6	41.9	42.3	42.9	43.6	44.4	45.3	46.2	47.3	48.4	49.5
Na_3PO_4	4.28	7.30	10.8	14.1	16.6	22.9	28.4	32.4	37.6	40.4	43.5
$Na_4P_2O_7$	2.23	3.28	4.81	7.00	10.10	14.38	20.07	27.31	36.03	32.37	30.67

续表

分子式	0℃	10℃	20℃	30℃	40℃	50℃	60℃	70℃	80℃	90℃	100℃
$NiCl_2$	34.7	36.1	38.5	41.7	42.1	43.2	45.0	46.1	46.2	46.4	46.6
$Ni(NO_3)_2$	44.1	46.0	48.4	51.3	54.6	58.3	61.0	63.1	65.6	67.9	69.0
$NiSO_4$	21.4	24.4	27.4	30.3	32.0	43.1	35.8	37.7	39.9	42.3	44.8
$PbCl_2$	0.66	0.81	0.98	1.17	1.39	1.64	1.93	2.24	2.60	2.99	3.42
$Pb(NO_3)_2$	28.46	32.13	35.67	39.05	42.22	45.17	47.90	50.42	52.72	54.82	56.75
$RbCl$	43.58	46.65	47.53	49.27	50.86	52.34	53.67	54.92	56.08	57.16	58.15
$SbCl_3$	85.7	—	—	—	—	—	—	—	—	—	—
$SnCl_2$	46	64	—	—	—	—	—	—	—	—	—
$SrCl_2$	31.93	32.93	34.43	36.43	38.93	41.94	45.44	46.81	47.69	48.70	49.87
$Sr(NO_3)_2$	28.2	34.6	41.0	47.0	47.4	47.9	48.4	48.9	49.5	50.1	50.7
$Sr(OH)_2$	0.9	—	—	—	—	—	—	—	—	—	—
Tl_2SO_4	2.65	3.56	4.61	5.80	7.09	8.46	9.89	11.33	12.77	14.18	15.53
$ZnCl_2$	—	76.6	79.0	81.8	81.8	82.4	83.0	83.7	84.4	85.2	8.60
$Zn(NO_3)_2$	47.8	50.8	54.4	79.1	79.1	80.1	87.5	89.9			
$ZnSO_4$	29.1	32.0	35.0	41.3	41.3	43.0	42.1	41.0	39.9	38.8	37.6

数据来源：David R. Lide, 2010. CRC Handbook of Chemistry and Physics. 90th edition.

附录八　常用酸、碱的浓度

试剂名称	密度/(g·cm^{-3})	质量分数/%	物质的量浓度/(mol·L^{-1})	试剂名称	密度/(g·cm^{-3})	质量分数/%	物质的量浓度/(mol·L^{-1})
盐酸	1.18	37	12.1	醋酸	1.05	99	17.5
	1.10	20	6		1.04	35	6
	1.03	7	2		1.0	12	2
硫酸	1.84	98	18	氢氧化钠	1.44	41	14.3
	1.18	25.4	3		1.22	20	6
	1.06	9	1		1.08	7.5	2
硝酸	1.42	70	16	氢氧化钾	1.40	40	10
	1.19	32	6		1.26	27	6
	1.07	12	2		1.09	10	2
磷酸	1.68	85	14.6	氨水	0.90	28	14.8
	1.10	17.5	2		0.96	10.7	6
	1.05	9.4	1		0.98	3.5	2
高氯酸	1.67	70	11.6	碳酸钠	1.19	17.7	2
	1.11	18	2		1.10	9.5	1

附录九　酸碱指示剂

指示剂	变色范围 pH	颜色 酸色	颜色 碱色	pK_{HIa}	浓度
百里酚蓝（第一次变色）	1.2~2.8	红	黄	1.6	0.1%(20%乙醇溶液)
甲基黄	2.9~4.0	红	黄	3.3	0.1%(90%乙醇溶液)
甲基橙	3.1~4.4	红	黄	3.4	0.05%水溶液
溴酚蓝	3.1~4.6	黄	紫	4.1	0.1%(20%乙醇溶液)，或指示剂钠盐的水溶液
溴甲酚绿	3.8~5.4	黄	蓝	4.9	0.1%水溶液，每100 mg指示剂加 2.9 L 0.05 mol·L^{-1} NaOH
甲基红	4.4~6.2	红	黄	5.2	0.1%(60%乙醇溶液)，或指示剂钠盐的水溶液
溴百里酚蓝	6.0~7.6	黄	蓝	7.3	0.1%(20%乙醇溶液)，或指示剂钠盐的水溶液
中性红	6.8~8.0	红	黄橙	7.4	0.1%(60%乙醇溶液)
酚红	6.7~8.4	黄	红	8.0	0.1%(60%乙醇溶液)，或指示剂钠盐的水溶液
酚酞	8.0~9.6	无	红	9.1	0.1%(90%乙醇溶液)

续表

指示剂	变色范围 pH	颜色 酸色	颜色 碱色	pK_{HIa}	浓度
百里酚蓝（第二次变色）	8.0~9.6	黄	蓝	8.9	0.1%（90%乙醇溶液）
百里酚酞	9.48~10.6	无	蓝	10.0	0.1%（20%乙醇溶液）

附录十 强酸、强碱、氨溶液的质量浓度与密度、物质的量浓度的关系

质量浓度/%	H_2SO_4 密度/(g·cm^{-3})	H_2SO_4 物质的量浓度/(mol·dm^{-3})	HNO_3 密度/(g·cm^{-3})	HNO_3 物质的量浓度/(mol·dm^{-3})	HCl 密度/(g·cm^{-3})	HCl 物质的量浓度/(mol·dm^{-3})	KOH 密度/(g·cm^{-3})	KOH 物质的量浓度/(mol·dm^{-3})	NaOH 密度/(g·cm^{-3})	NaOH 物质的量浓度/(mol·dm^{-3})	氨水 密度/(g·cm^{-3})	氨水 物质的量浓度/(mol·dm^{-3})
2	1.013		1.011		1.009		1.016		1.023		0.992	
4	1.027		1.022		1.019		1.033		1.046		0.983	
6	1.040		1.033		1.029		1.048		1.069		0.973	
8	1.055		1.044		1.039		1.066		1.092		0.967	
10	1.069	1.1	1.056	1.7	1.049	2.9	1.082	1.9	1.115	2.8	0.960	5.6
12	1.083		1.068		1.059		1.100		1.137		0.953	
14	1.098		1.080		1.069		1.118		1.159		0.946	
16	1.112		1.093		1.079		1.137		1.181		0.939	
18	1.127		1.106		1.089		1.156		1.213		0.932	
20	1.148	2.35	1.119	3.6	1.100	6	1.176	4.2	1.225	6.1	0.925	10.9
22	1.158		1.132		1.118		1.196		1.247		0.919	
24	1.174		1.145		1.121		1.217		1.268		0.913	12.9
26	1.190		1.158		1.132		1.240		1.289		0.908	13.9
28	1.205		1.171		1.142		1.263		1.310		0.904	
30	1.224	3.75	1.184	5.6	1.152	9.5	1.268	6.8	1.332	10	0.899	15.8
32	1.238		1.198		1.163		1.310		1.362		0.894	
34	1.256		1.211		1.173		1.334		1.374		0.889	
36	1.273		1.225		1.183	10.7	1.358		1.395		0.884	18.7
38	1.290		1.238		1.194	12.4	1.384		1.416			
40	1.307	10.35	1.251	7.9			1.411	10.1	1.426	14.4		
42	1.324		1.264				1.437		1.437			
44	1.342		1.277				1.460		1.460			
46	1.361		1.290				1.485		1.485			
48	1.380		1.303				1.511		1.511			
50	1.399	7.15	1.316	10.4			1.538	13.7	1.540	19.3		
52	1.419		1.328				1.564		1.560			
54	1.459		1.340				1.590		1.580			
56	1.460		1.351				1.616	16.1	1.601	16.1		
58	1.482		1.362						1.622			
60	1.503	9.2	1.373	13.1					1.643	24.6		
62	1.525		1.384									
64	1.547		1.394									
66	1.571		1.403	14.7								
68	1.594		1.412	15.2								
70	1.617	11.55	1.421	15.8								
72	1.640		1.429									
74	1.664		1.437									
76	1.687		1.445									
78	1.710		1.453									

续表

质量浓度/%	H₂SO₄		HNO₃		HCl		KOH		NaOH		氨水	
	密度/(g·cm⁻³)	物质的量浓度/(mol·dm⁻³)	密度/(g·cm⁻³)	物质的量浓度/(mol·dm⁻³)	密度/(g·cm⁻³)	物质的量浓度/(mol·dm⁻³)	密度/(g·cm⁻³)	物质的量浓度/(mol·dm⁻³)	密度/(g·cm⁻³)	物质的量浓度/(mol·dm⁻³)	密度/(g·cm⁻³)	物质的量浓度/(mol·dm⁻³)
80	1.732	14.15	1.460	18.5								
82	1.755		1.467									
84	1.775		1.474									
86	1.793		1.480									
88	1.808		1.486									
90	1.819	16.7	1.491	21.5								
92	1.830		1.496									
94	1.837		1.500									
96	1.840	18	1.504									
98	1.841	18.4	1.510									
100	1.838	17.9	1.522	24.2								

参考文献

[1] 包新华,邢彦军,李向清. 无机化学实验[M]. 北京:科学出版社,2013.3.
[2] 冯建成,尹学琼,朱莉. 无机化学实验[M]. 北京:化学工业出版社,2021.10.
[3] 李文戈,陈莲惠. 无机化学实验[M]. 武汉:华中科技大学出版社,2019.8.